职业教育电力技术类专业教学用书

# 电子技术基础

## （上册）

## 模拟部分（第二版）

主　编　王汉桥
副主编　龚　敏　李保平
编　写　董寒冰　王和平　宋延臣　曹　冰
主　审　谢自美　罗　杰

中国电力出版社
CHINA ELECTRIC POWER PRESS

## 内 容 提 要

全书分为“模拟部分”、“数字部分”上下两册。上册内容主要包括半导体二极管和三极管、基本放大电路、集成运算放大器及应用、直流电源、场效应晶体管及其放大电路、晶闸管及其应用电路和模拟电子电路实训；下册内容主要包括数字电路基础、集成逻辑门电路与组合逻辑电路、触发器与时序逻辑电路、555定时电路及其应用、A/D和D/A、半导体存储器和数字电子电路实训。

本书可作为高职高专教育电力技术类、自动化类、计算机类等专业电子技术课程教材，也可作为此类专业的技能培训教材，同时适用于五年制高职高专学生。

**图书在版编目（CIP）数据**

电子技术基础．上册，模拟部分/王汉桥主编．—2版．—北京：中国电力出版社，2011.6（2023.3重印）

教育部职业教育与成人教育司推荐教材

ISBN 978-7-5123-1634-8

Ⅰ.①电…　Ⅱ.①王…　Ⅲ.①电子技术－成人高等教育－教材②模拟电路－电子技术－成人高等教育－教材　Ⅳ.①TN

中国版本图书馆CIP数据核字（2011）第079990号

中国电力出版社出版、发行

（北京市东城区北京站西街19号　100005　http://www.cepp.sgcc.com.cn）

廊坊市文峰档案印务有限公司印刷

各地新华书店经售

*

2006年8月第一版

2011年6月第二版　2023年3月北京第十二次印刷

787毫米×1092毫米　16开本　16印张　293千字

定价**33.00**元

# 前言

本书再版是在第一版（2006年）的基础上，总结全体编者四年多来的教学实践经验，在原有的框架下进行了修改、增删，主要做了以下几个方面的工作。

（1）为进一步加强高职高专教育培养应用型人才的实际需要，按照重实训能力训练的原则，在做电路分析、举例时，引导学生熟悉电路实验、实训的方式方法，提高实际操作能力，进而加深对理论知识的理解。例如，增加了模拟部分（上册）2.3、2.4节的例子和说明。

（2）根据高职高专层次培训目标的要求和现代科学技术发展的需要，在保证本课程教学任务完成的前提下，对各章节内容进行了精选，例如，删除了模拟部分“选用模块”中6.5、6.6、6.8节。

（3）为普及计算机知识作些铺垫、开拓学生的知识广度，在数字部分（下册）的“选用模块”中，增加了一章“半导体存储器”，介绍了随机存储器和只读存储器的原理和使用方法。

（4）为有利于培养学生分析问题、解决问题的能力，按照循序渐进的原则，对部分章节内容进行了调整和适当的增加，如模拟部分的“负反馈放大电路”、“直流电源”和数字部分的“编码器”等内容，通过调整，使其内容和逻辑关系更趋合理。

本版仍然沿用从模拟部分到数字部分的体系，每部分都有“基础模块”和“选用模块”两大部分。如有需要从数字到模拟的体系，可将“半导体二极管和三极管”一章移到下册数字部分之前讲授。

参加模拟部分再版工作的主要有王汉桥（第1、2、3、4、6章），王和平（第1、2章）；参加数字部分再版工作的有李保平（第3、4章），王和平（第1、2、3、5章）、王汉桥（第2、7章），宋廷臣（第6章“半导体存储器”）；曹冰参加了部分再版工作。本书再版由王汉桥担任主编，负责全书的组织、修改和定稿。本教材提供电子课件，读者在使用时可根据需要进行修改。

本版虽有所改进和提高，但不可避免地还存在错误和不妥之处，敬请同行和读者批评指正。

编　者

2010年7月

# 第一版前言

本书为教育部职业教育与成人教育司推荐教材，是根据教育部审定的电力技术类专业主干课程的教学大纲编写而成的，并列入教育部《2004～2007年职业教育教材开发编写计划》。本书经中国电力教育协会和中国电力出版社组织专家评审，又列为全国电力职业教育规划教材，作为职业教育电力技术类专业教学用书。

本书体现了职业教育的性质、任务和培养目标；符合职业教育的课程教学基本要求和有关岗位资格和技术等级要求；具有思想性、科学性、适合国情的先进性和教学适应性；符合职业教育的特点和规律，具有明显的职业教育特色；符合国家有关部门颁发的技术质量标准。本书既可以作为学历教育教学用书，也可作为职业资格和岗位技能培训教材。

《电子技术基础》是一门培养学生掌握电子技术方面知识和技能的基础课程，主要介绍常用的半导体器件组成的基本电子电路的原理和应用。

本书分“模拟部分”、“数字部分”上下两册。为了适应现代社会快速发展的需求，教材在内容上注重器件外特性的介绍和常用电路的分析；为了适应各种专业和层次的需要，教材在每册中又分“基础模块”和“选用模块”部分，便于使用者根据需要取舍。

在教材编写方针上：编者注意总结多年教学实践经验，力求深入浅出，联系工程实际，讲清基本概念和基本分析方法，介绍常用的各种电路工作原理，并且注重元件识别、测试方法的介绍，使学生通过学习，掌握电子技术中各种基本电路的组成原理、工作原理、性能特点等，具备初步查阅电子元器件手册并合理选用元器件的能力，以及阅读和应用常见模拟电路及数字电路的基本技能。

在教材编写宗旨上：编者即按照教育部颁发的相关专业的基本要求，又考虑到应用型人才培养的特殊性，力求教材在编撰体系、内容更新、能力培养等方面有所突破。

在教材编写思路上：编者主张“教材内容精选、基础理论精炼、重视元器件认识、课后练习对路适中、实训内容实用”等。

总之，本教材有以下具体特点：

(1) 教材内容尽量做到简明易懂，讲述内容尽量抓住最基本、较广泛应用的知识说明上，给学生在读图、设计时以引导作用，便于自学。

(2) 尽量削减分立元件电路的内容，加强对集成电路的介绍，同时加强一些新知识、新器件的介绍，使教材具有一定的先进性。

(3) 为了加强本书的实用性，在介绍基本电路和与之相关的基本概念、基本原理、基本方法后，尽可能地联系实际介绍常见的、新颖的电路，着力提高学生的实际应用能力，体现应用型人才的培养思路。

(4) 为了有助于学生掌握所学内容，各章节配有合适的练习题或自测题。

(5) 实训部分一并编入教材，放在每册的最后一章，可作为相关专业实习训练时选择。

(6) 在编排上，对于加深和加宽的内容，均放在“选学模块”中，以便于选讲和读者自学。

本书可作为电力类、动力类、工业自动化类、计算机类专业开设的电子课程教材，适用于此类专业领域技能培训学员和五年制高职高专学生。

参与本教材编写工作的教师有：

武汉电力职业技术学院王汉桥（“模拟部分”第一、二章）；

长沙电力职业技术学院龚敏（“模拟部分”第三章）；

长沙电力职业技术学院董寒冰（“模拟部分”第四、五、六章）；

山西电力职业技术学院王和平（“数字部分”第一、二、五章）；

保定电力职业技术学院李保平（“数字部分”第三、四章）；

武汉电力职业技术学院宋廷臣（“模拟部分”第七章，“数字部分”第六章）。

王汉桥担任该教材主编，并负责对各章节润色和定稿，龚敏、李保平担任副主编，分别对“模拟部分”和“数字部分”进行了初步统稿。

华中科技大学谢自美教授、罗杰副教授担任该教材主审。

由于编者学术水平及实践经验有限，书中不当和错误之处在所难免，敬请专家、同行和读者们批评指正。

**编　者**

2006 年 5 月

# 目 录

## (上 册)

## 模 拟 部 分

## 选 用 模 块

# 基础模块

## 第1章　半导体二极管和三极管

本章简单介绍半导体的基本知识，重点讨论半导体二极管、三极管的结构和外特性，为学习以后章节提供必要的基础知识。

### 1.1　半导体的主要特性

#### 1.1.1　半导体的“三敏”特性

自然界的物质按导电能力的不同可分为导体、绝缘体和半导体。物质材料的导电能力强弱用电阻率 $\rho$（$\rho$ 表示在规定的导体横截面下，单位长度的导体对电流的阻力）的大小来分，电阻率 $\rho$ 越小导电能力越好。导体、半导体和绝缘体的划分见表1.1.1。

表1.1.1　　导体、半导体和绝缘体的划分

| 物质材料 | 导体 | 半导体 | 绝缘体 |
|---|---|---|---|
| 电阻率 $\rho$（Ωcm） | $<10^{-4}$ | $10^{-4}\sim10^{9}$ | $>10^{9}$ |
| 材料举例 | 铝、铜、银 | 硅、锗、砷化镓 | 陶瓷、二氧化硅 |

半导体之所以得到广泛使用，并不是因为它的导电能力介于导体与绝缘体之间，而是由于它具有一些独特的导电性能。如有些半导体对温度的反应特别灵敏，当环境温度升高时，其导电能力增强，利用这一“热敏”特性可做成各种热敏元件。又如硫化镉半导体受到光照后，其导电能力变强，无光照时，变成了绝缘体，利用这一“光敏”特性可做成各种光电（传感）元件。如果在纯净的半导体中适当的掺进某些微量的杂质，它的导电性能会大大改善，正是利用这一“杂敏”特性才制造出各种半导体器件，如半导体二极管、三极管、场效应管及晶闸管等。

#### 1.1.2　半导体中有两种载流子

载流子就是物质内部运载电荷的粒子。物质的导电能力与物质内部的原子结构和能够运载电荷的粒子的多少有关，金属材料中只有一种载流子——自由电子，其数量多，所以导电能力强。电子器件所用的半导体材料都提纯为单晶体结构，所以将半导体也叫做晶体。在这种晶体结构中，原子与原子之间形成了共价键结构，在绝对零度时，共价键中的电子被束缚，不能成为自由电子，因此这种条件下的半导体没有导电能力。在常温下，当价键电子受到外界能量的激发（如受热或受光照），就会获得能量挣脱共价键的束缚成为自由电子，同时共价键中留下一个空位子，这个空位子就叫空穴。空穴带一个正电荷。在相邻电子的填补下，形成空穴运动。因此半导体材料中有两种载流子，一种是带负电荷的自由电子，另一种是带正电荷的空穴。在外电场的作用下，它们都做定向移动，形成电流。如图1.1.1所示，带正电的空穴和带负电的自由电子运动方向相反，若用 $I_{P}$ 表示空穴移动形成的电流，用 $I_{N}$ 表示自由电子移动形成的电流，则总电流为两种载流子形成的电流之和，即 $I=I_{P}+I_{N}$。

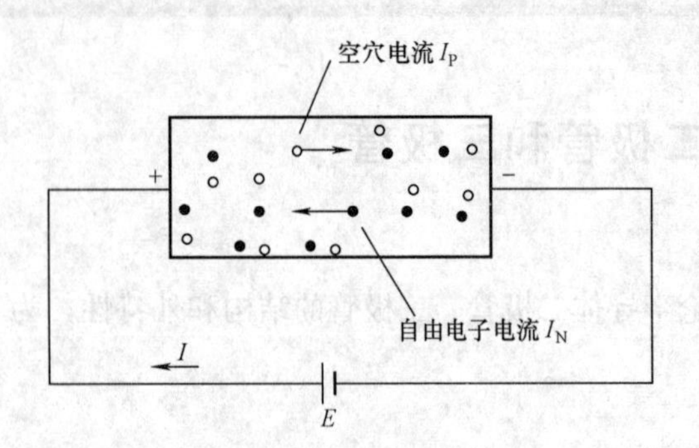


图 1.1.1 半导体中的导电方式

### 1.1.3 半导体的分类

1. 本征半导体

纯净的半导体称为本征半导体，其中的自由电子和空穴数量相等。因为在一定温度下，纯净半导体中产生的电子、空穴数量很少，所以导电能力很差。当环境温度升高时，其载流子数目显著增加，导电性能明显提高，这就是半导体的导电性能随温度变化的原因。

2. 杂质半导体

利用半导体掺杂性能，可以有控制、有选择地掺入有用杂质，制成 P 型和 N 型两种类型的半导体。

(1) N 型半导体。N 型半导体中的自由电子数量比空穴数量多，主要导电方式是电子导电，故称为电子型半导体。例如在纯净的四价元素硅中掺入少量的五价元素磷（P），即可得到 N 型半导体。图 1.1.2（a）所示为 N 型半导体的共价键结构和 N 型半导体结构示意图。

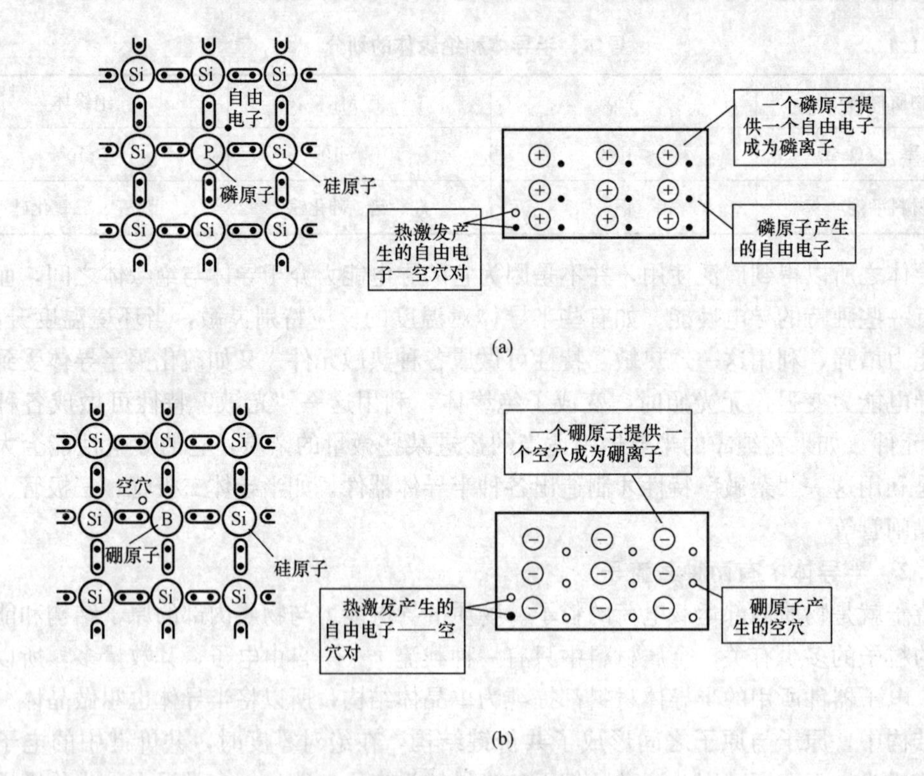


图 1.1.2 杂质半导体

（a）N 型半导体中共价键结构和 N 型半导体结构示意图；

（b）P 型半导体中共价键结构和 P 型半导体结构示意图

在 N 型半导体中，自由电子是多数载流子，简称多子；空穴是少数载流子，称为少子。

(2) P 型半导体。若在纯净的半导体硅或锗中，掺入少量的三价元素硼（B）后，可以得到 P 型半导体。P 型半导体中的空穴多，自由电子少，其主要导电方式是空穴，因此称之为空穴型半导体或 P 型半导体，它与 N 型半导体相反，空穴是多数载流子，电子是少数载流子。图 1.1.2（b）所示为 P 型半导体中共价键结构和 P 型半导体结构示意图。

### 1.1.4　PN 结

1. PN 结的形成

一块 P 型半导体或 N 型半导体虽然已有了一定的导电能力，但若将它接入电路中，则只能起电阻作用，实用价值不大。如果在一块本征半导体上，利用掺杂工艺，在半导体两边形成 P 型半导体和 N 型半导体，在它们的交界处就会形成一个特殊的接触面，称为 PN 结。图 1.1.3 所示是以硅材料为基础通过掺杂工艺得到的 PN 结结构示意图及内建电场等效图。PN 结是构成各种半导体器件的核心，它的作用使半导体器件得到越来越广泛地应用。

如图 1.1.3 中，当 P 型半导体和 N 型半导体相互“接触”后，由于两类半导体中多数载流子电子和空穴浓度差的存在，在交界面附近出现 P 区多子空穴和 N 区多子电子都向对方区域扩散的运动，其结果是空穴和电子相遇而复合，剩下不能移动的正、负离子形成了空间电荷区薄层，即 PN 结。由于空间电荷区产生内建电场的存在，对 PN 结内空穴、电子的扩散运动起阻碍作用，所以 PN 结两边的多子扩散运动不会无限制地进行下去。同时内电场有利于 PN 结内及附近 P 区和 N 区内的少子漂移运动，当多子的扩散运动和少子的漂移运动达到动态平衡状态时，PN 结就形成了。PN 结一般很薄，约为 0.5μm。硅材料中形成的 PN 结内建电场约 0.5V，锗材料中的内建电场约 0.1V 左右。

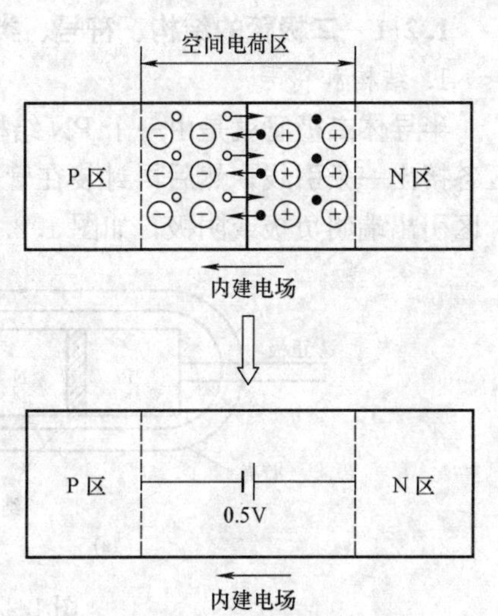


图 1.1.3　PN 结结构示意图及内建电场等效图

2. PN 结的单向导电性

如图 1.1.4 所示的实验原理电路，当 PN 结的 P 区接电源 $E$ 的正极，N 区接电源负极时，外加电场方向与原内电场方向相反。当减小可变电阻 $R$，使 PN 结两端电压大于 0.5V 以后，图 1.1.4（a）中的灯会发光，说明外电场使内电场变弱，有利于多子扩散运动。PN 结中有较大电流通过，即为导通状态，此时称为 PN 结正向偏置，简称正偏。

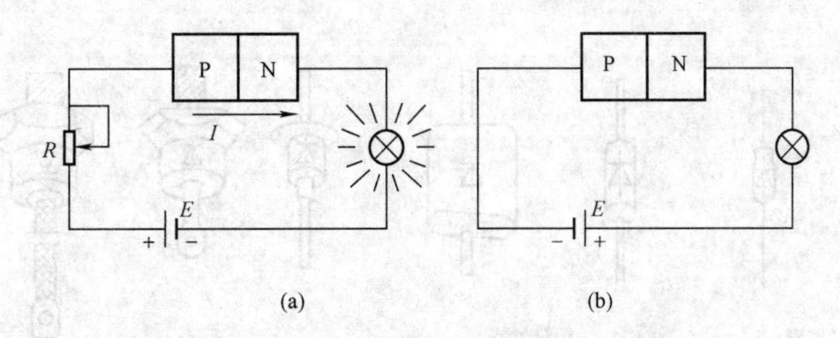


图 1.1.4　PN 结单向导电性实验原理
（a）PN 结正向偏置—导通；（b）PN 结反向偏置—截止

当 P 区接电源负极，N 区接正极时，外加电场方向与原内建电场方向一致，加强了内电场，更不利于多子运动，如图 1.1.4（b）所示。电路中的灯不发光，表示这时 PN 结中没有或仅有很小的由少子形成的电流，即为截止状态，称 PN 结反向偏置，简称反偏。

综上所述：PN 结正向偏置时，正向电阻小，正向电流大，处于导通状态；反向偏置时，反向电阻大，反向电流小，处于截止状态。这就是 PN 结的单向导电性。

## 1.2 半导体二极管

### 1.2.1 二极管的结构、符号、类型

1. 结构和符号

半导体二极管就是由一个 PN 结构成的最简单的半导体器件。在一个 PN 结的 P 区和 N 区各接出一条引线，然后再封装在管壳内，就制成一只二极管。P 区引出端叫正极或阳极，N 区引出端叫负极或阴极，如图 1.2.1（a）所示。

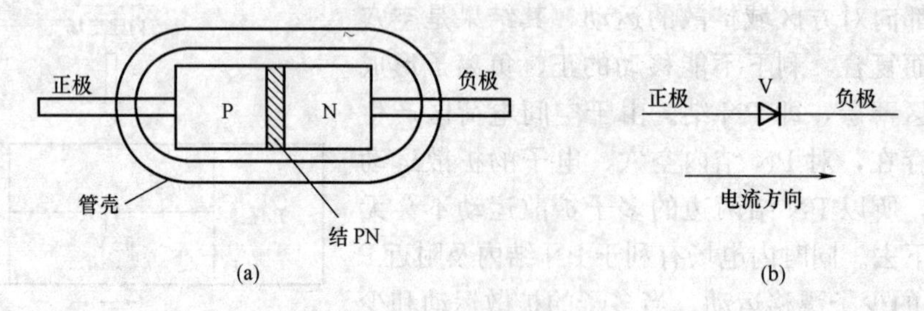


图 1.2.1 晶体二极管结构与符号

（a）晶体二极管结构；（b）符号

二极管的文字符号为“V”，图形符号如图 1.2.1（b）所示。在箭头的一边代表正极，竖线一边代表负极，箭头所指方向是 PN 结正向电流方向，它表示二极管具有单向导电性。

由于功能和用途的不同，二极管大小不同，外形和封装各异。图 1.2.2 所示的几种晶体二极管的外形中，从左到右是小功率到大功率的几种常见二极管的外形。从二极管使用的封装材料来看。小电流的二极管常用玻璃壳或塑料壳封装；电流较大的二极管，工作时 PN 结温度较高，常用金属外壳封装，外壳就是一个电极并制成螺栓形，以便与散热器连接成一体。随着新材料、新工艺的应用，二极管采用环氧树脂、硅酮塑料或微晶玻璃封装也比较常见。

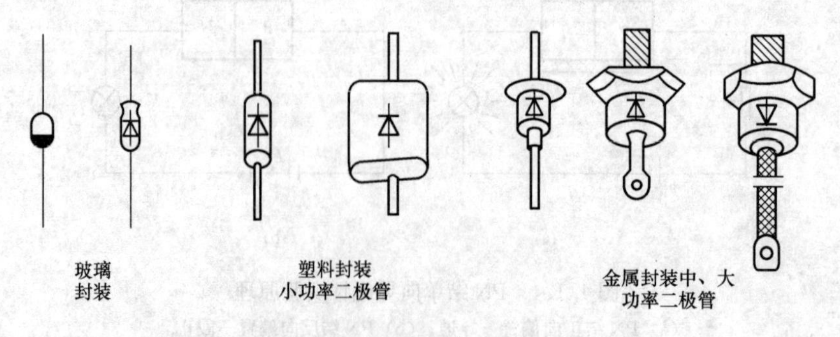


图 1.2.2 几种晶体二极管外形

二极管外壳上一般印有符号表示极性，正、负极的引线与符号一致。有的在外壳一端印

有色圈表示负极；有的在外壳一端制成圆角形来表示负极；但也有的在正极端打印标记或用红点来表示正极。这一点在使用时要特别注意。

2. 类型

(1) 分类。

1) 依制造工艺分类，二极管的内部结构大致分为点接触型、面接触型和平面型三种，以适应不同用途的需要，如图 1.2.3 所示。

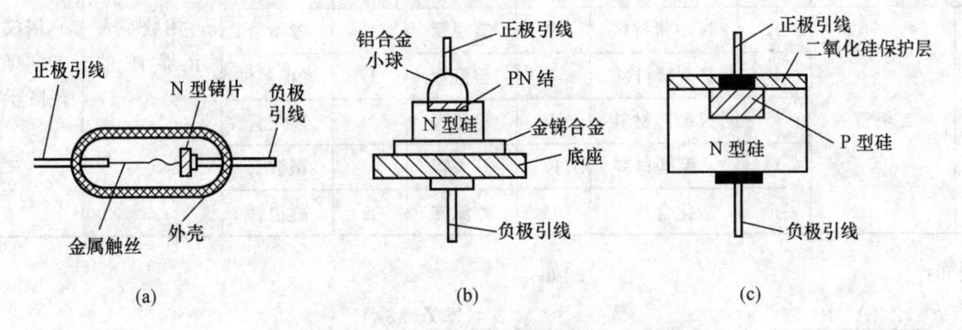


图 1.2.3　晶体二极管的内部结构示意图

(a) 点接触型；(b) 面接触型；(c) 平面型

点接触型二极管的特点是 PN 结的面积小，结电容小，只能通过较小的电流，适用于较高频率工作。

面接触型二极管的特点是 PN 结的面积大，结电容也大，允许通过的电流较大，只能在较低频率下工作。

平面型二极管用特殊工艺制成。它的特点是：结面积较小时，结电容小，适用于在数字电路工作；结面积较大时，可以通过很大的电流。

2) 依据制作材料分类，二极管主要有锗二极管和硅二极管两大类。前者内部多为点接触型，允许的工作温度较低，只能在 100℃以下工作；后者内部多为面接触型或平面型，允许的工作温度较高，有的可达 150～200℃。

3) 依据用途分类，较常用的二极管有以下四类。

普通二极管：如 2AP 等系列，用于信号检测、取样、小电流整流电路等。

整流二极管：如 2CZ、2DZ 等系列，广泛使用在各种电源设备中做不同功率的整流。

开关二极管：如 2AK、2CK 等系列，用于数字电路和控制电路。

稳压二极管：如 2CW、2DW 等系列，用在各种稳压电源和晶闸管电路中。

(2) 型号。二极管品种很多，特性不一，为便于区别和使用，每种二极管都有一个型号。按照国际命名法 GB 249—1974 的规定，国产二极管的型号有五个部分组成，见表 1.2.1。需要注意，第四部分数字是表示某系列二极管的序号，序号不同的二极管其特性不同。第五部分字母表示规格号，系列序号相同，规格号不同的二极管，特性差不多，只是某个或某几个参数不同。某些二极管型号没有第五部分。

### 1.2.2　半导体二极管伏安特性曲线

二极管最重要的特性就是单向导电性，这是由于在不同极性的外加电压下，内部载流子不同的运动过程形成的，反映到外部电路就是加到二极管两端的电压和通过二极管的电流之间的关系，即二极管的伏安特性。伏安特性曲线是定量描述这两者关系的曲线。图 1.2.4 为测试电路，测出的二极管典型的伏安特性曲线如图 1.2.5 所示。

**表 1.2.1　　　　晶体二极管的型号**

| 第一部分 | | 第二部分 | | 第三部分 | | | | 第四部分 | 第五部分 |
|---|---|---|---|---|---|---|---|---|---|
| 用数字表示器件的电极数目 | | 用汉语拼音字母表示器件的材料和极性 | | 用汉语拼音字母表示器件的类型 | | | | | |
| 符号 | 意义 | 符号 | 意义 | 符号 | 意义 | 符号 | 意义 | | |
| 2 | 二极管 | A | N 型锗材料 | P | 普通管 | C | 参量管 | 用数字表示器件的序号 | 用汉语拼音字母表示规格号 |
| | | B | P 型锗材料 | Z | 整流管 | U | 光电器件 | | |
| | | C | N 型硅材料 | W | 稳压管 | N | 阻尼管 | | |
| | | D | P 型硅材料 | K | 开关管 | V | 微波管 | | |
| | | E | 化合物 | L | 整流堆 | S | 隧道管 | | |

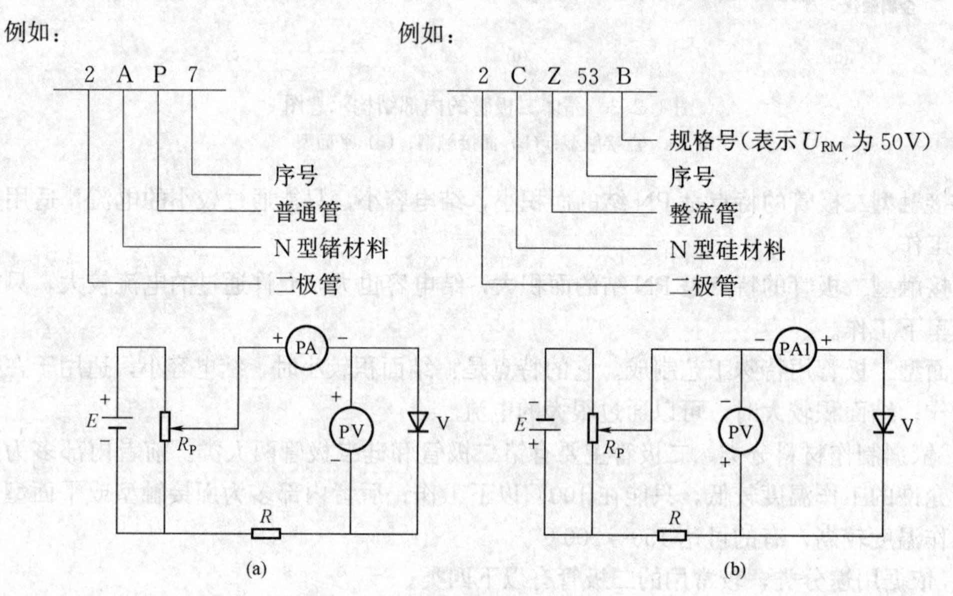


图 1.2.4　测量晶体二极管伏安特性

(a) 正向特性；(b) 反向特性

PA—毫安表；PA1—微安表；PV—电压表

1. 正向特性

(1) 不导通区 0A 段。当二极管两端的电压为零时，电流也为零。当电压开始升高时，电流很小且基本不变。这一段称作不导通区或死区，与它相对应的电压叫死区电压（或门槛电压），一般硅二极管约 0.5V，锗二极管约 0.1V。

(2) 导通区 AB 段。在这一区域，通过二极管的电流随加在两端的电压微小的增大而急剧增大，AB 段特性曲线陡直，电流与电压的关系近似于线性关系，这一段称作导通区，也称为线性区。导通后二极管两端的正向电压称为正向压降，一般硅二极管约为 0.6～0.8V，锗二极管约为 0.2～0.3V。由图 1.2.5 可见，这个电压比较稳定，几乎不随流过的电流大小而变化。

2. 反向特性

(1) 反向截止区0C段。二极管承受反向电压，反向电压开始增加时，反向电流略有增加，随后在一定范围内不随反向电压增加而增大，保持在极小值，此处的反向电流通常称为反向饱和电流，0C段称为反向截止区。常温下，硅二极管的反向电流为纳安级（nA），锗管的反向电流为微安级（μA）。

由于反向电流是由少数载流子形成的，所以它会随温度的升高而增大，实际应用中，此值越小越好。

(2) 反向击穿区CD段。当反向电压增大到超过某个值时（图中C点），反向电流急剧加大，这种现象叫反向击穿。C点对应的电压叫反向击穿电压$U_{BR}$，CD段称为反向击穿区，其特点是：反向电流变化很大，相对应的反向电压变化却很小。

通过特殊的制造工艺，反向击穿也可为人们利用，如后面要介绍的稳压二极管就是利用这一特点工作的。但在一般情况下，普通二极管反向击穿就破坏了单向导电性，PN结可能因过热引起永久性损坏。所以二极管工作时，任何时候承受的反向电压不允许超过规定值，以免损坏。

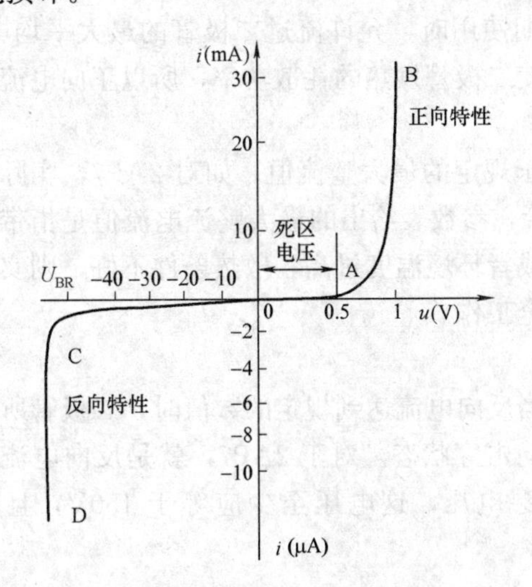


图1.2.5　硅二极管伏安特性

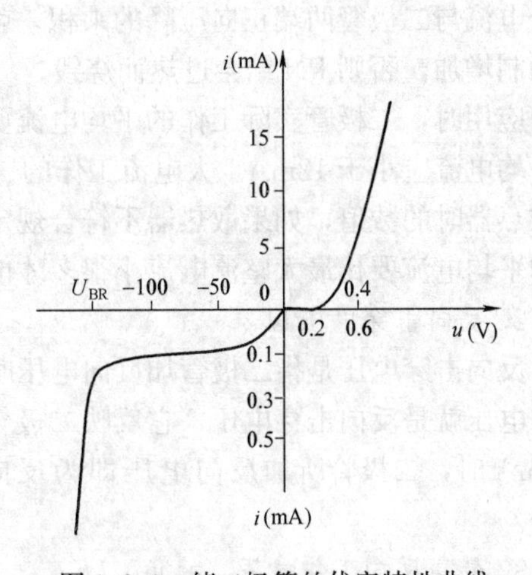


图1.2.6　锗二极管的伏安特性曲线

通过上面分析对照图1.2.5硅二极管的伏安特性曲线和图1.2.6锗二极管的伏安特性曲线，可以看出，硅二极管和锗二极管，虽然它们制造的材料不同，结构特点不同，但伏安特性曲线基本形状是相似的，不是一条直线，所以它们都是一种非线性元件。但是它们的特性之间有一定的差异：

(1) 锗二极管的死区较小，正向电阻也小，导通电压低（约0.2V）。但受温度影响大，反向电流也较大。击穿以后，锗管两端电压变化较大，无稳压特性。

(2) 硅二极管的死区较大，正向电阻也较大，导通电压较高（约0.7V）。但受温度影响小，反向电流也很小。击穿后，硅管两端电压基本不变，有稳压作用。

**【例1.2.1】**　在图1.2.7中，V为硅二极管，试求$U_{AB}$分别为（1）+14V；（2）−14V；（3）0V时的二极管两端电压和流过二极管的电流。

**解**　(1) 当$U_{AB}$=+14V时，硅二极管正偏导通，它两端电压$U_{AC}$=0.7V（正向压

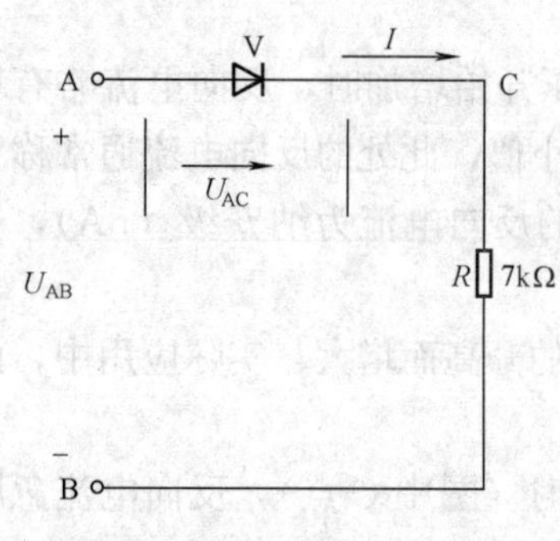


图 1.2.7 [例 1.2.1] 电路

降)。流过二极管的电流为 $I=(14-0.7)/(7\times10^3)=1.9\text{mA}$。

(2) 当 $U_{AB}=-14\text{V}$ 时,硅二极管反偏截止,它两端电压 $U_{AC}=-14\text{V}$,流过二极管电流近似为 0。

(3) 当 $U_{AB}=0\text{V}$ 时,二极管两端电压 $U_{AC}=0\text{V}$,流过二极管电流为 0。

### 1.2.3 半导体二极管的主要参数

由于各种二极管具体的功能不完全相同,应用也不同,因此通常用一些有代表性的数据来反映二极管的具体特性和使用中受到的限制,这些数据就是参数。参数一般有特性参数和极限参数两类,前者反映元器件的特性,后者反映元器件所能承受的限额。在晶体管手册中有比较详细的参数表,我们可依据这些参数来选择和使用二极管。二极管的主要参数有以下几个。

1. 最大整流电流 $I_{FM}$

最大整流电流常称额定工作电流,是指长期使用时,允许流过二极管的最大平均电流。这个电流与二极管两端正向压降的乘积,就是使二极管发热的耗散功率,所以正向电流不能无限制增加,否则 PN 结会过热而烧毁。

应用时,二极管实际工作的平均电流要低于规定的最大整流值。如对 2AP7,实际工作的平均电流应小于 12mA。大电流工作的二极管,参数表给出的最大整流电流值是指带有规定散热器时的数值,如果散热器不符合规定,或者环境温度过高,散热条件不好,则实际工作的平均电流要比最大整流电流小很多才能安全工作。

2. 反向击穿电压 $U_{BR}$

反向击穿电压是指二极管加反向电压时,当反向电流达到规定的数值时,二极管所加的反向电压就是反向击穿电压,它反映二极管反向击穿状态。对于 2AP7,就是反向电流达到 400mA 时,二极管所加反向电压即为反向击穿电压,这电压至少应等于 150V,且越大越好。

3. 最高反向工作电压(峰值)$U_{RM}$

最高反向工作电压常称额定工作电压,是为了保证二极管不致反向击穿而规定的最高反向电压。晶体管手册中规定二极管最高反向工作电压为反向击穿电压的 1/2~1/3,以确保二极管安全工作。实际应用时,反向电压的峰值不能超过最高反向工作电压。如对 2AP7,反向工作电压峰值不能超过 100V。

此外,还有最大反向电流、最高工作频率、结电容等参数,都可以在相关手册中查到。

温度对晶体二极管伏安特性有很大影响,温度升高后二极管的参数会发生变化。在同样的正反向电压作用下,正、反向电流都会增加;在正反向电压不变的情况下,二极管的正向压降会降低,反向击穿电压也会降低,如图 1.2.8 所示。因此,在温度变化大的情况下,选择二极管的参数时要留有余地。

### 1.2.4 半导体二极管的选择

二极管有点接触型和面接触型两种类型,使用的材料有硅和锗两种,它们各具一定的特点,应根据实际要求选用。选择二极管的一般原则是:

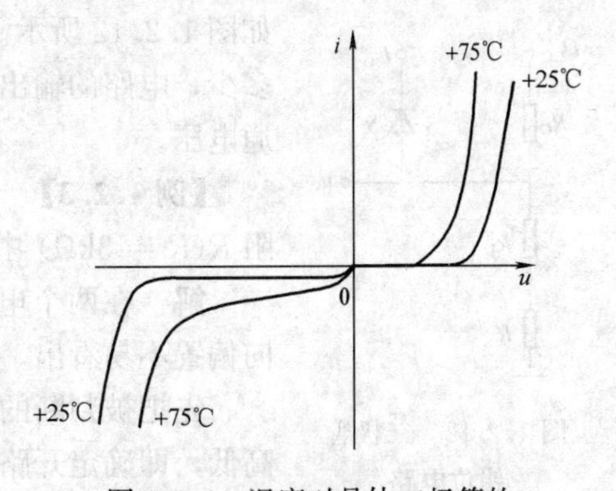

图 1.2.8　温度对晶体二极管的伏安特性影响示意图

(1) 若要求导通后正向压降小时，选锗管，若要求反向电流小时，选硅管；

(2) 要求工作电流大时选面接触型，要求工作频率高时选点接触型；

(3) 要求反向击穿电压高时选硅管；

(4) 要求耐高温时选硅管。

然后，根据实际电路的要求，估算二极管应具有的参数，并考虑适当的裕量，查手册确定管子的型号。

### 1.2.5　半导体二极管的应用举例

利用二极管的单向导电性，二极管在电路中有着广泛的应用，如整流、开关、钳位、限幅等应用电路，其中整流电路将在后续章节中详细论述，下面介绍几种其他用途。

1. 开关

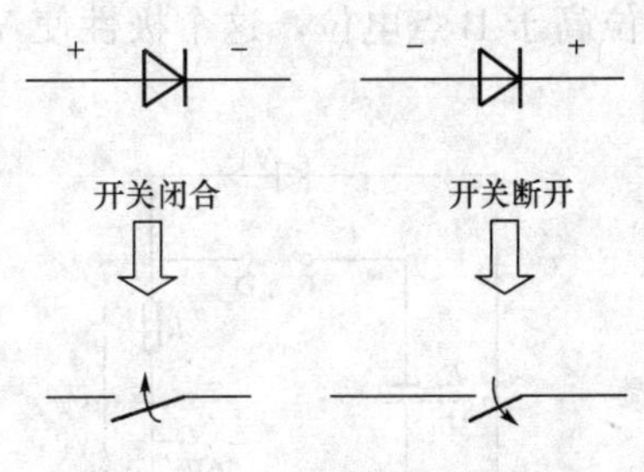

图 1.2.9　二极管开关模型

理想二极管的模型是正向导通时，管压降忽略，视为 0；反向截止时，反向电流忽略，相当于开路。在数字电路中，常将二极管理想化，看成无触点开关器件。二极管正向导通时，相当于开关闭合；二极管反向截止时，相当于开关断开，如图 1.2.9 所示。

**【例 1.2.2】**　图 1.2.10 所示的两个电路中，二极管为理想二极管。试分析其工作情况，求出流过二极管的电流。

**解**　图 1.2.10（a）中，二极管正向偏置。将 V1 视为短路，得到如图 1.2.11（a）所示的电路，可求得流过二极管 V1 的电流：

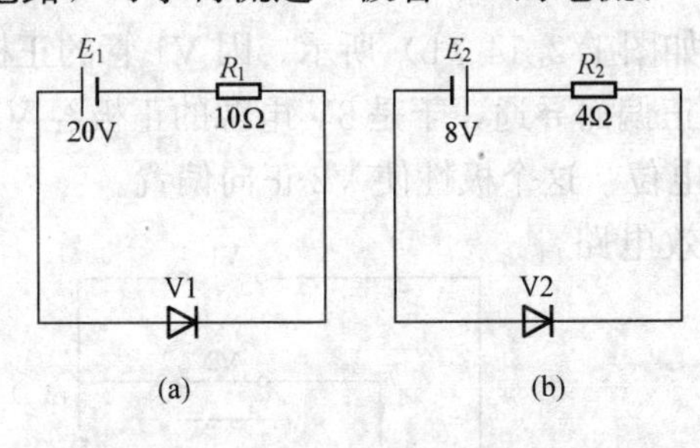

图 1.2.10　［例 1.2.2］图

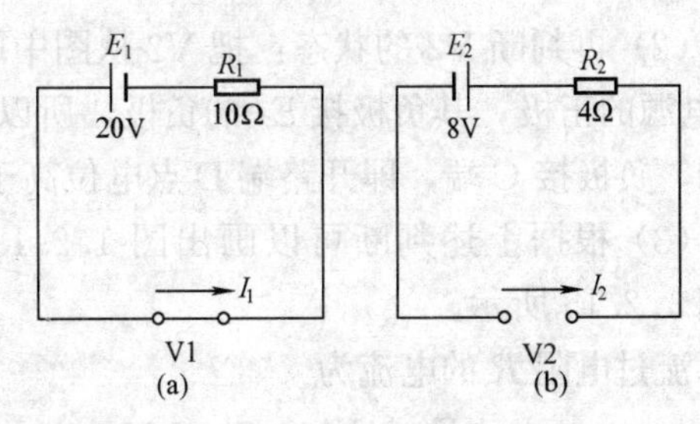

图 1.2.11　［例 1.2.2］的等效电路

$$I_1 = \frac{E_1}{R_1} = \frac{20}{10} = 2(\mathrm{A})$$

图 1.2.10（b）中，二极管反向偏置，V2 可视为开路，得到如图 1.2.11（b）所示的电路，可知

$$I_2 = 0(\mathrm{A})$$

2. 钳位

将电路中某点的电位值钳制在选定的数值上，而不受负载变动影响的电路叫钳位电路，

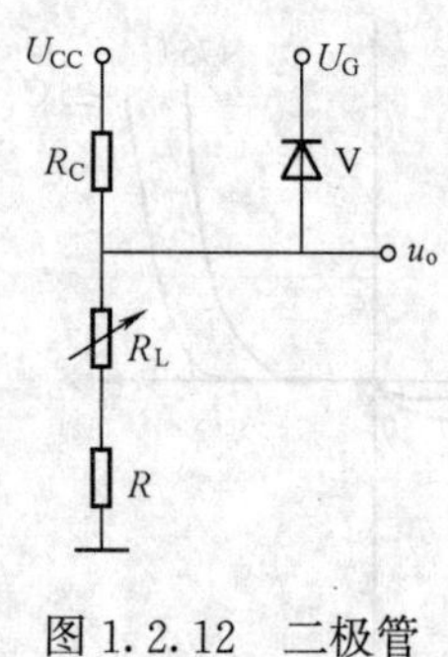

图 1.2.12　二极管钳位电路

如图 1.2.12 所示。只要二极管 V 处于导通状态，不论负载 $R_L$ 改变多少，电路的输出电压 $u_o$ 始终等于 $U_G+U_V$，其中 $U_V$ 为二极管的导通电压。

**【例 1.2.3】**　设图 1.2.13 中的 V1、V2 都是理想二极管，求电阻 $R(R=3k\Omega)$ 中的电流和电压 $U_o$。

**解**　在两个电源 $E_1$ 和 $E_2$ 作用下，V1 和 V2 是正向偏置还是反向偏置不易看出，可用下面的方法判断二极管的状态。

先把被判断的二极管从电路中取下，然后比较两个开路端电位的高低，即确定开路端电压的极性。若这个开路电压的极性对被判断的二极管是正向偏置的，管子接回原处仍是正向偏置；反之，管子接回原处就是反向偏置的。

（1）先判断 V1 的状态：把 V1 从图中取下，如图 1.2.14（a）所示，因 V2 的正极接电源 $E_2$ 的正极，负极接电源 $E_1$ 的负极，所以 V2 承受正向电压处于导通状态，于是 8V 电源的正极接 A 端，负极通过导通的 V2 管接至 B 端，A 点电位高于 B 点电位，这个极性使 V1 反向偏置。

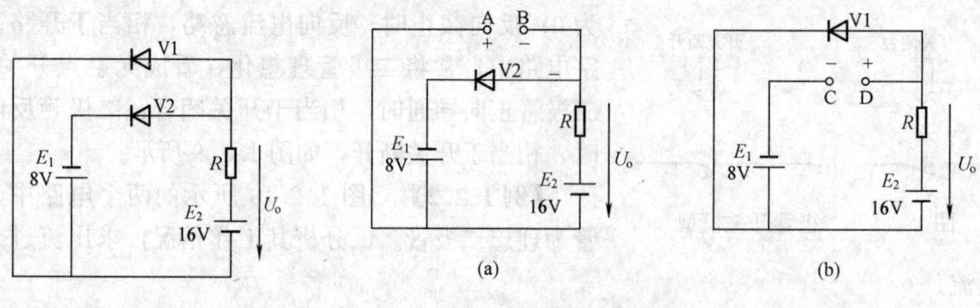

图 1.2.13　［例 1.2.3］图

图 1.2.14　判别 V1、V2 的状态
（a）V1 的状态；（b）V2 的状态

（2）再判断 V2 的状态：把 V2 从图中取下，如图 1.2.14（b）所示。因 V1 管的正极接 $E_2$ 电源的正极，其负极接 $E_2$ 的负极，所以 V1 管正偏而导通，于是 8V 电源的正极经 V1 接 D 端，负极接 C 端，即开路端 D 点电位高于 C 点电位，这个极性使 V2 正向偏置。

（3）根据上述判断可以画出图 1.2.13 的等效电路，如图 1.2.15 所示。

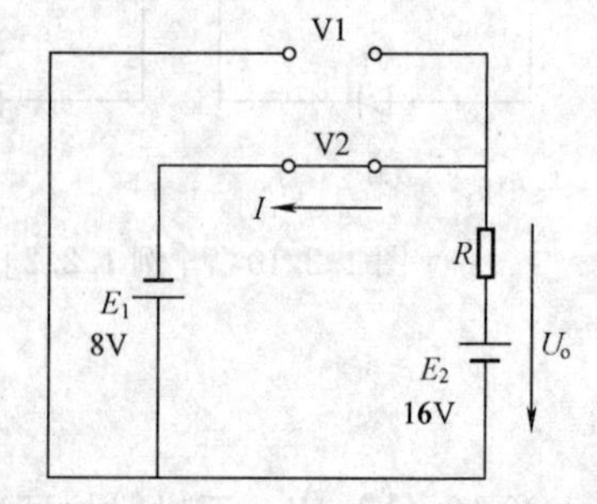

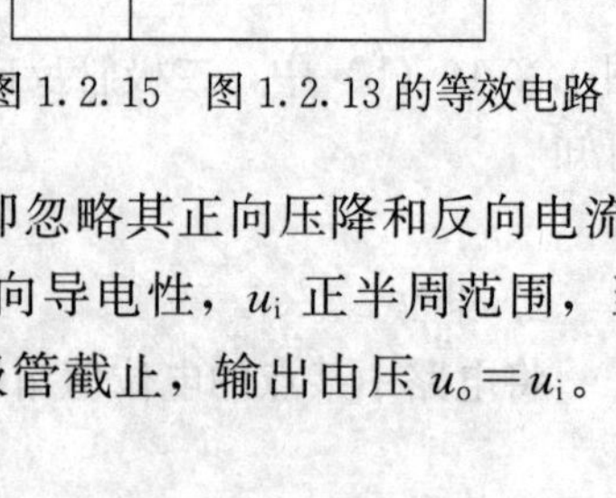

图 1.2.15　图 1.2.13 的等效电路

流过电阻 $R$ 的电流为

$$I=\frac{E_1+E_2}{R}=\frac{8+16}{3}=8(\text{mA})$$

$$U_o=-E_1=-8(\text{V})$$

或

$$U_o=16-3\times 8=-8(\text{V})$$

3. 限幅

当输入信号幅度变化较大时，限制输出信号幅度的电路称为限幅电路，如图 1.2.16 所示。设 V 为理想二极管，即忽略其正向压降和反向电流。若输入电压 $u_i$ 为正弦波，并满足 $U_{im}>E$，根据二极管的单向导电性，$u_i$ 正半周范围，当 $u_i>E$ 时，二极管导通，输出电压 $u_o=E$；当 $u_i\leqslant E$ 时，二极管截止，输出由压 $u_o=u_i$。$u_i$

负半周时，二极管截止，相当于开路，输出电压 $u_o=u_i$。从波形图中不难看出，输出电压幅度被限制在 $E$ 值。

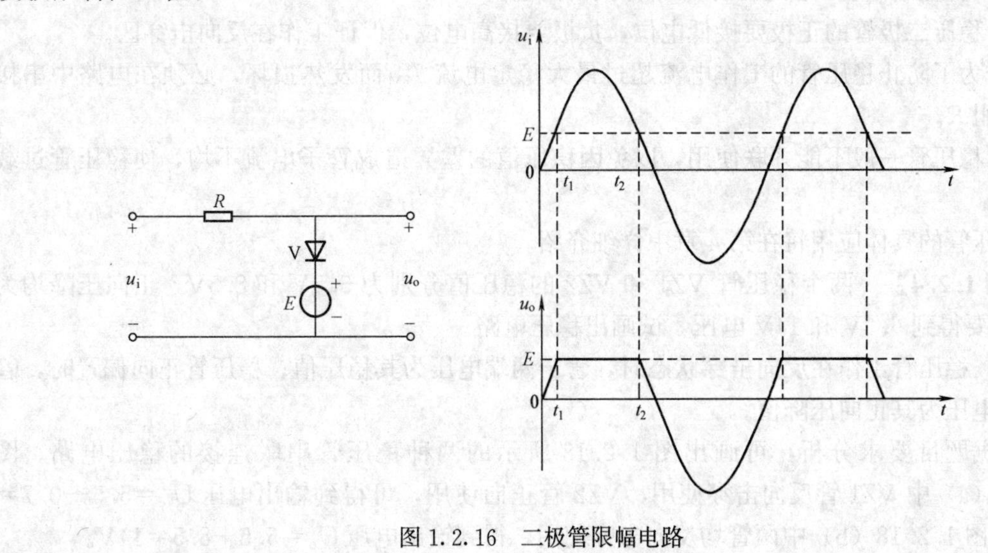


图 1.2.16　二极管限幅电路

### 1.2.6　特殊二极管

1. 稳压管

(1) 稳压管及其伏安特性。稳压管是一种用特殊工艺制造的面接触型硅二极管，它在电路中能起稳定电压的作用。稳压管的电路图形符号与伏安特性如图 1.2.17 所示。由图可知，稳压管的正向特性曲线与普通二极管相似，但是它的反向击穿特性较陡。

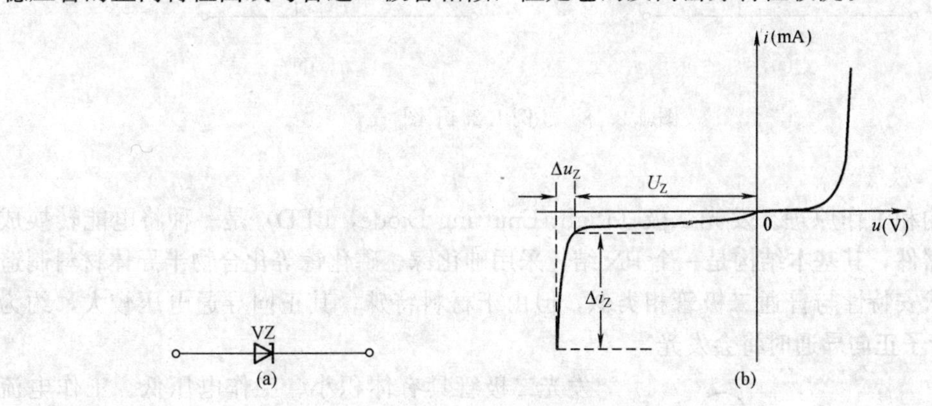


图 1.2.17　稳压二极管的符号及伏安特性

(a) 符号；(b) 伏安特性

稳压管通常工作在反向击穿区，在这个区域流过稳压管的电流在很大范围内变化时，管子两端的电压几乎不变，从而可以获得一个稳定的电压。只要反向电流不超过允许范围，稳压管就不会发生热击穿损坏。为此，必须在电路中串接一个限流电阻。

(2) 稳压管的主要参数如下：

稳定电压 $U_Z$：是指稳压管在正常工作时管子两端的反向击穿电压。

稳定电流 $I_Z$：是指稳压管保持稳定电压 $U_Z$ 时的工作电流值。

最大工作电流 $I_{ZM}$：是指稳压管允许流过的最大反向电流。超过这个电流，稳压管将因功率损耗过大，发热烧坏。

稳压管应用中应当注意以下几个方面的问题：

1）稳压二极管的正极要接低电位，负极要接高电位，保证工作在反向击穿区。

2）为了防止稳压管的工作电流超过最大稳定电流 $I_{ZM}$ 而发热损坏，必须在电路中串接限流电阻 $R$。

3）稳压管一般不能并联使用，以免因稳压值的差异造成管子电流不均，使稳压管过载而损坏。

稳压管的具体应用将在第 4 章中详细介绍。

**【例 1.2.4】** 两个稳压管 VZ1 和 VZ2 的稳压值分别为 5.5V 和 8.5V，正向压降均为 0.7V，要得到 6.2V 和 14V 电压，试画出稳压电路。

**解** 稳压管工作在反向击穿状态时，管子两端电压为其稳压值；稳压管正向偏置时，管子两端电压为其正向压降值。

根据题目要求分析，可画出图 1.2.18 所示的两种稳压管串联连接的稳压电路。图 1.2.18（a）中 VZ1 管反向击穿使用，VZ2 管正向使用，可得到输出电压 $U_o=5.5+0.7=6.2V$。图 1.2.18（b）中两管均反向击穿使用，得到输出电压 $U_o=5.5+8.5=14V$。

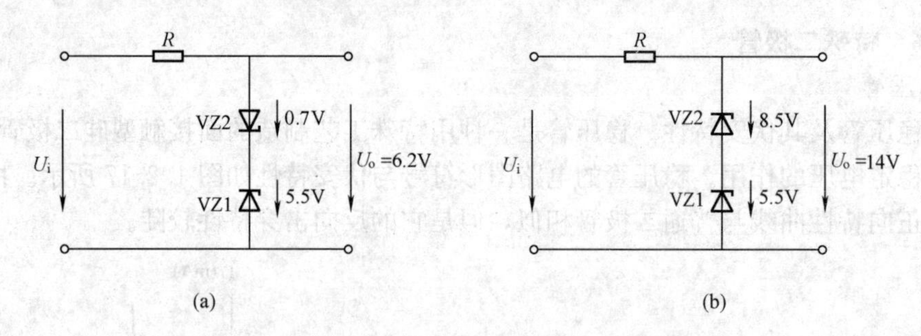


图 1.2.18 ［例 1.2.4］图

2. 发光二极管

（1）结构和工作原理。发光二极（Light Emitting Diode，LED）是一种将电能转换成光能的发光器件，其基本结构是一个 PN 结，采用砷化镓、磷化镓等化合物半导体材料制造而成。它的伏安特性与普通二极管相类似，但由于材料特殊，其正向导通电压较大，约为 1～2V。当管子正向导通时将会发光。

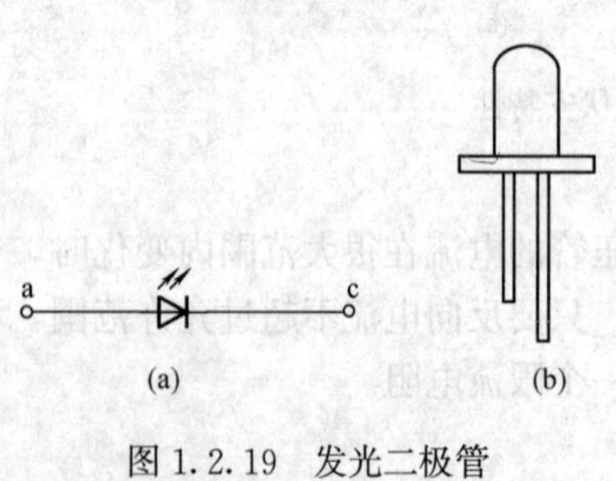


图 1.2.19 发光二极管

（a）图形符号；（b）外形

发光二极管具有体积小、工作电压低、工作电流小（10～30mA）、发光均匀稳定、响应速度快和寿命长等优点。常用作显示器件，除单个使用外，也可制成七段式或点阵式显示器。

发光二极管的图形符号和外形如图 1.2.19 所示。图 1.2.20 所示为七段 LED 数码管的外形和电路图，它是将七个做成条形的发光二极管组成日字形来显示数字。

（2）主要参数。LED 的参数有电学参数和光学参数。电学参数主要有极限工作电流 $I_{FM}$、反向击穿电压 $U_{BR}$、反向电流 $I_R$、正向电压 $U_F$、正

向电流 $I_F$ 等，这些参数的含义与普通二极管类似。光学参数主要有峰值波长 $\lambda_P$，它是最大发光强度对应的光波波长，常用单位为纳米（nm）；亮度 $L$，它与流过管子的电流和环境温度有关，常用单位为坎德拉/米²（cd/m²）；光通量 $\Phi$，常用单位为毫流明（mlm）。

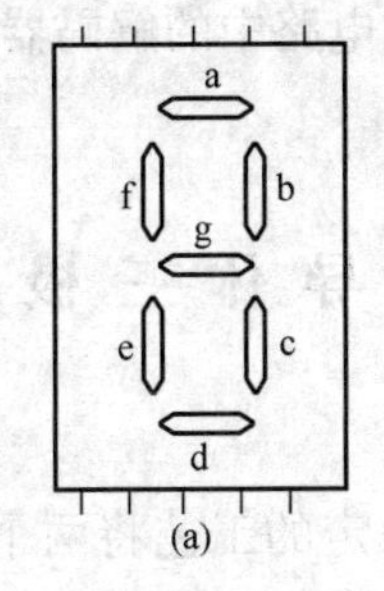


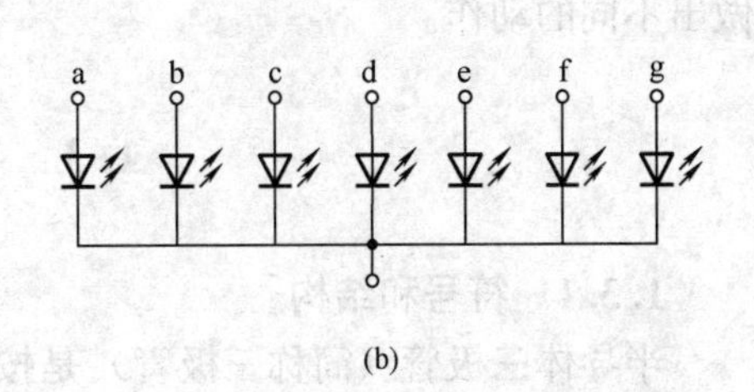


图 1.2.20　七段 LED 数码二极管的外形和电路图

(a) 外形；(b) 电路图

常见的 LED 发光颜色有红、黄、绿等，还有发出不可见光的红外发光二极管。

3. 光电二极管

(1) 结构与工作原理。光电二极管又叫光敏二极管，它是一种将光信号转化为电信号的器件。光电二极管的基本结构也是一个 PN 结，但管壳上有一个窗口，使光线可以照射到 PN 结上。

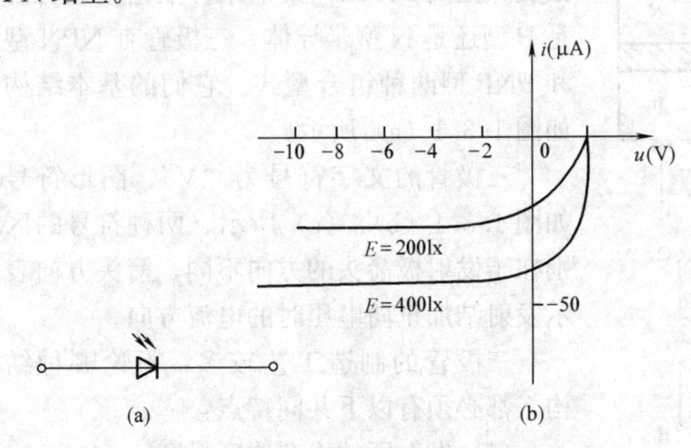


图 1.2.21　光敏二极管

(a) 图形符号；(b) 伏安特性曲线

光电二极管工作在反偏状态下，当无光照时，与普通二极管一样，反向电流很小，称为暗电流。当有光照时，其反向电流随光照强度的增加而增加，称为光电流。图 1.2.21（a）所示为光电二极管的图形符号，图 1.2.21（b）所示为它的特性曲线。其中的两条曲线是在光通量为 200lx 和 400lx 时测出的。1lx（勒史斯）代表每平方米面积上有 1 流明光通量。普通室内照明强度通常在250～400lx。

(2) 主要参数。光电二极管的主要电参数有暗电流、光电流和最高工作电压。主要光参数有光谱范围、灵敏度和峰值波长等。图 1.2.21（b）中曲线代表的光电二极管反向耐压约为 10～15V。灵敏度的典型值为 0.1$\mu$A/lx 数量级。如果制成大面积的光电二极管，可当作一种能源，称为光电池。

(3) 应用举例。图 1.2.22 所示为红外线遥控电路的示意图。当按下发射电路中的按钮时，编码器电路产生出调制的脉冲信号，由发光二极管将电信号转换成光信号发射出去，接收电路中的光电二极管将光脉冲信号转换为电信号，经放大、解码后，由驱动电路驱动负载动作。当按下不同按钮时，编码器产

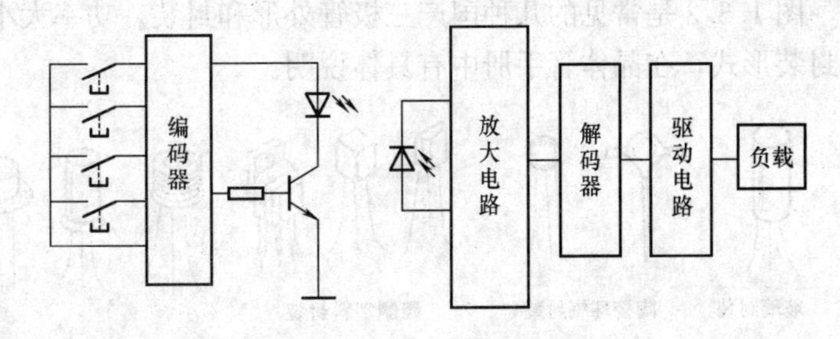


图 1.2.22　红外线遥控电路

生响应不同的脉冲信号，以示区别。接收电路中的解码器可以解调出这些信号，并控制负载做出不同的动作。

## 1.3 半导体三极管

### 1.3.1 符号和结构

半导体三极管（简称三极管）是按一定的工艺将两个 PN 结结合在一起的半导体器件。由于两个 PN 结之间的相互影响，使半导体三极管表现出不同于半导体二极管的特性。

在一块极薄的硅或锗基片上制作两个 PN 结就构成三层半导体，从三层半导体上各自接出一根引线，就是三极管的三个电极，再封装在管壳里就制成了晶体三极管。

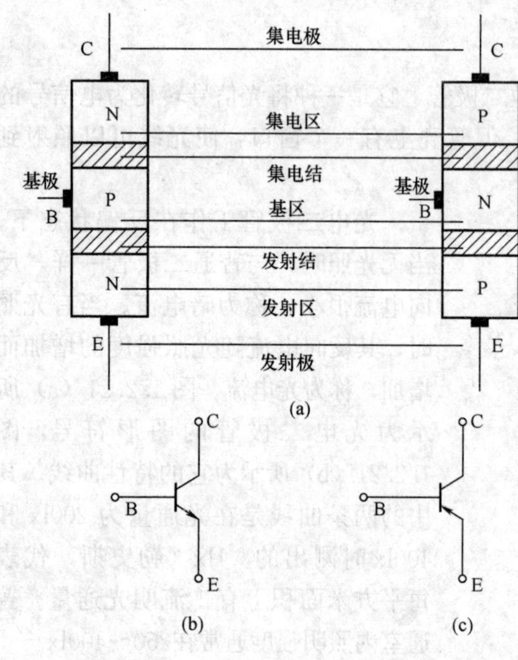


图 1.3.1 半导体三极管的结构和符号

(a) 基本结构；(b) NPN 型；(c) PNP 型

三个电极分别叫做发射极、基极、集电极，用 E、B、C 表示。对应的每层半导体分别称为发射区、基区、集电区。发射区与基区交界处的 PN 结叫发射结，集电区与基区交界处的 PN 结叫集电结。依据基区材料是 P 型还是 N 型半导体，三极管有 NPN 型和 PNP 型两种组合型式。它们的基本结构如图 1.3.1（a）所示。

三极管的文字符号为“V”，图形符号如图 1.3.1（b）、（c）所示。两种符号的区别在于发射极箭头的方向不同，箭头方向表示发射结加正向电压时的电流方向。

三极管的制造工艺较多，不论哪种结构，都必须有以下共同特点：

（1）发射区的掺杂浓度最高。

（2）基区都做得很薄（约几到几十微米），且掺杂最少。

（3）集电结面积制作得比发射结面积大。

由于在结构上有这些特点，三极管不等于两个二极管的简单结合，也不能将发射极和集电极颠倒使用。

图 1.3.2 是常见的几种国产三极管外形和封装。功率大小不同的三极管有着不同的体积和封装形式，在晶体管手册中有具体说明。

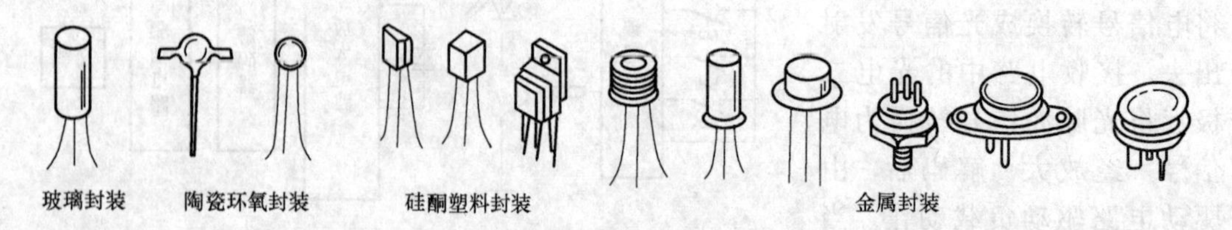


图 1.3.2 几种晶体三极管的外形和封装

### 1.3.2 类型

1. 型号

各种三极管都有自己的型号，按照国家标准 GB249—1974《半导体器件型号命名方法》的规定，国产三极管的型号也是由五个部分组成。表 1.3.1 中第二、第三行所列的是三极管常见类型，对其含义需搞清楚。

**表 1.3.1** **晶体三极管的型号**

| 第一部分 | | 第二部分 | | 第三部分 | | | | 第四部分 | 第五部分 |
|---|---|---|---|---|---|---|---|---|---|
| 用数字来表示器件的电极数目 | | 用汉语拼音字母表示器件的材料和极性 | | 用汉语拼音字母表示器件的类型 | | | | | |
| 符号 | 意义 | 符号 | 意义 | 符号 | 意义 | 符号 | 意义 | | |
| 3 | 三极管 | A | PNP 型，锗材料 | X | 低频小功率管 ($f_T$<3MHz, $p_C$<1W) | D | 低频大功率管 ($f_T$<3MHz, $p_C$≥1W) | 用数字表示器件的序号 | 用汉语拼音字母表示规格号 |
| | | B | NPN 型，锗材料 | G | 高频小功率管 ($f_T$≥3MHz, $p_C$<1W) | A | 高频大功率管 ($f_T$≥3MHz, $p_C$≥1W) | | |
| | | C | PNP 型，硅材料 | | | U | 光电器件 | | |
| | | D | NPN 型，硅材料 | | | K | 开关管 | | |
| | | K | 开关管 | | | | | | |
| | | CS | 场效应器件 | | | | | | |
| | | E | 化合物材料 | | | | | | |

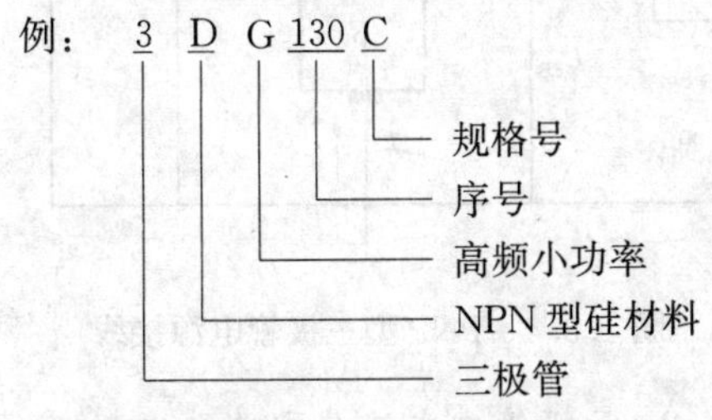

NPN 型硅材料高频小功率三极管的 C 挡

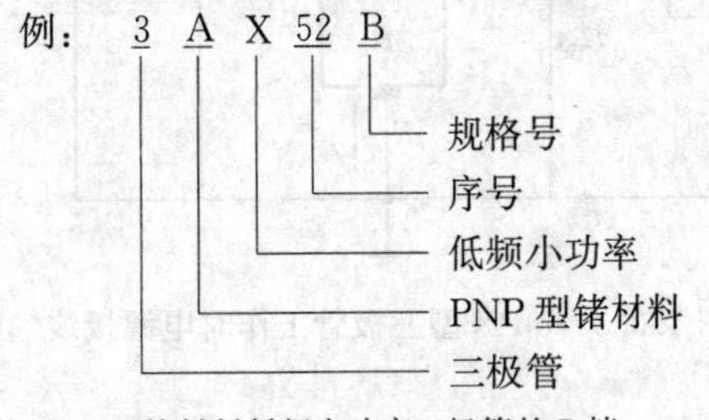

PNP 型锗材料低频小功率三极管的 B 挡

2. 分类

通常按以下几个方面进行分类：

(1) 依据制造材料的不同，三极管分为锗管与硅管两类。它们的特性大同小异。硅管受温度影响较小，工作较稳定，因此在电子设备上常用硅管。

(2) 依据三极管内部基本结构，分为 NPN 型和 PNP 型两类。目前我国生产的硅管多数是 NPN 型（也有少量 PNP 型），一般采用平面工艺制造。锗管多数是 PNP 型（也有少量 NPN 型），一般采用合金工艺制造。

(3) 依据工作频率不同，可分为高频管（工作频率等于或大于 3MHz）和低频管（工作频率低于 3MHz）。

(4) 依据用途的不同，分为普通放大三极管和开关三极管。

(5) 依据功率不同，分为小功率管（耗散功率<1W）和大功率管（耗散功率≥1W）。

### 1.3.3 电流放大作用

1. 三极管放大的条件

前面已介绍过三极管内部结构的特点是基区很薄，且掺杂浓度最低，发射区掺杂浓度最高，集电区面积最大，这是三极管放大的内部条件。要使三极管能够正常进行电流放大，还必须在两个PN结上加有一定极性的电源电压。发射结加正向偏置电压，集电结加反向偏置电压，这是三极管具有电流放大作用的外部条件。

NPN型三极管工作时电源接线如图1.3.3所示，图中有两个电源，基极电源$U_{BB}$通过可调电阻$R_P$和$R_B$在基极与发射极之间的发射结上加了正向电压（$U_{BE}>0$）。正常情况下，$U_{BE}$要大于发射结死区电压，以保证发射结导通。集电极电源$U_{CC}$通过$R_C$给集电极与发射极之间加上电压$U_{CE}$，且要求$U_{CE}$大于$U_{BE}$，使集电结加上了反向偏置电压（$U_{BC}<0$）。流过三极管的电流分别是$I_B$，$I_C$，$I_E$。这种以基极作为输入端，集电极作为输出端，发射极作为公共端的连接法叫共发射极接法。

同样，对于PNP型三极管，也应满足三极管放大的外部条件，发射结正向偏置，集电结反向偏置，但因它的基区材料是N型半导体，所以与NPN型三极管所接电源极性相反，电流方向也相反，如图1.3.4所示。

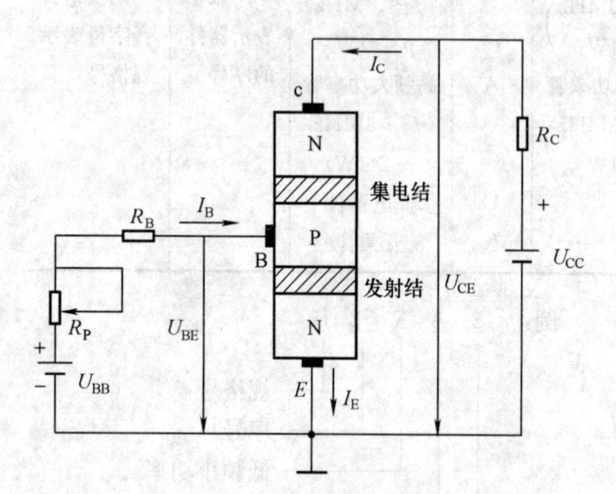


图1.3.3 NPN型三极管工作时电源接线

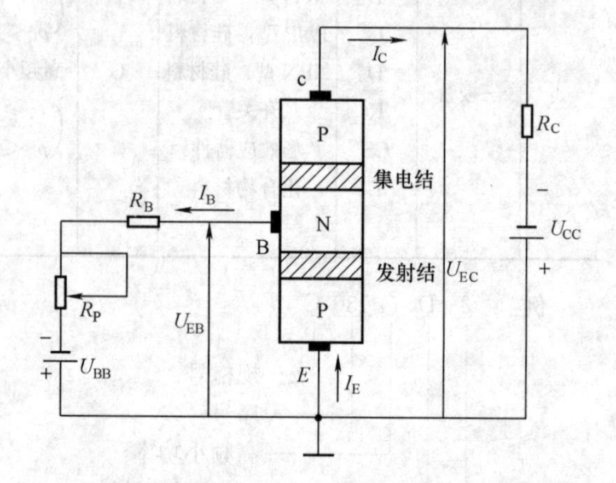


图1.3.4 PNP型三极管电源接线

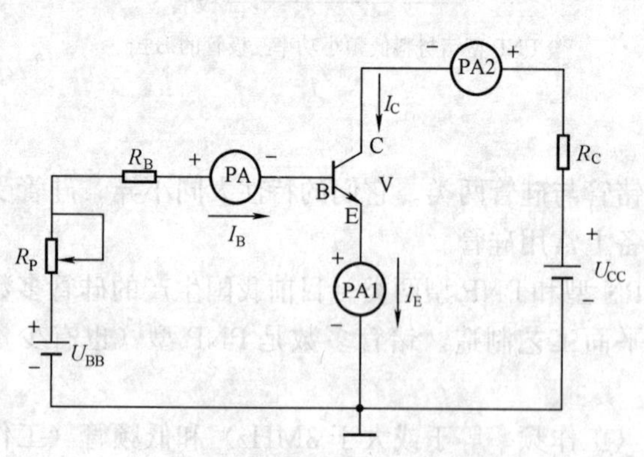


图1.3.5 三极管放大实验电路

PA—微安表；PA1、PA2—毫安表

2. 三极管内电流分配关系

为了反映三极管各个电极的电流之间的关系，我们以3DG130C为例，按照上述电路原理，接成如图1.3.5实验电路。调节$R_P$的阻值，控制三极管基极电压，就能改变基极电流大小，$I_B$的变化引起集电极电流$I_C$的变化，这样每调整一次$I_B$，就得到一组相应变化的$I_C$和$I_E$的值，如表1.3.2所示。从表中可以看出，每一组数据都满足下列关系

$$I_E=I_C+I_B \tag{1.3.1}$$

式（1.3.1）表明了三极管中的电流分配规律，即发射极电流等于集电极电流与基极电流之和，也就是说，流进三极管的电流等于流出三极管的电流，符合扩展的节点电流定律。

3. 三极管的电流放大作用

从实验数据可以看出，$I_C$与$I_B$的比值近似为一个常数，即

$$\bar{\beta}=\frac{I_C}{I_B} \tag{1.3.2}$$

**表 1.3.2**　　**三极管电流分配**　　(单位：mA)

| 项目 | 一 | 二 | 三 | 四 | 五 | 六 | 七 |
|---|---|---|---|---|---|---|---|
| $I_B$ | 0 | 0.05 | 0.10 | 0.15 | 0.30 | 0.45 | 0.60 |
| $I_C$ | 0.01 | 1.10 | 3.50 | 6.50 | 18.50 | 29.30 | 40.20 |
| $I_E$ | 0.01 | 1.15 | 3.60 | 6.65 | 18.80 | 29.75 | 40.80 |

基极电流 $I_B$ 的微小变化量 $\Delta I_B$ 能引起集电极电流较大的变化量 $\Delta I_C$，即

$$\beta=\frac{\Delta I_C}{\Delta I_B} \tag{1.3.3}$$

例如，由表 1.3.2 中数据可得

$$\bar{\beta}=\frac{I_C}{I_B}=\frac{29.30}{0.45}=65$$

$$\beta=\frac{\Delta I_C}{\Delta I_B}=\frac{29.30-18.50}{0.45-0.30}=\frac{10.08}{0.15}=72$$

式（1.3.2）及式（1.3.3）中的 $\bar{\beta}$ 和 $\beta$ 分别称为三极管的直流电流放大系数和交流电流放大系数，从表 1.3.2 中的数据可以得到 $\bar{\beta}\approx\beta$，且在一定范围内几乎不变，工程上不须严格区别，在估算时可以通用。

### 1.3.4　三极管输入、输出特性曲线

三极管的特性曲线是指三极管各极上的电压和电流之间的关系曲线，是三极管内部性能的外部表现。从使用三极管的角度来说，了解它的特性曲线是重要的。最常用的有输入特性和输出特性曲线两种，在实际应用中，通常利用晶体管特性图示仪直接观察，也可用图 1.3.6 所示的实验电路进行测试，逐点描绘出来。

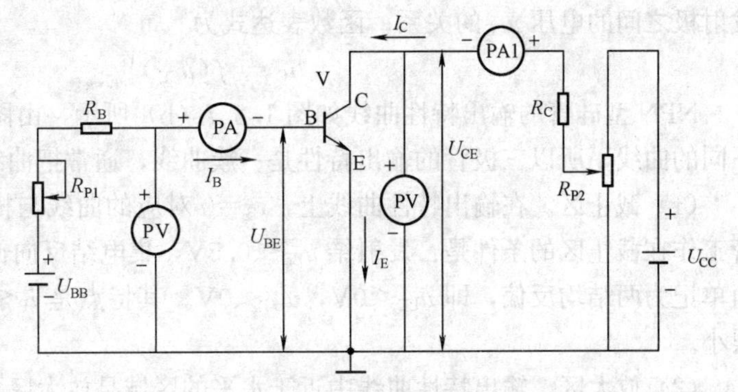


图 1.3.6　NPN 型三极管特性曲线实验电路

PA—微安表；PA1—毫安表；PV—电压表

图 1.3.6 实验电路左边的闭合回路称为输入回路，右边的回路称为输出回路，以发射极为公共端，测出的曲线为共射电路的特性曲线。

1. 输入特性曲线

输入特性是指，当三极管的集电极与发射极之间电压 $u_{CE}$ 保持为某一固定值时，加在三极管基极与发射极之间的电压 $u_{BE}$ 与基极电流 $i_B$ 的关系，函数表达式为

$$i_B=f(u_{BE})\big|_{u_{CE}=常数}$$

NPN 型硅管的输入特性如图 1.3.7（a）所示。从图 1.3.6 所示电路可以看到，由于输入回路中，发射结是一个正向偏置的 PN 结，因此，输入特性就与二极管正向伏安特性相似，不

同的是输出电压 $u_{CE}$对输入特性有影响。$u_{CE}=1V$ 的输入特性曲线比 $u_{CE}=0V$ 的曲线向右移动了一段距离，即 $u_{CE}$增大，曲线右移；但当 $u_{CE}>1V$ 后，曲线右移距离很小，可近似看成与 $u_{CE}=1V$ 时的曲线重合，所以图 1.3.7（a）中只画出两条曲线，在实际使用中，$u_{CE}$总是大于 1V 的，所以常用 $u_{CE}\geqslant 1V$ 的任意一条曲线。

三极管输入特性曲线也有死区电压，对于硅材料的 NPN 型三极管，只有 $u_{BE}$大于 0.5V 后，$i_B$ 才随 $u_{BE}$的增大迅速增大，正常工作时管压降 $U_{BE}$约为 0.6～0.8V，通常取 0.7V，称之为导通电压。对锗管，死区电压约为 0.1V，正常工作时管压降 $u_{BE}$的值约为 0.2～0.3V，一般导通电压取 0.2V。

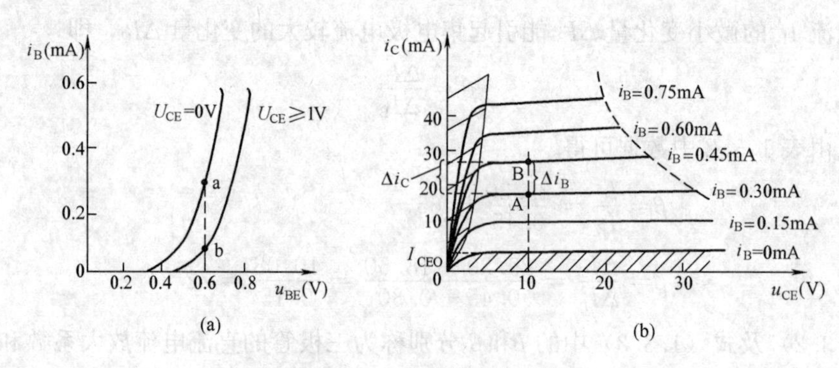


图 1.3.7 三极管特性曲线
（a）输入特性曲线；（b）输出特性曲线

2. 输出特性曲线

三极管输出特性是指当三极管基极电流 $i_B$ 一定时，三极管的集电极电流 $i_C$ 与集电极和发射极之间的电压 $u_{CE}$的关系；函数表达式为

$$i_C = f(u_{CE})\big|_{i_B=\text{常数}}$$

NPN 型硅管的输出特性曲线如图 1.3.7（b）所示，由图可见，在不同的 $i_B$ 下，可得出不同的曲线，所以三极管的输出特性是一簇曲线，通常把曲线分为三个工作区。

（1）截止区。在输出特性曲线上，$i_B=0$ 对应的曲线与横轴之间的区域是截止区。三极管工作在截止区的条件是：发射结 $u_{BE}<0.5V$，集电结反向偏置 $u_{BC}<0V$（NPN 型三极管）。简单记为两结均反偏，即 $u_{BE}<0V$，$u_{BC}<0V$。其特点是 $i_B\leqslant 0$，$i_C=I_{CEO}$穿透电流，此电流很小。

（2）放大区。输出特性曲线中近于水平的区域是放大区。$u_{CE}>1V$ 后，特性曲线几乎与横轴平行，$i_B$ 等量增加时，曲线等间隔地平行上移。$i_B$ 等于常数的情况下，三极管端电压 $u_{CE}$增大时，$i_C$ 几乎不变，即具有恒流特性。当 $i_B$ 变化时，$i_C$ 与 $i_B$ 成正比例变化。在此区域，三极管的发射结为正向偏置，且 $u_{BE}>0.5V$ 的死区电压，集电结为反向偏置，且 $u_{CE}>1V$，简单记为 $u_{BE}>0V$ 和 $u_{BC}<0V$。其特点是 $i_C$ 受 $i_B$ 控制，即 $i_C=\beta i_B$。

（3）饱和区。在特性曲线上 $u_{CE}\leqslant u_{BE}$的区域是饱和区。常把 $u_{CE}=u_{BE}$定为放大与饱和状态的分界点，叫临界饱和点。三极管在此区域工作的条件是：发射结正向偏置 $u_{BE}>0V$，集电结也处于正向偏置 $u_{BC}>0V$。其特点是 $i_C$ 随 $u_{CE}$的增加而迅速上升，而此时 $i_B$ 的变化对 $i_C$ 的影响较小，$i_C\neq\beta i_B$。三极管工作在饱和区时，C、E 之间的压降称为饱和压降，记作 $u_{CE(sat)}$，一般小功率硅管约为 0.3V，锗管约为 0.1V。

【例 1.3.1】　用直流电压表测得处于放大状态工作的三只晶体管的三个电极对地的电压，其数值如图 1.3.8 所示。试指出每只晶体管的 E、B、C 三个极，并说明该管是硅管还是锗管。

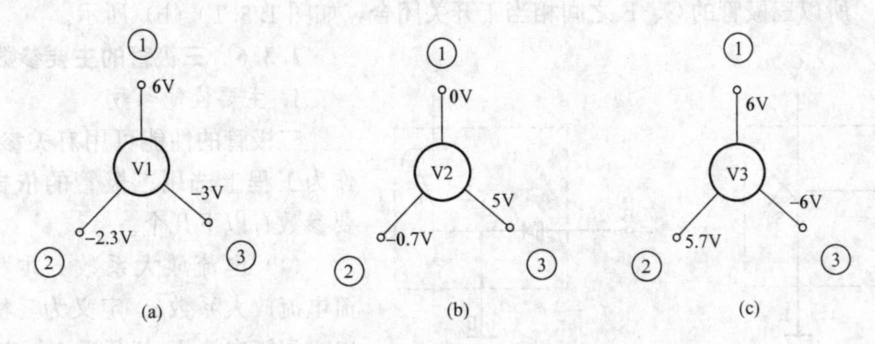


图 1.3.8　［例 1.3.1］图
(a) V1；(b) V2；(c) V3

**解**　在正常工作的情况下 NPN 型硅管发射结的直流压降为 $U_{BE}=0.6\sim0.8V$；PNP 型锗管 $U_{BE}=-(0.2\sim0.3)V$。

判断管脚的方法，比较三个电位，大小居中的是基极 B，与基极电位仅差一个 PN 结压降的是发射极 E，剩下的就是集电极 C 了。

V1 管的 $U_{BE}=U_B-U_E=-2.3-(-3)=0.7V$。可见 V1 是 NPN 型硅管。

三个极：②为 B；③为 E；①为 C。

V2 管的 $U_{BE}=U_B-U_E=0-(-0.7)=0.7V$。V2 是 NPN 型硅管。

三个极：①为 B；②为 E；③为 C。

V3 管的 $U_{BE}=U_B-U_E=5.7-6=-0.3V$。V3 是 PNP 型锗管。

三个极：②为 B；①为 E；③为 C。

### 1.3.5　三极管的开关作用

在数字电路中，三极管是作为开关来使用的，三极管必须工作在饱和状态和截止状态，而放大状态只是在饱和和截止两种状态相互转换的瞬间经过一下。三极管的开关作用与有触点开关的“断开”和“闭合”相类似，只是这种无触点开关有许多优点，如功耗小、速度快等。NPN 型硅管组成的三极管开关电路如图 1.3.9 所示。

1. 截止状态相当于开关断开

当输入电压 $U_i$ 接至 $U_{B1}$ 时，三极管的发射结电压 $U_{BE}<0$，处于截止状态，因其特点是 $I_B=0$，$I_C=I_{CEO}\approx0$，这时的 $U_{CE}=U_{CC}-I_CR_C\approx U_{CC}$，所以可等效为开关 S 断开，如图 1.3.10 (a) 所示。

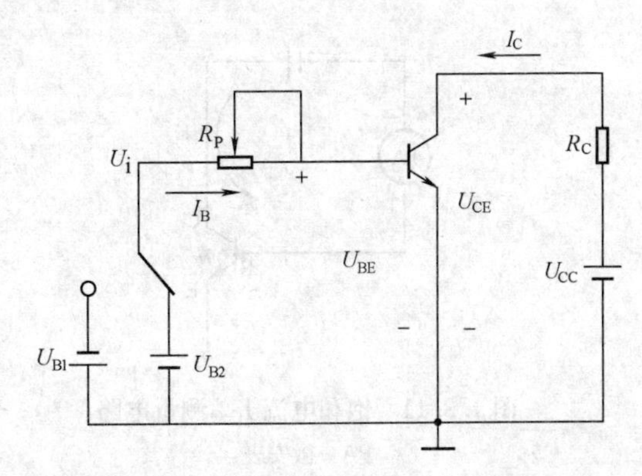


图 1.3.9　NPN 型硅管组成的三极管开关电路

2. 饱和状态相当于开关闭合

当输入电压 $U_i$ 接至 $U_{B2}$ 时，三极管的发射结电压 $U_{BE}$ 大于死区电压，同时集电极电位高于发射极电位，即 $U_{BC}>0$，满足饱和条件。因这时三极管的 $U_{CE}=U_{CE(sat)}$，其

值很小可近似为零，而这时的集电极电流

$$I_C = \frac{U_{CC} - U_{CES}}{R_C} \approx \frac{U_{CC}}{R_C}$$

达到最大，所以三极管的 C、E 之间相当于开关闭合，如图 1. 3. 10（b）所示。

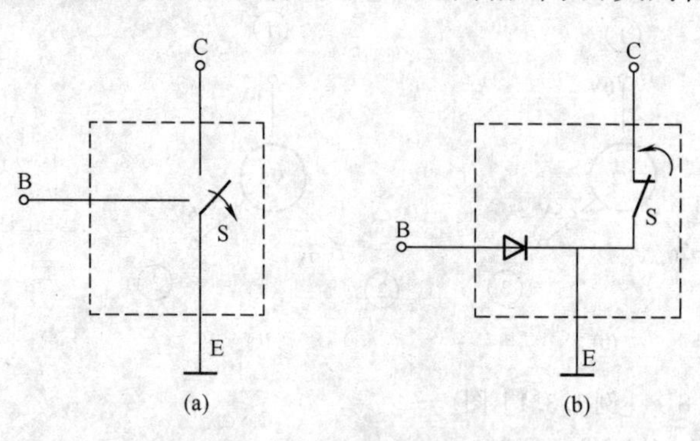


图 1. 3. 10 三极管开关等效电路

（a）开关断开；（b）开关闭合

### 1. 3. 6 三极管的主要参数

1. 主要性能参数

三极管的性能可用有关参数表示，作为工程上选用三极管的依据，其主要参数有以下几个。

（1）电流放大系数。共发射极直流电流放大系数$\bar{\beta}$，定义为三极管的集电极直流电流 $I_C$ 与基极直流电流 $I_B$ 之比，即

$$\bar{\beta} = I_C / I_B \qquad (1.3.4)$$

交流电流放大系数 $\beta$ 定义为集电极电流的变化量 $\Delta I_C$ 与基极电流的变化量 $\Delta I_B$ 之比，即

$$\beta = \Delta I_C / \Delta I_B \qquad (1.3.5)$$

$\bar{\beta}$与 $\beta$ 两者含义不同，但当特性曲线平行等距，且忽略管子截止时的穿透电流 $I_{CEO}$ 时，$\bar{\beta} \approx \beta$。因此通常情况下两者可以混用。由于制造工艺的分散性，即使是同一型号的晶体管，$\beta$ 值也有很大差别。一般 $\beta$ 值为 20～200 之间。选用时，$\beta$ 值太大稳定性差，$\beta$ 值太小则电流放大能力弱，通常放大电路采用 $\beta$ 为 30～180 的管子为宜。

（2）集电极—基极反向饱和电流 $I_{CBO}$。$I_{CBO}$ 表示发射极开路，C、B 之间加上一定反向电压时的反向电流，图 1. 3. 11 所示 $I_{CBO}$ 测量电路。它实际上和单个 PN 结的反向电流是一样的，都是由半导体中的少数载流子组成。由于半导体的热敏特性，$I_{CBO}$ 会随着温度的增加而增加。一般 $I_{CBO}$ 的值很小，小功率锗管 $I_{CBO}$ 的值约为 10$\mu$A 左右，而硅管的值则小于 1$\mu$A。$I_{CBO}$ 的大小标志集电结质量的优劣，显然越小越好。

（3）穿透电流 $I_{CEO}$。此电流为基极开路时，集电极直通到发射极的电流，由于它是从集电区穿过基区流向发射区的电流，所以称穿透电流。测量电路如图 1. 3. 12 所示。

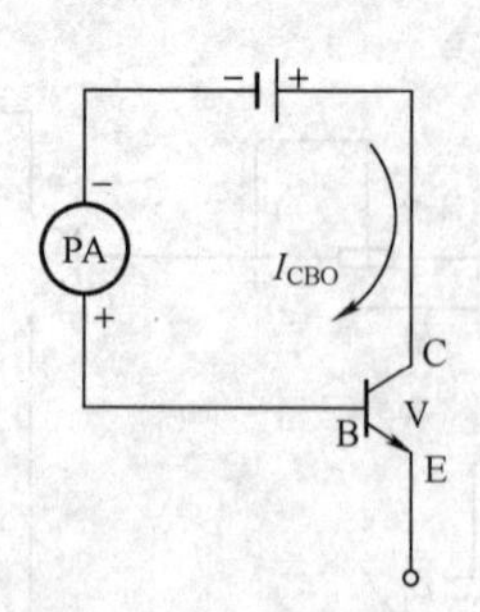


图 1. 3. 11 饱和电流 $I_{CBO}$ 测量电路

PA—微安表

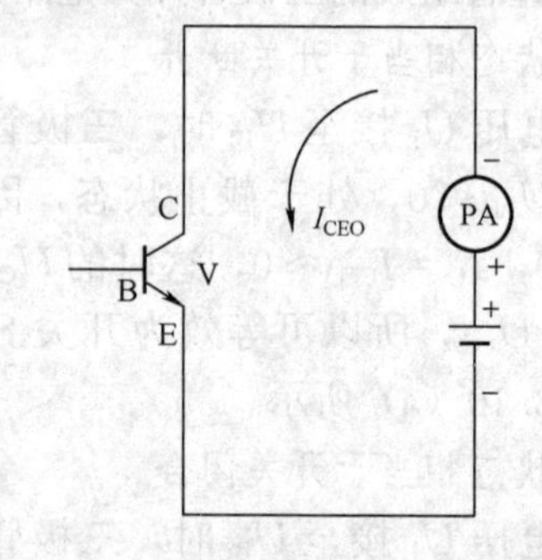


图 1. 3. 12 穿透电流 $I_{CEO}$ 测量电路

PA—微安表

$I_{CEO}$ 与 PN 结的反向电流 $I_{CBO}$ 有关，用公式表示为

$$I_{CEO}=(1+\beta)I_{CBO} \tag{1.3.6}$$

由于半导体的热敏特性，穿透电流也会随温度的增大而增加，所以它越小，表明三极管受温度的影响越小，工作越稳定，质量越好。一般小功率锗管的 $I_{CEO}$ 值可达几十微安以上，硅管在几微安以下。

2. 极限参数

三极管的极限参数关系到三极管的安全运用，应特别注意。

(1) 集电极最大允许电流 $I_{CM}$。集电极电流过大时，$\beta$ 值将明显下降，$I_{CM}$ 是指 $\beta$ 值下降到正常值的 2/3 时的集电极电流 $I_C$。三极管作放大使用时，$I_C$ 超过此值，其 $\beta$ 值会下降，输出信号易产生失真；$I_C$ 过大时，会烧坏管子。

(2) 集电极－发射极反向击穿电压 $U_{(BR)CEO}$。此电压为基极开路时集电极和发射极之间的反向击穿电压。使用时，当 $U_{CE}$ 电压大于此值，$I_{CEO}$ 会大幅度上升，说明管子被击穿，以致烧毁三极管。当温度升高时，击穿电压要下降，所以工作电压要选得比击穿电压小许多，以保证有一定的安全系数。

(3) 集电极最大允许耗散功率 $P_{CM}$。由于三极管工作时 $U_{CE}$ 的大部分电压降在集电结上，因此集电极功率损耗（简称功耗）$P_C=U_{CE}I_C$ 近似为集电结功耗，它将使集电结温度升高而导致三极管发热。$P_{CM}$ 就是由允许的最高集电结温度决定的最大集电极功耗，工作时的 $P_C$ 必须小于 $P_{CM}$。

以上的 $I_{CM}$、$P_{CM}$ 和 $U_{(BR)CEO}$ 是三极管的极限参数，它们体现在三极管输出特性曲线上，可以确定三极管的安全工作区，如图 1.3.13 所示是某一三极管的参数，由图可知 $I_{CM}=28\text{mA}$，$P_{CM}=540\text{mW}$，$U_{(BR)CEO}=50\text{V}$。三极管工作时必须保证工作在安全区内，并留有一定的裕量。

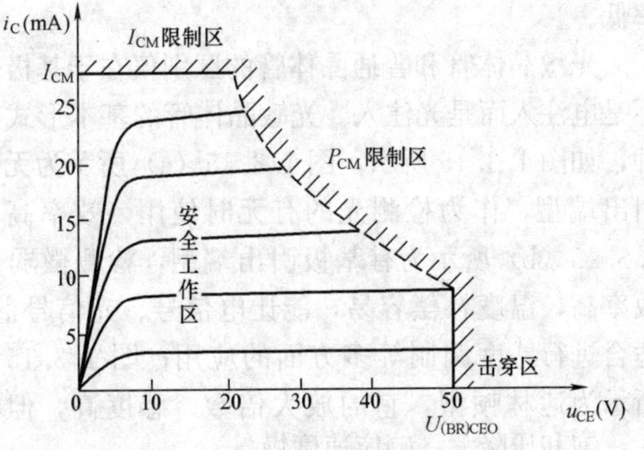

图 1.3.13　三极管安全工作区

3. 温度对三极管参数的影响

由于半导体的热敏特性，所以管子的参数将随温度而变。在使用管子时必须考虑温度的影响，并设法减小影响。通常主要考虑温度对以下四个参数的影响。

(1) 温度对 $I_{CBO}$ 的影响。温度每增加 10℃，$I_{CBO}$ 约增加一倍。

(2) 温度对 $U_{BE}$ 的影响。$U_{BE}$ 受温度的影响与二极管一样，温度升高时，硅管和锗管的 $|U_{BE}|$ 将减小，其温度系数为 $-(2\sim2.5)\text{mV/℃}$，表示温度每升高 1℃，$|U_{BE}|$ 将下降 2～2.5mV。

(3) 温度对 $\beta$ 的影响。三极管的电流放大系数 $\beta$ 值随温度的升高而增大。温度每升高 1℃，$\beta$ 值约增加 0.5%～1%。

(4) 温度对 $P_{CM}$ 的影响。三极管的 $P_{CM}$ 参数通常是在环境温度为 25℃时测定的，如环境温度高于 25℃，这个参数也要降低。

**【例 1.3.2】** 某晶体管的输出特性曲线如图 1.3.14 所示，试从图中估算出 $\beta$、$I_{CEO}$、$I_{CBO}$、$U_{(BR)CEO}$ 和 $P_{CM}$ 的值。

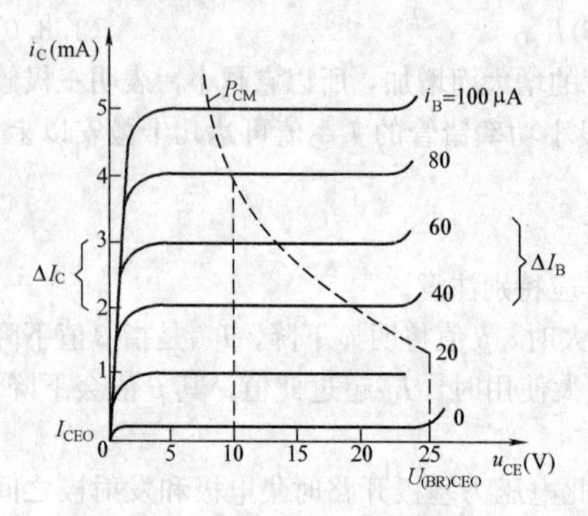


图 1.3.14　［例 1.3.2］输出特性曲线

**解**　由特性曲线，再根据各参数的定义有

(1) $\beta=\dfrac{\Delta I_C}{\Delta I_B}=\dfrac{3-2}{0.06-0.04}=50$。

(2) $I_B=0$ 时，$I_C=I_{CEO}=0.2(\text{mA})$。

(3) 由式（1.3.6）得 $I_{CBO}=\dfrac{I_{CEO}}{1+\beta}=\dfrac{0.2}{1+50}=0.04$（mA）。

(4) 当 $I_B=0$（基极开路）时，$U_{CE}$ 增加到 $I_C$ 急剧上升时的 $U_{CE}$ 值即是 $U_{(BR)CEO}$，从图 1.3.14 可知，$U_{(BR)CEO}=25\text{V}$。

(5) 从 $P_{CM}$ 曲线上任取一点（$U_{CE}=10\text{V}$，$I_C=4\text{mA}$），$P_{CM}=U_{CE}I_C=10\times4=40$（mW）。

### 1.3.7　特殊三极管

1. 光敏晶体管

光敏晶体管（又称光敏三极管）是一种半导体光电器件，它的电流是受外部光照控制的，在完成光电转换时，将光电流进行了放大，所以灵敏度比光敏二极管高得多。其缺点是无光照时的暗电流大，温度变化时稳定性差，工作频率低。

光敏晶体管和普通晶体管的区别仅在于基极信号不是电注入而是光注入。光敏晶体管的基本形式有三种，如图 1.3.15 所示，图 1.3.15（a）所示为无基极引出端型，作为检测光的有无时使用，效率高；图 1.3.15（b）所示为有基极引出端型，检测微弱光时效率高，温度补偿容易，能让电信号、光信号混合，适合进行感度调制等多方面的应用；图 1.3.15（c）所示为达林顿型，它的放大倍数、感度高，但 $I_{CEO}$ 大，饱和压降大，响应速度慢。

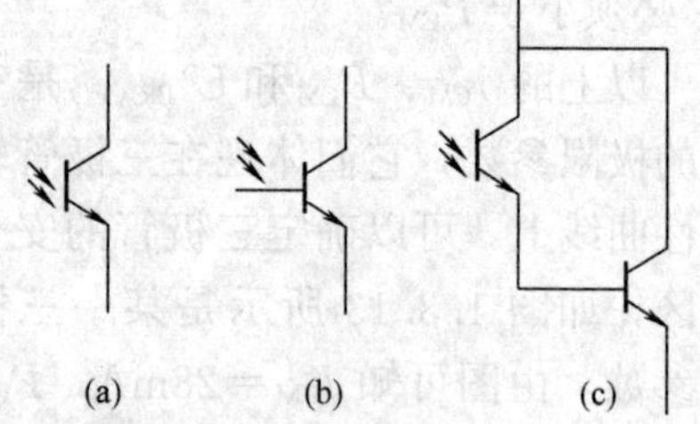


图 1.3.15　光敏三极管的三种形式

（a）无基极引出端型；（b）有基极引出端型；（c）达林顿型

光敏管对不同波长光的反应灵敏度不同。对有些波长光的反应灵敏度下降，有些波长的光几乎无反应。对反应最灵敏的那个光的波长，称为光敏管的峰值波长。这在选用光源时应加以注意。

2. 光电耦合器

光电耦合器是一种把发光器件和将光转换成电的器件组成一体，完成电—光、光—电转

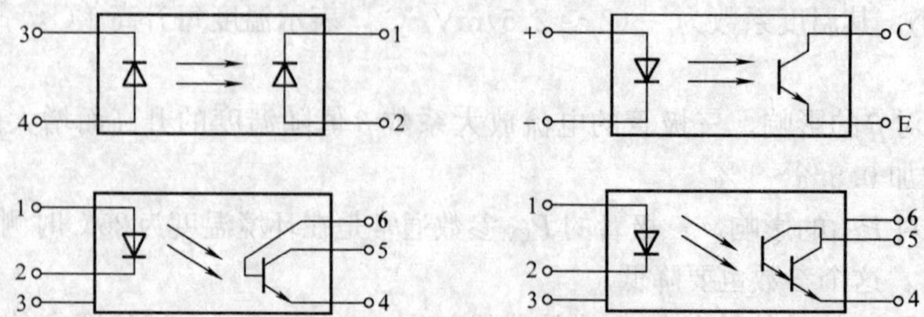


图 1.3.16　光电耦合器的几种形式

换的器件。光电耦合器通常有四种型号，如图1.3.16所示。

光电耦合器在信号隔离、检测、自动控制等诸多方面得到了广泛应用。它具有容易与逻辑电路配合、响应速度快，以及无触点、寿命长、体积小和耐冲击等优点。

## 自　测　题

1.1　本征半导体掺入五价元素后成为(　　)。

(a) 本征半导体；(b) N型半导体；　(c) P型半导体。

1.2　N型半导体中的多数载流子是(　　)。

(a) 电子；　(b) 空穴；　(c) 正离子；　(d) 负离子。

1.3　P型半导体中的多数载流子是(　　)。

(a) 自由电子；(b) 空穴。

1.4　二极管的正向电阻(　　)，反向电阻(　　)。

(a) 大；　(b) 小。

1.5　锗二极管的导通电压(　　)，死区电压(　　)。硅二极管的导通电压(　　)，死区电压(　　)。

(a) 0.7V；　(b) 0.2V；　(c) 0.3V；　(d) 0.5V。

1.6　二极管的导通条件是(　　)。

(a) $U_V>0$；　(b) $U_V>$死区电压；(c) $U_V>$击穿电压；

(d) $U_V<$死区电压。

1.7　当温度升高后，二极管的正向电压(　　)，反向电流(　　)。

(a) 增大；　(b) 减小；　(c) 基本不变；　(d) 其他。

1.8　稳压管(　　)。

(a) 是二极管；　(b) 不是二极管；　(c) 是特殊的二极管。

1.9　稳压管正常工作时应工作在(　　)状态。

(a) 正向导通；　(b) 反向截止；　(c) 反向击穿。

1.10　用万用表的“$R\times10$”挡和“$R\times100$”挡测量同一个二极管的正向电阻，两次测得的值分别是$R_1$和$R_2$，则二者相比，(　　)。

(a) $R_1>R_2$；　(b) $R_1=R_2$；　(c) $R_1<R_2$；　(d) 说不定哪个大。

1.11　把一个二极管直接同一个电动势为1.5V，内阻为零的电池正向连接，该管(　　)。

(a) 击穿；　(b) 电流为零；　(c) 电流正常；

(d) 电流过大使管子烧坏。

1.12　电路如图1.1所示，输出电压$U_o$应为(　　)。

(a) 0.7V；　(b) 3.7V；　(c) 10V；　(d) 0.3V。

1.13　图1.2给出了锗二极管和硅二极管的伏安特性。硅管的特性曲线(　　)。

(a) 由a和c组成；　(b) 由a和d组成；

(c) 由b和c组成；　(d) 由b和d组成。

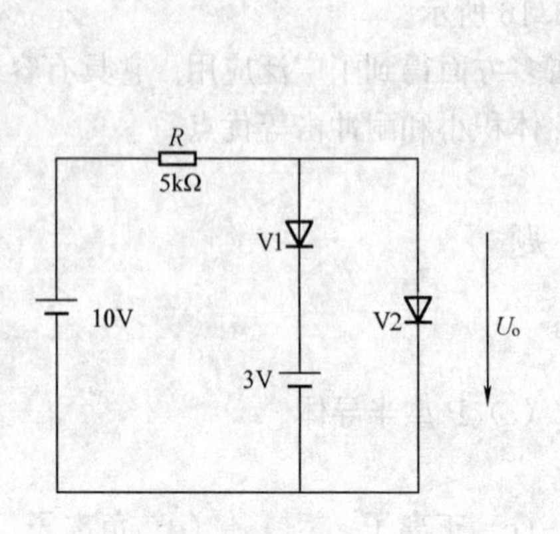


图 1.1　自测题 1.12 图

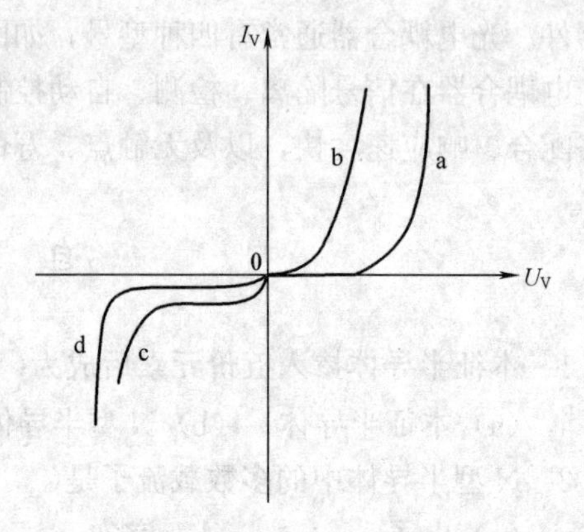


图 1.2　自测题 1.13 图

1.14　图 1.3 所示的几条曲线中，表示理想二极管正向伏安特性的是(　　)。

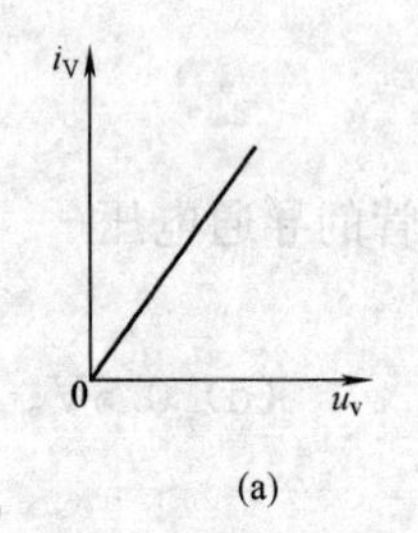


(a)

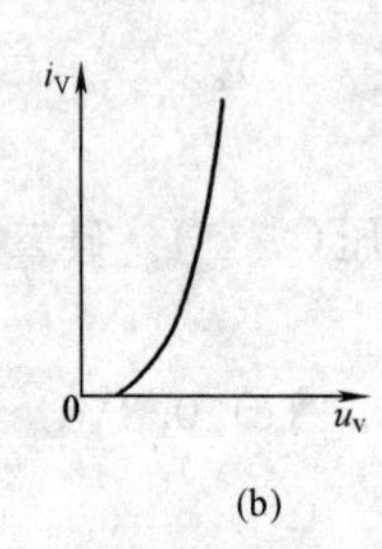


(b)

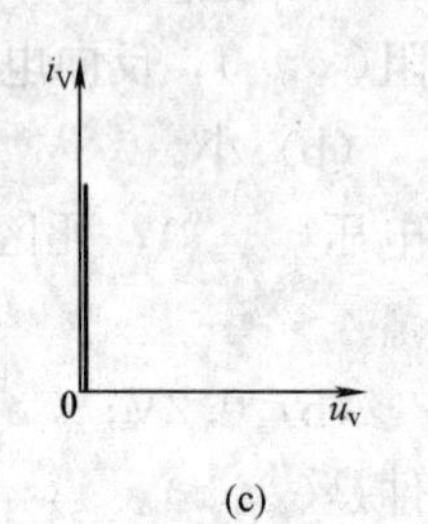


(c)

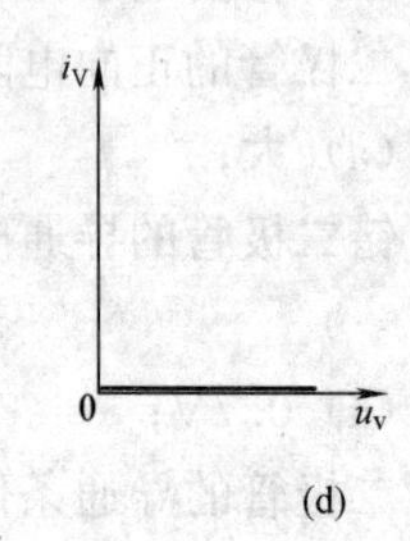


(d)

图 1.3　自测题 1.14 图

1.15　稳压管稳压电路如图 1.4 所示，其中 $U_{Z1}=7V$，$U_{Z2}=3V$，该电路输出电压为(　　)。

(a) 0.7V;　　(b) 1.4V;　　(c) 3V;　　(d) 7V。

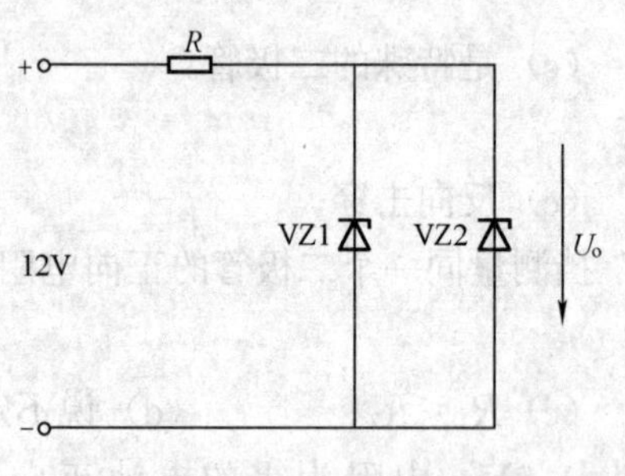

图 1.4　自测题 1.15 图

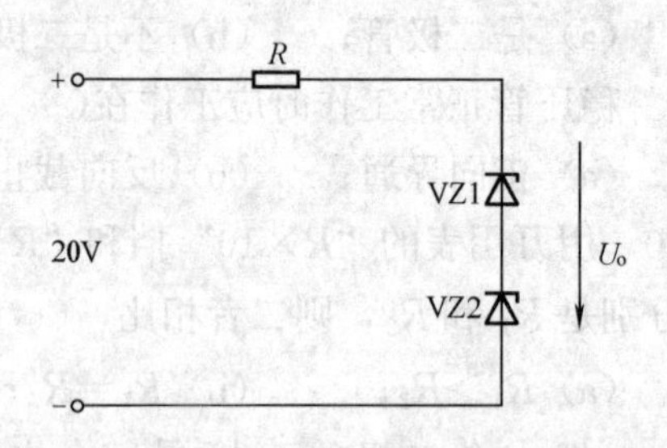


图 1.5　自测题 1.16 图

1.16　稳压管电路如图 1.5 所示，$U_{Z1}=U_{Z2}=7V$，正向导通时 $U_V=0.7V$，其输出电压为(　　)。

(a) 1.4V;　　(b) 7V;　　(c) 10V;　　(d) 14V。

1.17　工作在放大区的某三极管，当 $I_B$ 从 $20\mu A$ 增大到 $40\mu A$ 时，$I_C$ 从 1mA 变为 2mA，则它的 $\beta$ 值约为(　　)。

(a) 10;　　(b) 50;　　(c) 100;　　(d) 150。

1.18　NPN 型和 PNP 型晶体管的区别是(　　)。

(a) 由两种不同材料硅和锗制成的；　(b) 掺入杂质元素不同；

(c) P区和N区的位置不同。

1.19　对放大电路中的三极管测量各极对地的电压为$U_B=2.7V$、$U_E=2V$、$U_C=6V$，则该管为(　　)、(　　)、(　　)。

(a) Si材料；　(b) NPN管；　(c) Ge材料；　(d) PNP管；

(e) 工作在放大区。

1.20　三极管的反向电流$I_{CBO}$由(　　)组成的。

(a) 多数载流子；(b) 少数载流子；　(c) 多数载流子和少数载流子共同。

1.21　三极管的$I_{CEO}$大说明其(　　)。

(a) 工作电流大；(b) 击穿电压高；　(c) 寿命长；　(d) 热稳定性差。

1.22　晶体管共发射极输出特性常用一簇曲线表示，其中每一条曲线对应一个特定的(　　)。

(a) $I_C$；　(b) $U_{CE}$；　(c) $I_B$；　(d) $I_E$。

1.23　某晶体管的发射极电流等于1mA，基极电流等于20μA，则它的集电极电流等于(　　)mA。

(a) 0.98；　(b) 1.02；　(c) 0.8；　(d) 1.2。

## 习　题

1.1　图1.6所示电路中各二极管均为硅管，试判断其中哪些二极管是导通的？

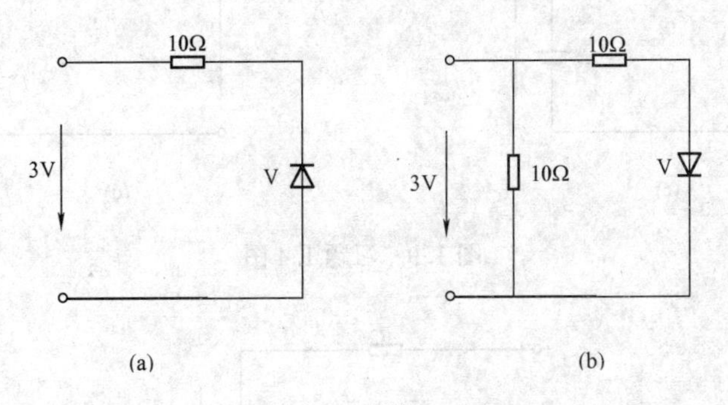


图1.6　习题1.1图

1.2　由锗二极管V、电源$E$和电阻$R$($R=3k\Omega$)组成的电路如图1.7所示，该电路中电流比较准确的值是多少？

1.3　图1.8所示电路中，设二极管导通时的压降为$U_V=0.7V$，试求电压$U_o$的大小。

1.4　图1.9所示电路中，$E=5V$，$u_i=10\sin\omega t$ (V)，V为理想二极管，试绘出$U_o$波形。

1.5　试解释下列二极管的型号和意义：

(1) 2CK80A；

(2) 2AP10。

1.6　稳压管电路如图1.10所示，稳压管的稳压值$U_Z=6.3V$，正向导通压降$U_V=$

0.7V，其输出电压$U_o$为多少？

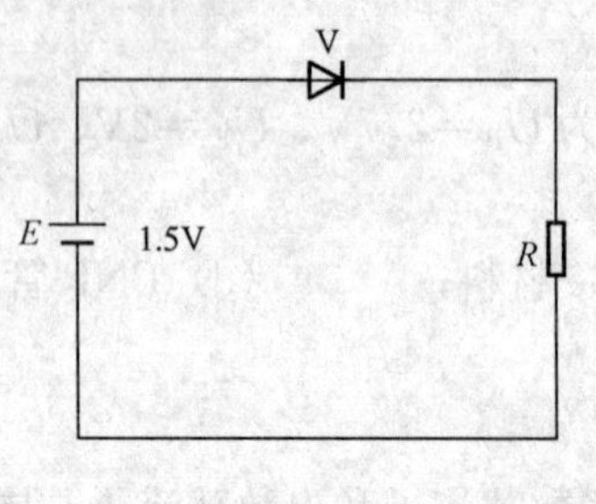


图 1.7 习题 1.2 图

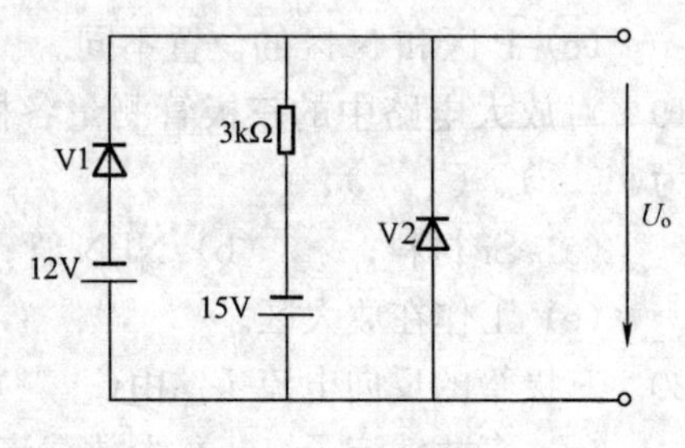


图 1.8 习题 1.3 图

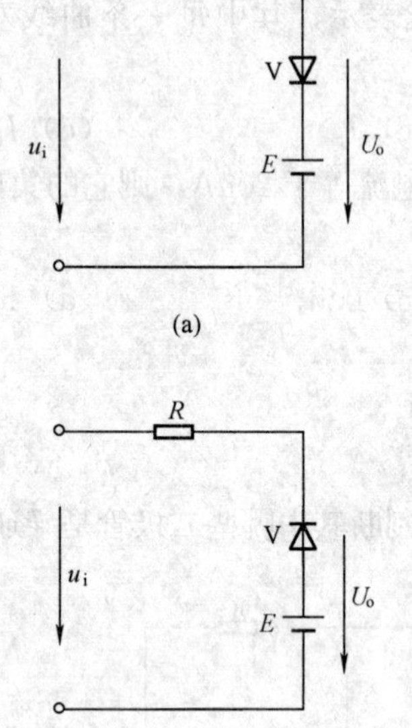


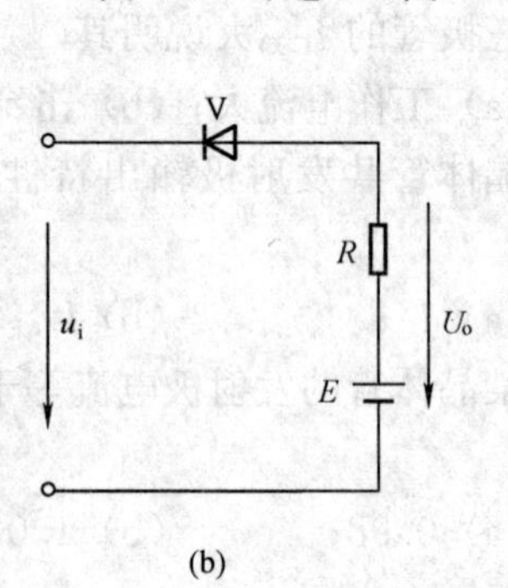


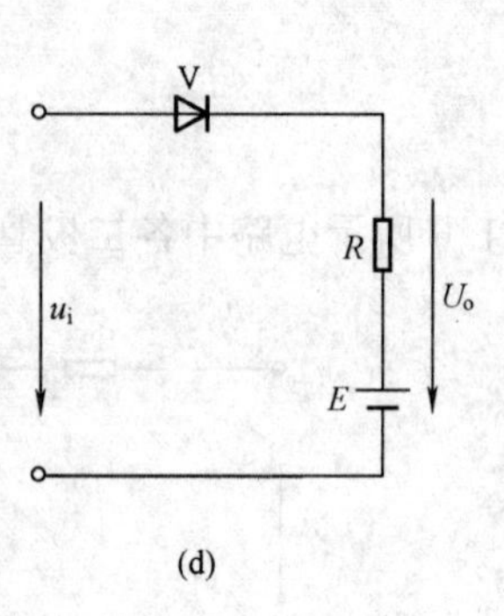


图 1.9 习题 1.4 图

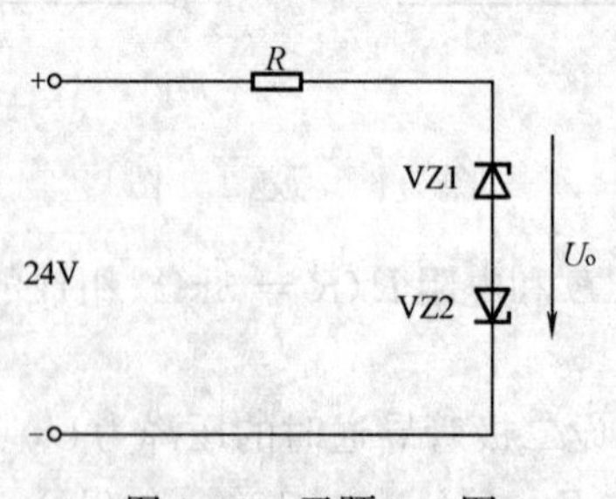


图 1.10 习题 1.6 图

1.7 当基极电流为 20μA 时。集电极电流为 1.2mA，当前者为 30μA 时，后者为 1.7mA，求晶体管的$\beta$。

1.8 用直流电压表测得放大电路中某晶体三极管电极 1、2、3 的电位各为$U_1=2V$、$U_2=6V$、$U_3=2.7V$，则该管是什么材料、什么型号的三极管？各电极 1、2、3 分别对应三极管的什么极？

1.9　图 1.11 所示为三极管输出特性。该管在 $U_{CE}=6V$、$I_C=3mA$ 处的电流放大倍数 $\beta$ 为多少？

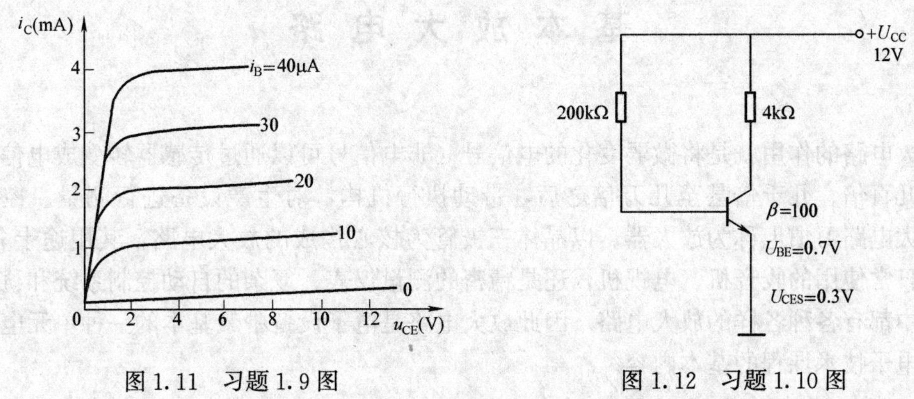


图 1.11　习题 1.9 图　　图 1.12　习题 1.10 图

1.10　如图 1.12 所示的电路，该三极管工作在放大、截止、饱和三个区中的哪个区域？

# 第 2 章

# 基 本 放 大 电 路

放大电路的作用就是将微弱变化的电信号（非电信号可以通过传感器转变成电信号）经过放大几百倍、几千倍甚至几万倍之后，带动执行机构，对生产设备进行测量、控制或调节。放大电路习惯上称为放大器。以晶体三极管为核心构成的放大电路，其用途十分广泛，无论是日常使用的收音机、电视机，还是精密的测量仪表、复杂的自动控制系统和科研装置等，其中都有各种各样的放大电路。因此放大电路是电子设备中最基本的一种单元电路，也是模拟电子技术课程的基本内容。

## 2.1 放大电路的基本知识

放大电路的形式和种类很多，依据不同的分类方法有：按信号源是交流还是直流分为交流放大器和直流放大器；按放大的对象来分，有电压、电流和功率放大器等；按放大器的工作频率来分，有低频、中频和高频放大器等；按输入给放大器的电信号强弱来分，有大信号和小信号放大器等；按放大器中三极管的连接方式来分，有共发射极、共基极、共集电极等；按放大电路的级数来分，有单级和多级放大器等。

在电子技术中，常用的是交流放大器，其工作频率在低频（20～10 000Hz）范围内。我们这里所说的单级小信号放大电路，就是指由单个三极管按共发射极接法，并且用于低频小信号放大的交流放大电路。它是最基本的放大电路，也是电子电路的基础，很多复杂的电子电路是由它组合或演变出来的。

### 2.1.1 放大电路的组成

放大电路是由三极管、电阻器、电容器及电源等一些元器件组成，它利用三极管电流放大原理，把微弱的电信号转变为较强的电信号。我们把向放大电路提供输入信号的电路或设备称为信号源，把接受放大电路输出电信号的元器件或电路称为放大电路的负载，如图 2.1.1 所示。

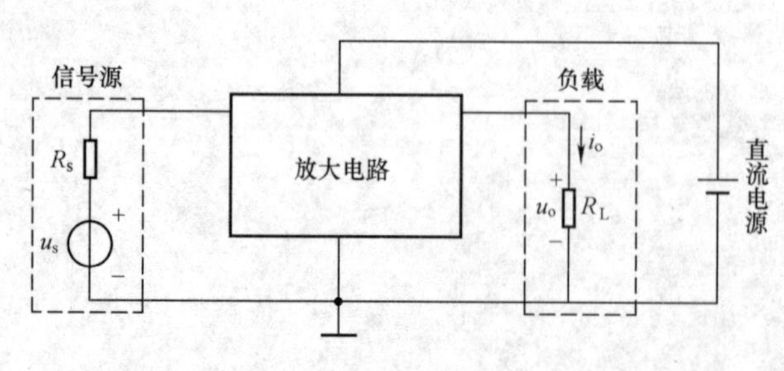

图 2.1.1 放大电路组成示意图

值得注意的是，电子技术里的“放大”有两方面的含义：一是能将微弱的电信号增强到人们所需要的数值，即放大电信号；二是要求放大后的信号波形与放大前的波形形状相同或基本相同，即不失真的要求。由于放大器的输出功率有所增加，而增加的功率不是来自输入端的信号源，也不是三极管本身，而是来自电路中的直流电源。因此，所谓放大是指在输入信号的作用下，通过放大电路将直流电源的能量转换成负载所需的能量。三极管只是其中的能量控制元件。

扩音机就是应用放大器的一个例子，其原理如图 2.1.2 所示。当人们对着话筒讲话时，话筒把声音转变成频率和振幅随之变化的微弱的电信号（电压或电流），利用电路中放大元件的控制作用和直流电源供给的能量，由放大器把微弱的电信号增强为足够大的电信号，驱动扬声器（喇叭），使其发出较原来强得多的声音。从扩音机的工作过程看，话筒的作用可与一个内阻为 $R_S$ 的信号源 $u_S$ 的作用等效，它为放大器提供输入信号电压 $u_i$。喇叭可等效为电阻 $R_L$，作为放大器的负载电阻，可等效为如图 2.1.1 所示电路。

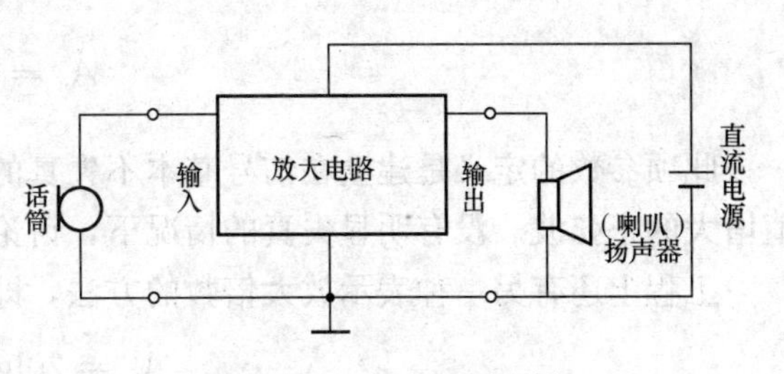


图 2.1.2　扩音机原理图

实际电路中，由于单级放大电路性能往往达不到要求，所以使用的放大电路是由基本单元放大电路组成的多级放大电路，如图 2.1.3 所示，一般包括多个单级电压放大电路和一个功率放大电路（输出级）。电压放大电路的任务是把微弱的信号电压加以放大，从而推动功率放大电路，它通常工作在小信号状态下。功率放大电路输出足够大的功率，以推动执行元件，如扬声器、电动机、继电器等，通常工作在大信号状态下。本章将讨论电压放大电路、功率放大电路。不管是哪一种放大电路，要使它具有放大作用，都必须首先满足三极管放大的外部条件，其次放大电路还要保证输入输出电信号的传输畅通。此外，放大电路还应满足若干技术指标。

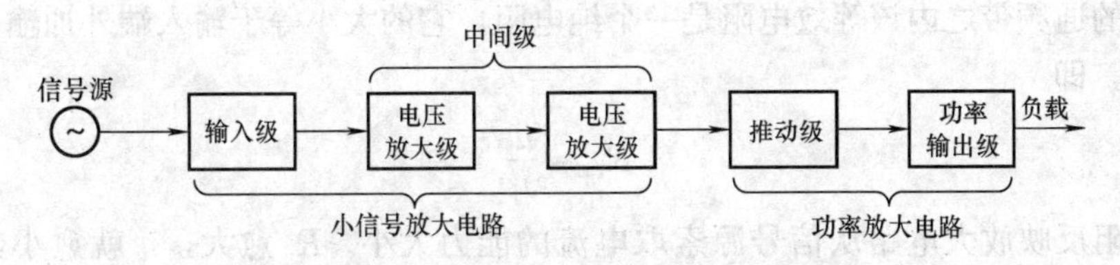


图 2.1.3　多级放大电路组成框图

### 2.1.2　放大电路的主要性能指标

放大电路的性能指标是用来定量描述放大电路的有关技术性能的。衡量一个放大电路性能的技术指标有很多，这里只介绍一些比较常用的技术指标的概念，而比较详细的定义及应用见后面相关内容。

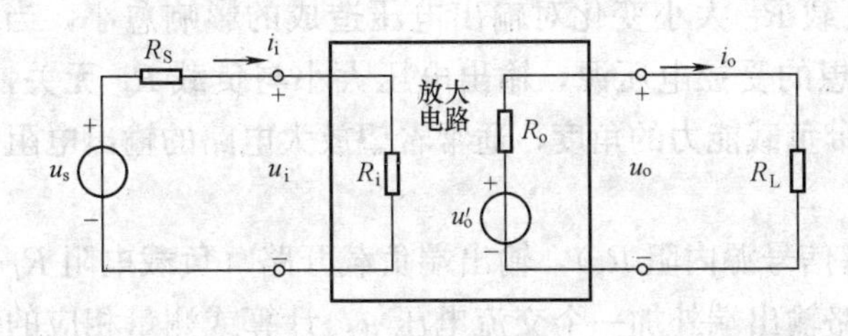


图 2.1.4　放大电路的方框图

放大电路的方框图如图 2.1.4 所示，$u_S$ 和 $R_S$ 为信号源电压和内阻，$u_i$ 和 $i_i$ 分别是输入电压和输入电流，$R_L$ 为负载电阻，$u_o$ 和 $i_o$ 分别为输出电压和输出电流。放大电路的输出端根据戴维南定理，用受控电压源 $u'_o$ 和内阻 $R_o$ 等效。

1. 放大倍数

放大倍数是描述电路对输入信号的放大能力，反映在输入信号的控制下，将供电电源能量转换为信号能量的能力。在实际应用中，根据放大电路输入信号的条件和对输出信号的要求，有如下定义。

(1) 电压放大倍数 $\dot{A}_u$：输出电压与输入电压之比为 $\dot{A}_u$，用来表示输入信号放大了多少倍。即

$$\dot{A}_u = \frac{\dot{U}_o}{\dot{U}_i} \tag{2.1.1}$$

此项参数的定义是建立在信号基本不失真的前提之上，如输入是正弦波时，输出应是幅值增大的正弦波。没有明显失真的情况下，讨论放大倍数才有意义。

工程上还有另一种表示放大倍数的方法，即

$$\dot{A}_u = 20\lg |A_u| \tag{2.1.2}$$

这样计算出的放大倍数称为电压增益，单位是分贝（dB）。在多级放大电路的增益运算中，可以将乘法变成加法运算，方便了分析计算。

（2）电流放大倍数 $\dot{A}_i$：输出电流与输入电流之比。即

$$\dot{A}_i = \frac{\dot{I}_o}{\dot{I}_i} \tag{2.1.3}$$

（3）功率放大倍数 $A_p$：输出功率与输入功率之比。即

$$A_p = \frac{p_o}{p_i} = \frac{u_o i_o}{u_i i_i} = A_u A_i \tag{2.1.4}$$

2. 输入电阻 $R_i$

从放大电路输入端看进去的等效电阻称为放大电路的输入电阻，见图 2.1.4 中的 $R_i$。在放大电路的通频带之内该等效电阻是一个纯电阻，它的大小等于输入端外加输入电压与输入电流之比，即

$$R_i = \frac{u_i}{i_i} \tag{2.1.5}$$

输入电阻反映放大电路从信号源索取电流的能力大小。$R_i$ 愈大，$i_i$ 就愈小，信号源内阻 $R_S$ 上的电压损耗就愈小，放大电路输入端得到的电压 $u_i$ 就愈大。所以在信号为电压源性质的场合，输入电阻应远大于 $R_S$。对于电流源性质的信号源，则输入电阻愈小，注入放大电路的输入电流就愈大，表示索取信号的能力愈强。

3. 输出电阻 $R_o$

放大电路的输出电阻 $R_o$ 反映电路驱动负载的能力，是从放大电路输出端看进去的等效电源的内阻。在图 2.1.4 中，$R_o$ 愈小，负载 $R_L$ 大小变化对输出电压造成的影响愈小，当 $R_o=0$ 时，放大电路的输出端变成一个理想的受控电压源，输出电压大小与负载 $R_L$ 无关，电路的带负载能力最强。所以从提高电路带负载能力的角度，通常希望放大电路的输出电阻愈小愈好。

输出电阻的定义是：当 $u_s=0$（但保留信号源内阻 $R_s$），输出端负载开路（负载电阻 $R_L$ 不是电路的内部元件，应去掉）时，在电路输出端外加一个交流电压 $u$，计算或测量相应的电流 $i$，两者之比即为输出电阻 $R_o$，即

$$R_o = \frac{u}{i}\bigg|_{\substack{u_s=0 \\ R_L=\infty}} \tag{2.1.6}$$

4. 通频带 $BW$

由于实际电路中存在有一些电抗性元件，如电路中的电容、半导体器件的 PN 结电容、导线之间的分布电容和分布电感等，会对不同频率下工作的电路输入、输出关系产生影响，

所以放大电路会对不同频率的信号有不同的放大倍数。以常见的阻容耦合放大电路为例，当频率升高或降低超过一定界限后，放大倍数都要减小，而在中间一段频率范围内，因各种电抗性元件的作用可以忽略不计，放大倍数表现为一个定值，用$A_{um}$表示，如图 2.1.5 所示。

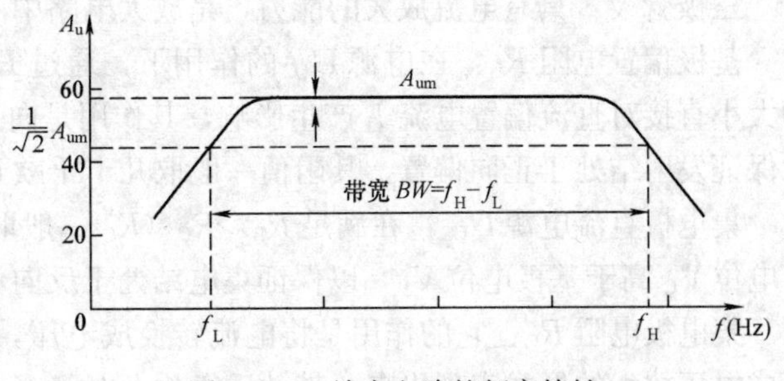


图 2.1.5 放大电路的频率特性

通频带的定义为：低频段和高频段放大倍数下降到中频段放大倍数$A_{um}$的$1/\sqrt{2}$倍时，所对应的低端频率称为下限频率$f_L$，所对应的高端频率称为上限频率$f_H$。$f_H$和$f_L$之间的频率范围称为放大电路的通频带，即

$$BW = f_H - f_L \tag{2.1.7}$$

通频带的宽度（带宽）是放大电路的一项重要指标，它的宽窄反映了放大电路对不同频率信号的放大能力。在选用或设计放大电路时，要使电路的通频带覆盖输入信号的频谱范围。

有些放大电路的频率特性中频段的平坦部分一直延伸到频率近似为零，说明该电路能够放大直流信号，如后面章节介绍的直流放大电路。

## 2.2 共发射极放大电路

根据放大电路输入、输出回路交流信号公共三极管电极的不同，我们将三极管放大电路分为共发射放大电路、共基极放大电路、共集电极放大电路三种，简称为共射、共基、共集电路。其中共发射极放大电路应用最为广泛，这一节将以它为例，分析放大电路的组成和工作原理。

### 2.2.1 共射极放大电路的组成

1. 电路结构

图 2.2.1 所示为由 NPN 型三极管组成的最基本的共发射极放大电路。整个电路分成输入回路和输出回路两部分，1、1′端为放大电路的输入端，用来接受待放大信号$u_s$。2、2′端为输出端，用来输出放大后的信号给负载$R_L$。图中的接地点“⊥”表示公共端，实际上公共端不一定真的与大地相连接，只是表明该点为电位的参考点，电路中其他各点电位都是相对“⊥”而言。由于图中三极管的发射极是输入和输出回路的公共端，故称为共发射极放大电路。

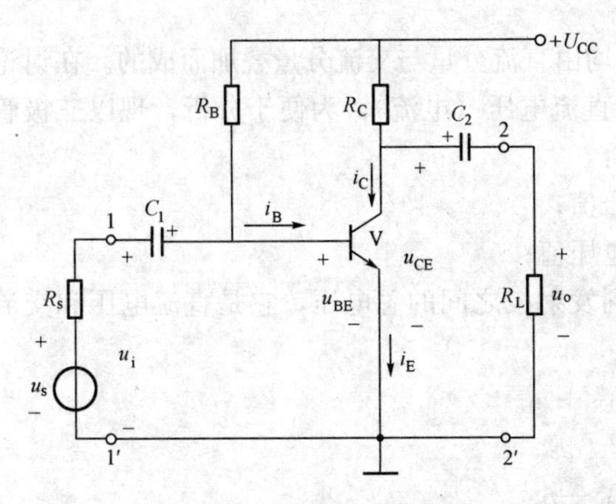


图 2.2.1 NPN 型三极管共发射极基本放大电路

2. 各元件的作用

图 2.2.1 中各元件的作用如下。

三极管 V：具有电流放大的能力，是放大电路中的核心元件。

基极偏置电阻 $R_B$：在电源 $U_{CC}$ 的作用下，通过 $R_B$ 向三极管提供基极偏置电流 $I_B$，$R_B$ 的大小直接对直流偏置电流 $I_B$ 产生影响，其作用是向三极管的基极提供合适的偏置电流 $I_B$，并保证发射结处于正向偏置。其阻值一般取几十千欧到几百千欧之间。

集电极直流电源 $U_{CC}$：在满足 $R_B \gg R_C$（$R_C$ 一般取几千欧）条件下，$U_{CC}$ 通过 $R_C$ 使集电极电位 $V_C$ 高于基极电位 $V_B$，以保证集电结处于反向偏置。另一方面给放大电路提供能源。

集电极电阻 $R_C$：它的作用是将电流转换成电压，从而把三极管的电流放大作用特性转换成电压放大的形式表现出来，带动后级放大电路。

负载电阻 $R_L$：它是接受放大信号的元件。作为负载不一定是电阻，可以是耳机、喇叭或其他执行机构，也可以是后级放大器的输入电阻。分析时将它看成一个集中电阻。

耦合电容 $C_1$ 和 $C_2$：它们分别接在放大电路的输入端和输出端。利用电容对直流电呈现的阻抗较大，对交流电呈现的阻抗较小，即“隔直流通交流”的特点，一方面可避免放大电路的输入端与信号源之间、输出端与负载之间直流电的相互影响，使三极管的静态工作点不致因接入信号源和负载而发生变化。另一方面又要保证输入和输出的交流信号畅通地进行传输。通常 $C_1$ 和 $C_2$ 选用电解电容，取值为几微法到几十微法。

由于 NPN 型和 PNP 型这两类三极管的结构不同，电流方向相反，因此由 PNP 型三极管组成的放大电路中，电源的极性和电容器的极性应与 NPN 型管放大电路相反，不能搞错，读者可自行画出。

综上所述，构成任何一个放大电路，都必须满足以下几点：

1）为使三极管处于放大状态，必须提供正确的偏置，即发射结正向偏置，集电结反向偏置。

2）放大电路与信号源和负载之间应正确连接，以保证信号能在放大器中畅通地传输。

3）各元件参数的选择应能保证电路有合适的静态工作点。

### 2.2.2 共发射极放大电路的静态分析

放大电路工作时，三极管的各电压、电流均由直流分量与交流分量叠加而成的。在讨论放大电路的工作原理时，将涉及电路中交流和直流电压（电流），为便于分析，现以三极管基极—发射极电压为例，将所用符号说明如下：

$U_{BE}$——大写字母，下标大写表示直流电压值；

$u_{be}$——小写字母，小写下标，表示交流电压值；

$u_{BE}$——小写字母，大写下标，表示基极到发射极之间的总电压，它是直流电压和交流电压的总和。

它们的关系是：
$$u_{BE} = U_{BE} + u_{be}$$

对于其他电量，规律相同。即

$$i_B = I_B + i_b$$
$$i_C = I_C + i_c$$
$$u_{CE} = U_{CE} + u_{ce}$$

共发射极放大电路各有关电量的波形示意图如图 2.2.2 所示。

在没有输入信号的情况下 $u_i=0$（也可将输入端短接），放大电路中各处的电压、电流都是直流量，称为直流工作状态或静止状态，简称静态。

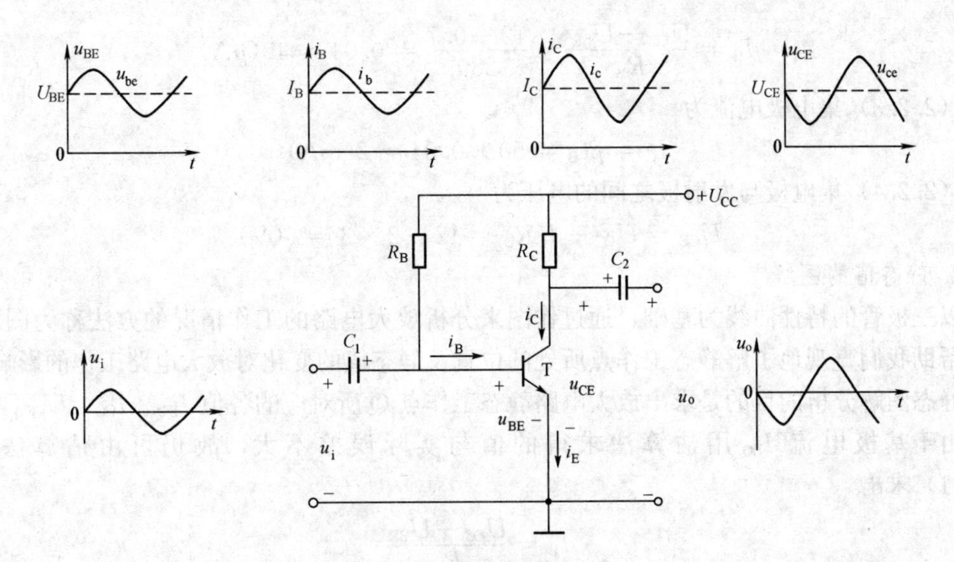

图 2.2.2　共发射极放大电路各电流、电压波形

静态时，三极管各电极的直流电流及各电极间的电压分别是 $I_B$、$I_C$、$U_{BE}$、$U_{CE}$，这些电流、电压的数值可用三极管特性曲线上的一个确定的点表示，习惯称静态工作点，用 Q 表示。

静态工作点可以由放大电路的直流通路（直流电流流通的途径），用估算法和图解法求得。

1. 静态值的估算

首先要画出放大电路的直流通路，标出各支路电流。由于电容有隔离直流的作用，故对直流相当于开路，由图 2.2.1 电路可得出直流通路如图 2.2.3 所示。

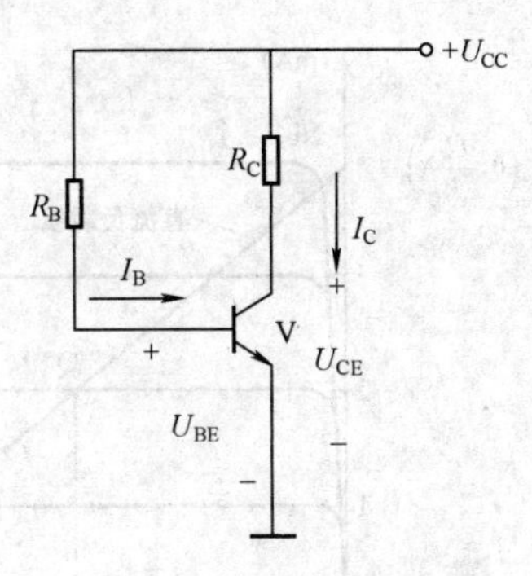

图 2.2.3　共射放大电路的直流通路

由图 2.2.3 可求出基极回路求 $I_B$

$$I_B = \frac{U_{CC} - U_{BE}}{R_B} \tag{2.2.1}$$

式中：$U_{BE}$可近似为常数，硅管约为 0.6～0.7V，锗管约为 0.2～0.3V。当$U_{CC} \gg U_{BE}$时得

$$I_B \approx \frac{U_{CC}}{R_B} \tag{2.2.2}$$

$U_{CC}$和 $R_B$ 选定后，$I_B$ 即为固定值，所以此电路又称为固定偏置电路。

根据三极管的电流分配关系，由 $I_B$ 求得集电极电流

$$I_C = \beta I_B \tag{2.2.3}$$

由集电极回路求 $U_{CE}$，由图 2.2.4 可知

$$U_{CE} = U_{CC} - I_C R_C \tag{2.2.4}$$

**【例 2.2.1】**　试估算图 2.2.4 所示放大电路的静态工作点。已知 $U_{CC}=12V$，$R_C=3k\Omega$，$R_B=280k\Omega$，硅三极管的 $\beta$ 为 50。

**解**　取 $U_{BE}=0.7V$，由式（2.2.1），基极电流 $I_B$ 为

$$I_B = \frac{U_{CC} - U_{BE}}{R_B} = \frac{12 - 0.7}{280} = 0.04 = 40(\mu A)$$

由式（2.2.3）集电极电流为

$$I_C = \beta I_B = 50 \times 0.04 = 2(mA)$$

由式（2.2.4）集电极与发射极之间的电压为

$$U_{CE} = U_{CC} - I_C R_C = 12 - 2 \times 3 = 6(V)$$

2. 静态值的图解

以三极管的特性曲线为基础，通过作图来分析放大电路的工作情况的方法称为图解法，它能帮助我们直观地了解静态工作点所处的位置及静态值的变化对放大电路工作的影响。

静态图解分析的目的是求出放大电路静态工作点 Q 所对应的各值 $I_{BQ}$、$I_{CQ}$、$U_{CEQ}$。

由于基极电流 $I_{BQ}$ 用估算法求得的值与实际误差不大，故仍可由估算法中式（2.2.1）求出

$$I_B = \frac{U_{CC} - U_{BE}}{R_B}$$

对应输出特性曲线上一条参数变量为 $I_{BQ}$ 的曲线，如图 2.2.5 所示。若参数为［例 2.2.1］中取值，则对应于 $I_{BQ}=40\mu A$ 的那条输出特性曲线。

由直流通路列出输出回路方程

$$U_{CE} = U_{CC} - I_C R_C \tag{2.2.5}$$

若按［例 2.2.1］中取值 $U_{CC}=12V$，$R_C=3k\Omega$，则

$$U_{CE} = U_{CC} - I_C R_C = 12 - 3I_C$$

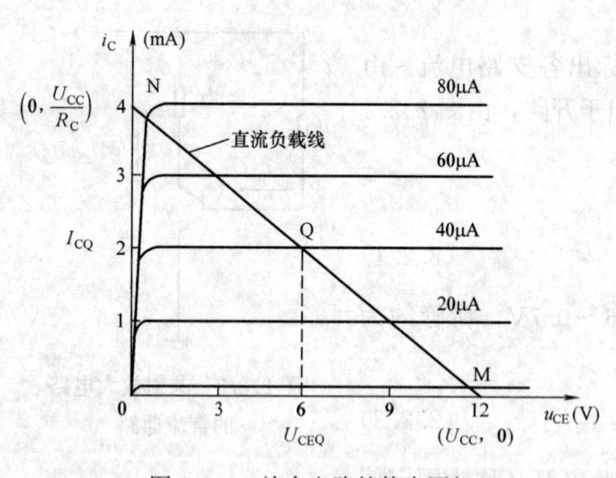


图 2.2.4 放大电路的静态图解

这是一条直线，称为放大电路的直流负载线，其斜率为 $-1/R_C$。在输出特性曲线上作出这条直线，它的横轴的交点是（$U_{CC}$，0），与纵轴的交点是（0，$U_{CC}/R_C$）。

在这里直流负载线是两点 M（12，0）、N（0，4）所连成的直线，与 $I_{BQ}=40\mu A$ 对应的那一条输出特性曲线的交点即为静态工作点 Q。Q 点的横坐标值就是静态电压 $U_{CEQ}=6V$，纵坐标值就是静态电流 $I_{CQ}=2mA$，如图 2.2.5 所示。

由图 2.2.5 可见，基极电流 $I_B$ 的大小不同，静态工作点 Q 在直流负载线上所处的位置就不同，人们都希望 Q 点处于负载线中间的位置为最佳。当加入适当大小的交流信号后，以 Q 点为中心，其上下动态范围都可在放大区，使 $i_C$、$u_{CE}$ 波形不会产生失真（失真就是波形畸变），图 2.2.6 所示为放大电路空载（不接负载电阻 $R_L$）时，三极管各电压电流波形。

### 2.2.3 放大电路的动态工作情况

在静态的基础上，放大电路输入端加上输入信号（$u_i \neq 0$）的工作状态称为动态。动态

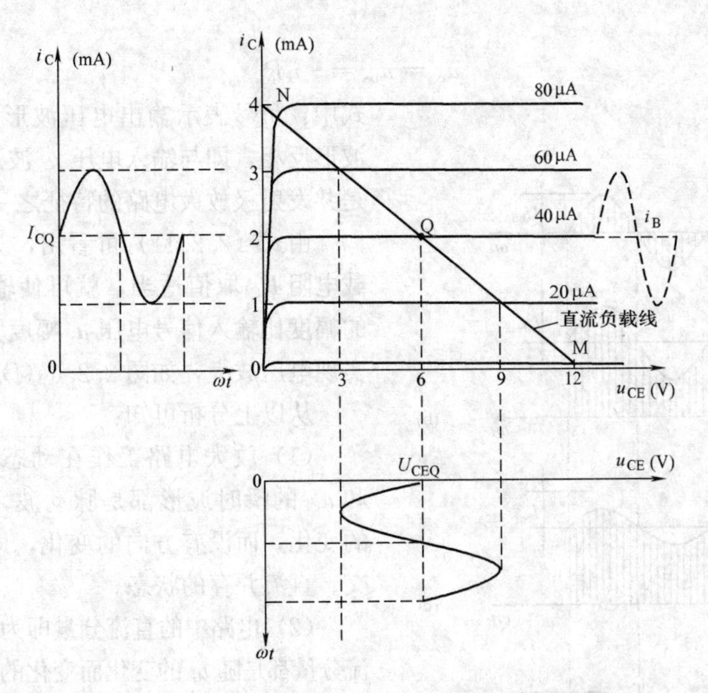


图 2.2.5　静态工作点合适的放大电路的动态工作情况

工作情况下三极管的各极电流和极间电压既有直流电量，又有交流电量，它们的形式都是交流量叠加在直流量上，如图 2.2.7 所示。

1. 放大过程

设输入信号 $u_i = U_{im}\sin\omega t$，如图 2.2.6（a）所示。

当交流小信号 $u_i$ 输入时，经过耦合电容 $C_1$ 加到三极管的基极和发射极之间，与基极电压 $U_{BE}$叠加。要求 $U_{BE}$的数值大于 $u_i$ 的峰值，从而得到叠加后的总电压为正值，并大于发射结死区电压，使发射结正偏导通，如图 2.2.6（b）所示。

$$u_{BE} = U_{BE} + u_{be} \qquad (2.2.6)$$

此时，$u_i$ 的变化使三极管均工作在输入特性曲线的线性区域，引起基极电流在直流 $I_B$ 的基础上发生变化，成为

$$i_B = I_B + i_b = I_B + I_{Bm}\sin\omega t \qquad (2.2.7)$$

其波形如图 2.2.6（c）所示。

由于三极管的电流放大作用，则

$$i_C = \beta i_B = \beta(I_B + i_b) = I_C + i_c \qquad (2.2.8)$$

波形如图 2.2.6（d）所示。集电极电流 $i_C$也是静态电流 $I_C$ 叠加上了交流分量。

在放大电路空载的情况下，三极管压降为

$$u_{CE} = U_{CC} - i_C R_C = U_{CC} - I_C R_C - i_c R_C = U_{CE} + u_{ce} \qquad (2.2.9)$$

$u_{CE}$波形如图 2.2.6（e）所示，是静态压降 $U_{CE}$与交流分量 $u_{ce}$的叠加，其中，交流分量为

$$u_{ce} = - i_c R_C \qquad (2.2.10)$$

式中：负号表示 $u_{ce}$波形的相位与电流 $i_c$ 相反。

由于 $C_2$ 的隔直作用，$u_{CE}$的直流分量 $U_{CE}$全部降在 $C_2$ 上，而交流分量 $u_{ce}$ 经 $C_2$ 输出，即

为输出电压 $u_o$。

$$u_o = u_{ce} = -i_c R_C \tag{2.2.11}$$

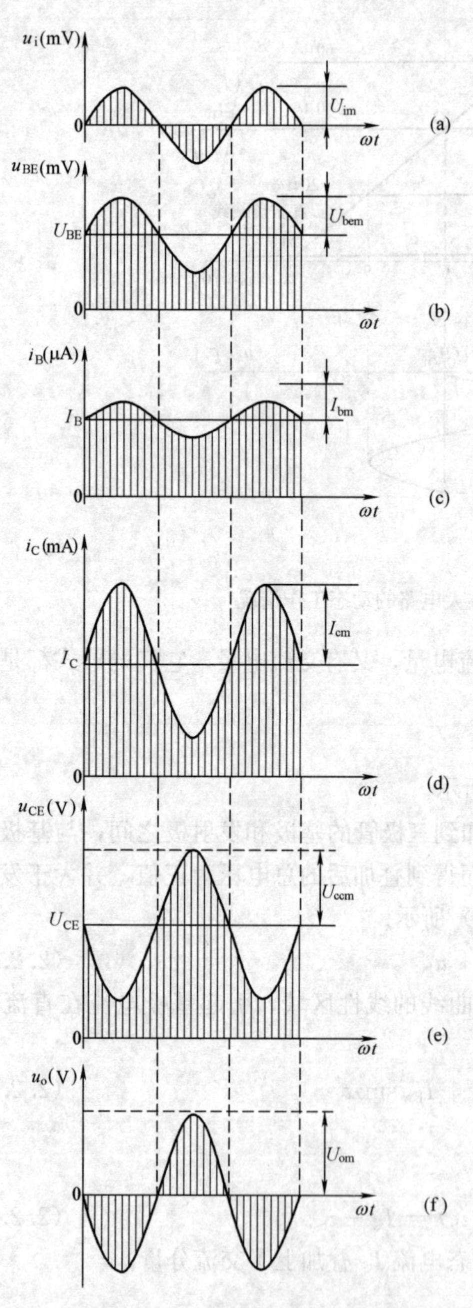


图 2.2.6 共发射极放大电路中各电压、电流波形的对应关系

(a) 输入电压波形；(b) 发射极电压波形；(c) 基极电流波形；(d) 集电极电流波形；(e) 集电极与发射极间电压波形；(f) 输出电压波形

式中：负号表示输出电压波形的相位与 $i_c$、$i_b$ 波形反相，即与输入电压 $u_i$ 波形相位相反，这是共发射极放大电路的特征之一。

由式（2.2.11）可看出，只要将集电极负载电阻 $R_C$ 取值适当，就可使输出信号电压 $u_o$ 的幅度比输入信号电压 $u_i$ 幅度大很多倍，从而实现电压放大，如图 2.2.6（f）所示。

从以上分析可知：

（1）放大电路工作在动态时，$u_{BE}$，$i_B$，$i_C$ 和 $u_{CE}$ 的瞬时波形都是脉动波，它们只有大小的变化，而没有方向的变化，即放大电路处于交、直流并存的状态。

（2）电路中的直流分量即为静态工作点，交流分量都是随 $u_i$ 的变化而变化的，它们的变化过程可表示为：$u_i \rightarrow u_{be} \rightarrow i_b \rightarrow i_c \rightarrow u_{ce} \rightarrow u_o$。其放大作用指的是输出的交流分量和输入的交流分量之间的关系，即输出电压 $u_o$ 与输入电压 $u_i$ 的关系。

（3）电路中，基极信号电流 $i_b$ 和集电极信号电流 $i_c$ 与输入信号电压 $u_i$ 相位相同，而输出电压 $u_o$ 与输入电压 $u_i$ 相位相反，这在放大电路中称为“反相”。

（4）静态工作点 Q 设置在直流负载的中间位置，即 $U_{CEQ} = \frac{1}{2} U_{cc}$ 处，输出不失真的动态范围最大。当 $u_i$ 较小时，$I_{CQ}$ 选择得小一些，静态消耗可随之减小。

2. 交流通路

在对具体的放大电路进行定性分析、定量分析时，为了分析方便，常常将直流分量与交流

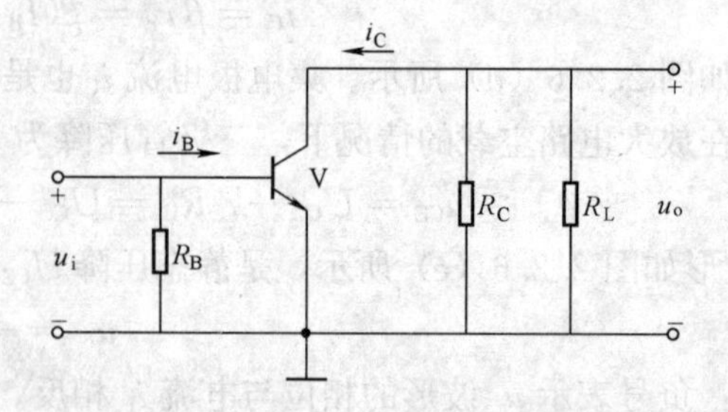


图 2.2.7 基本放大电路的交流通路

分量分开考虑，像前面计算静态工作点必须按直流通路来考虑一样，如果仅考虑交流分量，交流信号电流能通过的路径则为交流通路，当计算放大电路的放大倍数、输入电阻和输出电阻等动态参数时，则按交流通路来分析。

由放大电路画其交流通路的原则如下：

(1) 放大电路中的电容 $C_1$、$C_2$ 都视为短路；

(2) 电源 $U_{CC}$ 的内阻很小，对交流信号也可视为短路。

根据这两条原则画出对应于图 2.2.2 基本放大电路的交流通路，如图 2.2.7 所示。

从交流通路输出回路可以分析，当放大电路接有负载电阻 $R_L$ 时，$R_L$ 和 $R_C$ 是并联关系，其等效电阻用 $R'_L=R_L//R_C$ 表示，称为交流等效负载电阻。此时的输出电压为

$$u_o=-i_c(R_L//R_C)=-i_cR'_L \tag{2.2.12}$$

因 $R'_L<R_C$，所以放大电路接有负载电阻 $R_L$ 时，电压放大倍数比空载时有所降低。

**【例 2.2.2】** 判别图 2.2.8 各电路对交流信号有无放大作用。

**解** 图 2.2.8 (a) 中，由于 $U_{CC}$ 的正极接 $R_B$、$R_C$，负极接“地”，对 PNP 型三极管不能满足发射结正偏，集电结反偏的条件，故此电路对交流信号无放大作用。

图 2.2.8 (b)，该电路因直流通路不完善，发射结无正偏电压，偏置电流 $I_B$ 为零，三极管工作在截止区，因此这个电路对交流信号无放大作用。

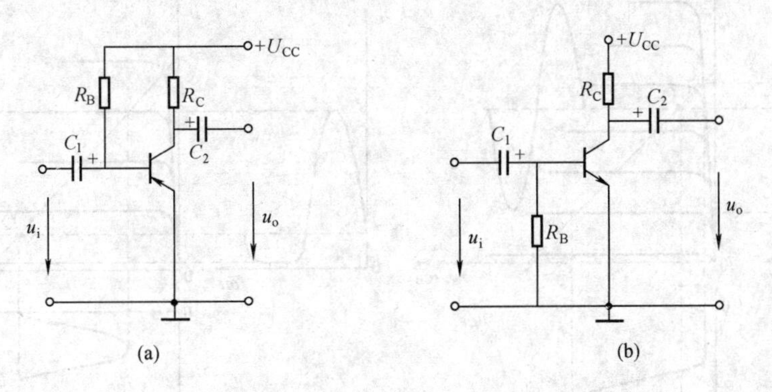


图 2.2.8 ［例 2.2.2］图

## 2.3 静态工作点的稳定

### 2.3.1 电路参数对静态工作点的影响和波形失真

1. 电路参数改变对静态工作点的影响

当电路参数确定后，放大电路的静态工作点是确定的，如果电路参数改变，工作点的位置也将发生变化。下面仍以基本放大电路为例，分别讨论 $R_B$、$R_C$ 和 $U_{CC}$ 的变化对静态工作点的影响，见图 2.3.1。

(1) 改变 $R_B$，其他参数不变。减小基极偏置电阻 $R_B$，根据公式 $I_B=U_{CC}/R_B$，则 $I_B$ 会增大，静态工作点 Q 将沿着直流负载线 MN 上移至 $Q_1$ 点，反之，静态工作点沿负载线向下移动。

(2) 改变电阻 $R_C$，其他参数不变。改变集电极电阻 $R_C$，$I_B$ 不会改变，这时直流负载线的斜率 $-1/R_C$ 发生变化，增大 $R_C$，直流负载线的斜率变小，负载线变平，静态工作点由 Q

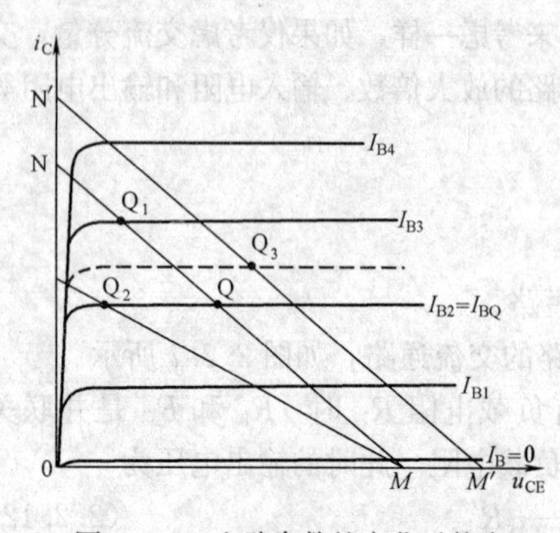


图 2.3.1 电路参数的变化对静态工作点的影响

点移至 $Q_2$ 点；反之，静态工作点将向右移动。

(3) 改变直流电源 $U_{CC}$，其他参数不变。改变 $U_{CC}$，$I_B$ 会随之改变，直流负载线斜率不变。若增大 $U_{CC}$，$I_B$ 随之增大，直流负载线由 MN 移至 M′N′，工作点相应由 Q 移至 $Q_3$ 点；反之，静态工作点将向左下方移动。

在实际应用中，调试放大电路静态工作点时，常用改变 $R_B$ 的方法，一般不改变 $R_C$ 和 $U_{CC}$。

2. 静态工作点对波形失真的影响

在三极管放大电路中，静态工作点位置选择不当，将产生严重的非线性失真。

(1) 饱和失真。当静态工作点 Q 的位置设置过高，在输入信号的正半周，尽管 $i_B$ 波形没有失真，但在输出特性曲线上信号的变化范围有一部分进入饱和区，结果 $i_C$ 的顶部和 $u_{CE}$ 的底部被削去一部分，这种由饱和区引起的失真，称为饱和失真，如图 2.3.2 (a) 所示。

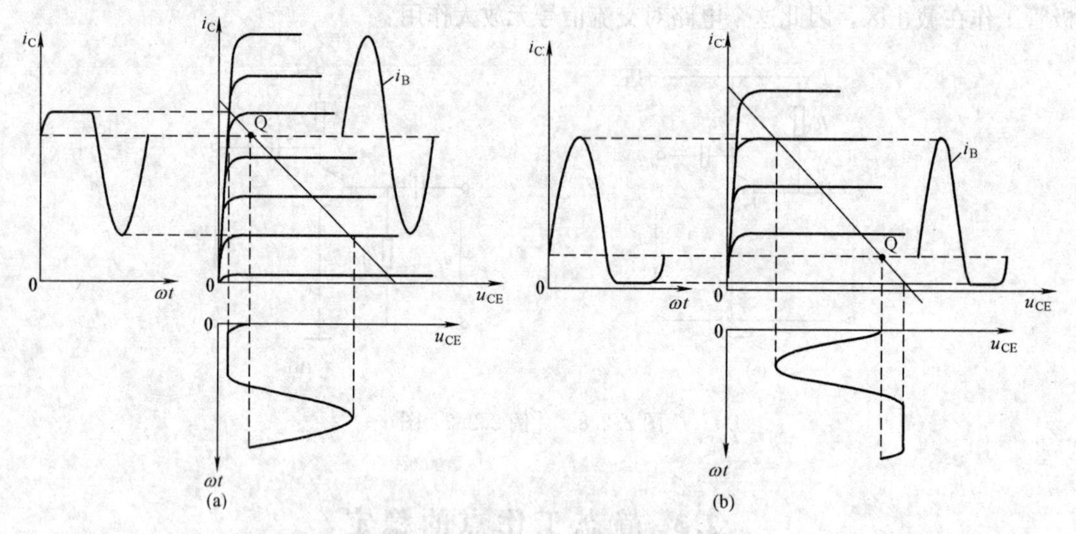


图 2.3.2 静态工作点对波形失真的影响

(a) 饱和失真；(b) 截止失真

要避免饱和失真，应适当减小 $I_{BQ}$ 值，即增大基极偏置电阻 $R_B$。

(2) 截止失真。如果静态工作点选得太低，则信号的负半周有一部分在截止区内，使 $i_B$ 波形的负半周被削去一部分，结果 $i_C$ 的底部和 $u_{CE}$ 的顶部也相应的被削掉一部分。这种由截止区引起的失真称为截止失真，如图 2.3.2 (b) 所示。

要避免截止失真，应适当增大 $I_{BQ}$ 值，即减小基极偏置电阻 $R_B$。

**【例 2.3.1】** 在 NPN 型三极管共发射极基本放大电路中，输入正弦信号 $u_i$，输出波形如图 2.3.3 所示。问：图 2.3.3 (b)、图 2.3.3 (c) 所示波形 $u_{ce1}$ 和 $u_{ce2}$ 各产生了什么失真？怎样才能消除失真？

**解** 判别是什么性质的失真时要注意共发射极放大电路输出和输入信号相位相反这一

特点。

图 2.3.3（b）是截止失真。截止失真是静态工作点位置偏下造成的。根据公式 $I_B=U_{CC}/R_B$，解决办法是减小 $R_B$，使 $I_B$ 增大，从而使静态工作点向上移动。

图 2.3.3（c）是饱和失真。饱和失真是静态工作点位置偏上造成的。解决办法是增大 $R_B$，使 $I_B$ 减小，从而使静态工作点向下移动。

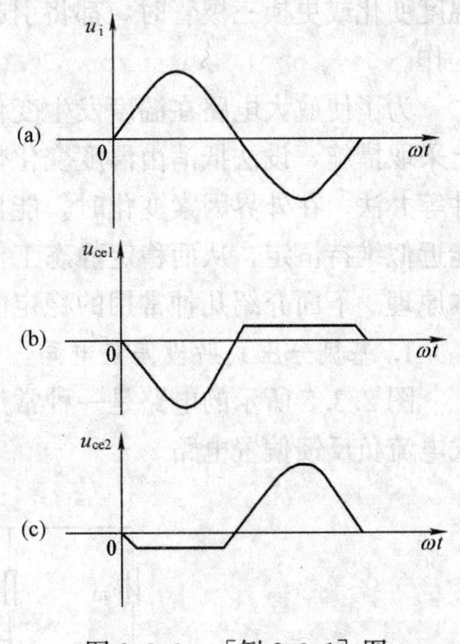

图 2.3.3　［例 2.3.1］图

### 2.3.2　温度的变化对静态工作点的影响

从前面的分析可知，三极管有合适的静态工作点对电路的正常工作是十分重要的，同样，保证工作点的稳定也是非常重要的。因为当环境温度变化或更换管子等外界因素引起三极管参数变化时，Q 点的位置会移动，从而改变电路的工作状态，甚至产生失真，所以必须研究静态工作点的稳定问题。

引起静态工作点 Q 不稳的因素很多，如电源电压波动，电路参数变化，元器件老化等，但其中主要是三极管的参数（$U_{BE}$、$I_{CEO}$、$\beta$）与环境温度有较大关系。

当温度升高时，$U_{BE}$将减小，一般为每升高 1℃，减小 2～2.5mV；由少数载流子组成的穿透电流 $I_{CEO}$将增大，其规律大约是每升高 10℃，$I_{CEO}$增大一倍；三极管的电流放大系数 $\beta$ 也会增大，实验表明，温度每升高 1℃，$\beta$ 增大 0.5%～1%。

这些影响因数表现在使三极管的输出特性曲线向上移动，间隔拉大，最终的结果集中表现为集电极电流 $I_C$ 增大，使原先设定的静态工作点上移。如图 2.3.4（a）反映了在常温 25℃时设定的 $I_{BQ}=40\mu A$，静态工作点为 Q。当温度上升到 50℃时，输出曲线上移且曲线间隔增大，若仍保持 $I_{BQ}=40\mu A$，由图 2.3.4（b）可见，原来的 Q 点已经移到 $Q_1$ 处，其位置接近饱和区，这样放大电路必然会出现饱和失真。反之，会出现截止失真。

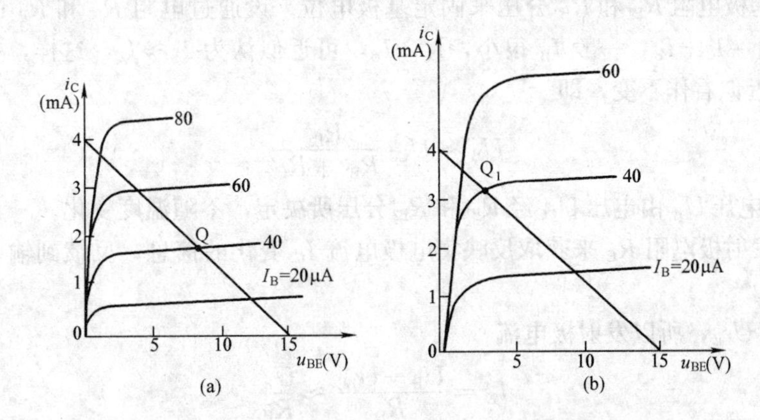

图 2.3.4　温度的变化对静态工作点的影响

（a）25℃时的输出特性曲线；（b）50℃时的输出特性曲线

### 2.3.3　工作点稳定电路

前面介绍的共射基本放大电路，其偏置电路提供的是固定的偏流 $I_B\approx U_{CC}/R_B$，当环境温度变化或更换三极管时，都将引起静态工作点的变动，严重时甚至会使放大电路不能正常工作。

为了使放大电路在温度发生变化时，仍然能基本保持静态工作点的稳定，这就要在电路上采取措施，设法抵消由温度变化带来的影响。通常，采用改变偏置的方式或者利用热敏器件等办法，在外界因素变化时，能自动调整工作点的位置，使温度变化时集电极电流 $I_C$ 仍能近似维持恒定，从而稳定静态工作点，使放大电路正常工作，这就是稳定静态工作点的基本原理。下面介绍几种常用的稳定静态工作点的偏置电路。

1. 基极分压式射极偏置电路

图 2.3.5 所示的电路是一种常见的偏置电路，称为基极分压式射极偏置电路，也叫分压式电流负反馈偏置电路。

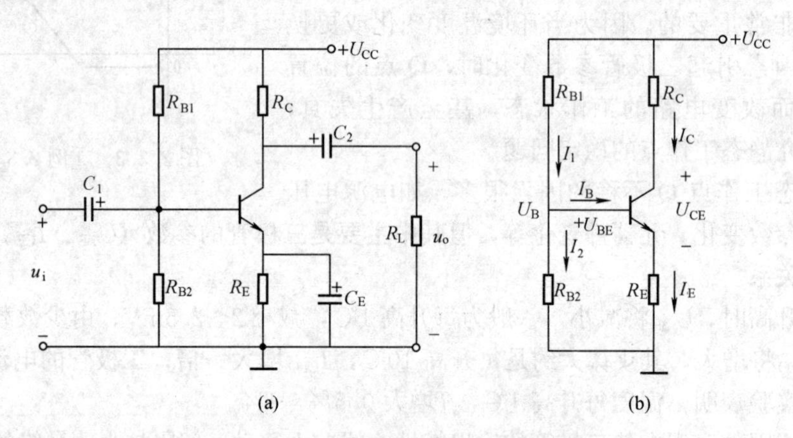


图 2.3.5 基极分压式射极偏置电路

(a) 原理图；(b) 直流通路

(1) 电路特点。

由图 2.3.5 (b) 直流通路分析：

1) 利用基极电阻 $R_{B1}$ 和 $R_{B2}$ 分压来固定基极电位。设通过电阻 $R_{B1}$ 和 $R_{B2}$ 的电流分别为 $I_1$ 和 $I_2$，且 $I_1=I_2+I_B$，一般 $I_B$ 很小，$I_1\gg I_B$，可近似认为 $I_1\approx I_2$，这样，在 $I_B$ 变化时，基极电位 $U_B$ 近似看作不变，即

$$U_B\approx U_{CC}\frac{R_{B2}}{R_{B1}+R_{B2}}$$

所以基极电压 $U_B$ 由电压 $U_{CC}$ 经 $R_{B1}$ 和 $R_{B2}$ 分压所决定，不随温度变化。

2) 利用发射极电阻 $R_E$ 来获取反映集电极电流 $I_C$ 变化的信息，反馈到输入端，实现静态工作点稳定。

通常 $U_B\gg U_{BE}$，所以发射极电流

$$I_E=\frac{U_B-U_{BE}}{R_E}\approx\frac{U_B}{R_E}$$

因此，在 $R_E$ 不变，且 $U_B$ 在温度变化时维持不变的条件下，$I_E$ 就能稳定。而 $I_C\approx I_E$，所以 $I_C$ 也基本稳定了。

(2) 静态计算。根据以上分析，计算静态工作点可先从计算 $U_B$ 入手。由图 2.3.5 (b) 所示直流通路可得

$$U_B \approx U_{CC}\frac{R_{B2}}{R_{B1}+R_{B2}} \tag{2.3.1}$$

$$I_C \approx I_E = \frac{U_B - U_{BE}}{R_E} \approx \frac{U_B}{R_E} \tag{2.3.2}$$

$$I_B = \frac{I_C}{\beta} \tag{2.3.3}$$

$$U_{CE} = U_{CC} - I_C R_C - I_E R_E \approx U_{CC} - I_C(R_C + R_E) \tag{2.3.4}$$

**【例 2.3.2】** 在图 2.3.6 所示的分压式射极偏置放大电路中，已知 $U_{CC}=24\text{V}$，$R_C=3.3\text{k}\Omega$，$R_E=1.5\text{k}\Omega$，$R_{B1}=33\text{k}\Omega$，$R_{B2}=10\text{k}\Omega$，$R_L=5.1\text{k}\Omega$，晶体管的 $\beta=66$，设 $R_S=0$。试求：

(1) 用计算法求出静态值 $I_B$、$I_C$、$U_{CE}$；

(2) 试用测量方法，按图 2.3.6 (c) 搭接电路，用直流电流表和直流电压表分别测出 $I_B$、$I_C$、$U_{CE}$的静态值，并对测量结果进行分析。

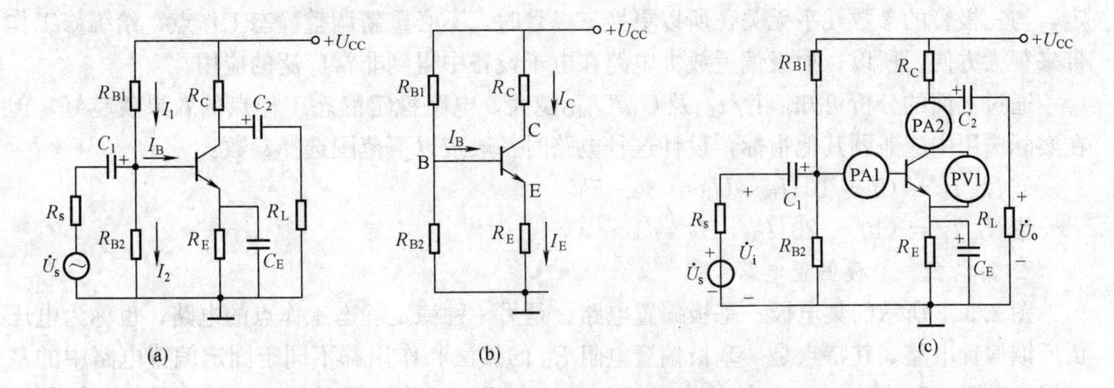


图 2.3.6 ［例 2.3.2］图

(a) 分压式射极偏置电路；(b) 直流通路；(c) 静态工作点测量电路

**解** (1) 计算时按下列顺序进行，先求 $U_B$，然后依次求出 $I_C$、$I_B$、$U_{CE}$。

在直流通路中

$$U_B = \frac{R_{B2}}{R_{B1}+R_{B2}}U_{CC} = \frac{10}{33+10}\times 24 = 5.58(\text{V})$$

$$I_C \approx I_E = \frac{U_B - U_{BE}}{R_E} = \frac{5.58-0.7}{1.5} = 3.25(\text{mA})$$

$$I_B = I_C/\beta = 3.25\text{mA}/66 = 0.05\text{mA} = 50(\mu\text{A})$$

$$U_{CE} = U_{CC} - I_C(R_C + R_E) = 24 - 3.25\times(3.3+1.5) = 8.4(\text{V})$$

(2) 测量电路如图 2.3.6 (c) 所示。

若测得微安表 PA1 读数为 $50\mu\text{A}$，毫安表 PA2 读数为 3.3mA，电压表 PV1 读数为 8.4V。

分析 1：若测得 $U_{CE}=8.4\text{V}>U_{om}$（输出电压的最大值），则输出电压波形不会产生失真，电路参数合适，不需要调整。

分析 2：若测得 $U_{CE}<U_{om}$，输出电压波形将产生下半波平顶的饱和失真，可以通过增加 $R_{B1}$阻值或减少 $R_{B2}$阻值，改善输出电压波形的失真。

分析 3：若测得 $U_{CE}>(U_{CC}-U_{om})$，输出电压波形将产生上半波平顶的截止失真，可

以通过减少 $R_{B1}$ 阻值或增加 $R_{B2}$ 阻值，来改善输出电压波形的失真。

(3) 稳定工作点原理。设由于温度升高而引起 $I_C$ 增大，则 $I_E$ 也要增大，$R_E$ 两端的电压 $U_E = I_E R_E$ 也将随之增大。但由于 $U_B$ 固定不变，则 $U_E$ 增大后，$U_{BE} = U_B - U_E$ 将减小，基极电流 $I_B$ 也随之减小，$I_C$ 自动下降，从而稳定了工作点，其稳定的过程为

$$温度\uparrow \rightarrow I_C\uparrow \rightarrow I_E\uparrow \rightarrow U_E\uparrow \xrightarrow{U_B\text{不变}} U_{BE}\downarrow \rightarrow I_B\downarrow \rightarrow I_C\downarrow$$

保持 $I_C$ 基本不变。

为了使发射极电阻 $R_E$ 对交流信号不产生影响（其负反馈作用使放大倍数减小），可在 $R_E$ 两端并联一个大容量的电容器 $C_E$，以便让交流信号由 $C_E$ 旁路而不经过 $R_E$。由于直流电流不能通过电容器，故 $C_E$ 对静态工作点没有影响，所以 $C_E$ 叫发射极旁路电容，一般取几十微法到几百微法的电解电容，使其容抗值为 $X_C = R_E/10$ 即可。这样既稳定了静态工作点，又不致影响电路的电压放大倍数。

射极偏置放大电路中，静态工作点电流 $I_C$ 将主要由电源和电路参数 $R_{B1}$、$R_{B2}$ 和 $R_E$ 决定，与三极管的参数几乎无关，所以更换三极管时，不必重新调整静态工作点，给维修工作带来很大方便。所以，射极偏置放大电路在电子设备中得到非常广泛的应用。

通过上面的分析可知，$I_1/I_{BQ}$ 及 $U_B/U_{BEQ}$ 越大，电路稳定静态工作点的效果就越好，但在实际应用中应兼顾其他指标，设计这种电路时一般按以下范围选择参数：

硅管：$I_1 = (5 \sim 10)I_{BQ}, U_B = 3 \sim 5V$

锗管：$I_1 = (10 \sim 20)I_{BQ}, U_B = 1 \sim 3V$

2. 集电极—基极偏置电路

图 2.3.7 所示的集电极—基极偏置电路，是另一种稳定静态工作点的电路，也称为电压负反馈偏置电路。其特点是，基极偏置电阻 $R_B$ 的接法和作用都不同于固定偏置电路中的基极偏置电阻，$R_B$ 跨接在三极管的集电极和基极之间，它除了提供给三极管所需的基极偏置电流 $I_B$ 以外，同时还把集电极输出电压的一部分回送到三极管的基极；$R_C$ 上不但流过集电极电流 $I_C$，还流过基极电流 $I_B$。由图 2.3.7 中电量关系有

$$U_{CE} = I_B R_B + U_{BE} \tag{2.3.5}$$

由于 $U_{BE}$ 一般很小，当忽略不计时，则式（2.3.5）又可改写成

$$I_B = \frac{U_{CE} - U_{BE}}{R_B} \approx \frac{U_{CE}}{R_B} \tag{2.3.6}$$

此外，$U_{CE}$ 还满足下列关系

$$U_{CE} = U_{CC} - (I_C + I_B)R_C = U_{CC} - I_E R_C \tag{2.3.7}$$

稳定静态工作点的工作原理如下：由式（2.3.6）可知，当 $R_B$ 选定后，$I_B$ 与 $U_{CE}$ 成正比，当环境温度升高使集电极电流 $I_C$ 增加时，在集电极电阻 $R_C$ 上的电压 $I_E R_C$ 也增大，由于电源 $U_{CC}$ 是不变的，因此从式（2.3.7）可知 $U_{CE}$ 就要降低，使 $I_B$ 相应减小，从而牵制了 $I_C$ 的增加，其变化过程表示为：

$$温度\ T\uparrow \rightarrow I_C\uparrow \rightarrow I_E\uparrow \rightarrow I_E R_C\uparrow \rightarrow U_{CE}\downarrow \rightarrow I_B\downarrow \rightarrow I_C\downarrow$$

显然，这个电路稳定静态工作点的实质是：利用 $U_{CE}$ 的变化，通过 $R_B$ 回送到三极管的输入端，由 $I_B$ 来抑制 $I_C$ 的变化。它的稳定效果与 $R_C$ 和 $R_B$ 的阻值大小有关。$R_C$ 阻值越大，同样的 $I_C$ 变化引起 $U_{CE}$ 的变化就越大，稳定性能就越好；$R_B$ 的阻值越小，同样的 $U_{CE}$ 变化引起 $I_B$ 的变化就越大，稳定性能也越好。当然，$R_B$ 的选择不单要考虑稳定性方面，还要兼

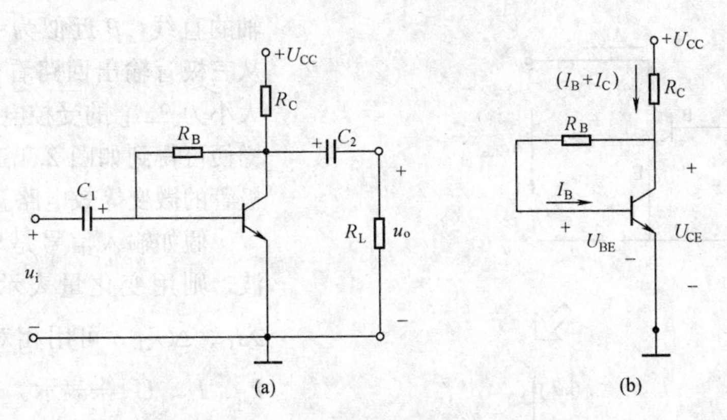


图 2.3.7　集电极—基极偏置电路

(a) 电路；(b) 直流电路

顾到保证正常的偏流 $I_B$，以获得合适的工作点，一般取 $R_B=(20\sim100)R_C$。这种偏置电路 $I_C$ 与 $\beta$ 有关，因此集电极—基极偏置电路不利于克服 $\beta$ 的变化对 $I_C$ 的影响。

## 2.4　微变等效电路分析法

当放大电路在小信号情况下工作时，信号的动态范围较小，我们可以把三极管小范围内的特性曲线当作直线，从而得出线性等效电路，然后再用计算线性电路的方法来分析放大电路的性能，这种方法称为微变等效电路分析法。显然，这种方法只能用来计算小信号的交流值，而不能用来作静态值的计算。

### 2.4.1　三极管的微变等效电路

三极管虽是放大电路中的非线性元件，但是，如果它工作在放大区，而且信号微小时，则描述其特性的曲线可近似认为是直线，其参数也可认为基本不变，从而得到三极管的微变等效电路。设三极管的基极与发射极间加交流小信号 $\Delta U_{BE}$，流入电流 $\Delta I_B$，经三极管放大后，输出为 $\Delta I_C$ 和 $\Delta U_{CE}$，如图 2.4.1 (a) 所示。

1. 三极管输入回路的等效电路

当输入信号 $u_i$ 较小时，在三极管输入特性曲线上静态工作点 Q 附近，输入特性基本上是一条直线，如图 2.4.1 (b) 所示，即 $\Delta I_B$ 与 $\Delta U_{BE}$ 成正比，因而可用一个等效电阻 $r_{be}$ 来代表输入电压和输入电流之间的关系，即

$$r_{be}=\frac{\Delta U_{BE}}{\Delta I_B}$$

$r_{be}$ 是三极管的输入电阻，它是从三极管的输入端看进去的交流等效电阻。

$r_{be}$ 常用式 (2.4.1) 来计算

$$r_{be}=r_{bb'}+(1+\beta)\frac{26(\mathrm{mV})}{I_E(\mathrm{mA})} \tag{2.4.1}$$

式中，$r_{bb'}$ 是三极管基区体电阻，对于低频小功率管，$r_{bb'}$ 约为 300Ω。对于高频小功率管，约为 100Ω。

2. 三极管输出回路的等效电路

由图 2.4.1 (c) 所示三极管的输出特性可以看出，在放大区，特性曲线是一组平行横

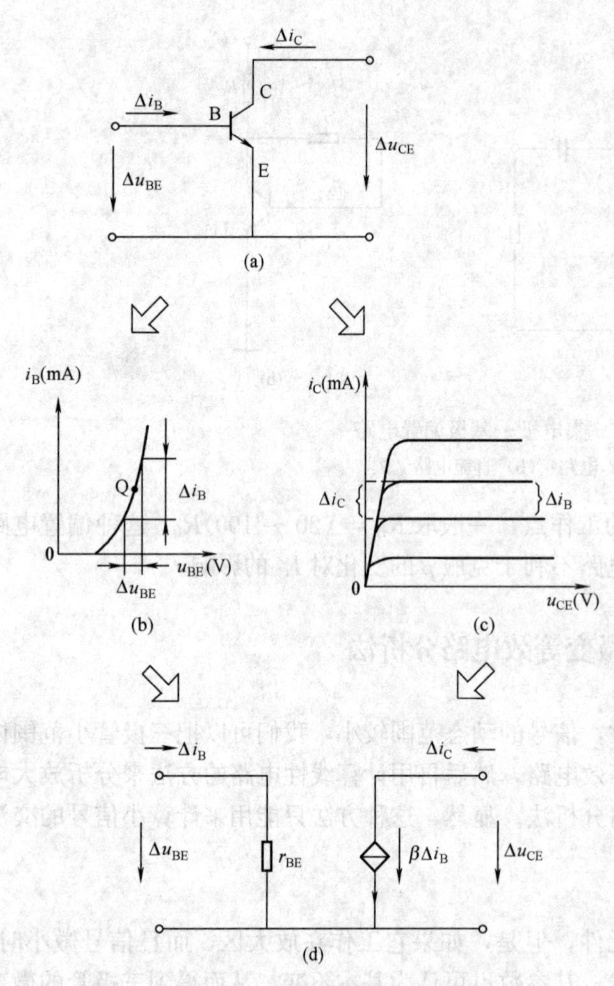


图 2.4.1 三极管微变等效电路

(a) 三极管；(b) 输入曲线；(c) 输出曲线；

(d) 三极管简化等效电路

轴的直线，$\beta$ 近似为一个常数，所以从三极管输出回路看，它可以用一个大小为 $\beta\Delta I_B$ 的受控电流源来代替。这样便可得到如图 2.4.1（d）所示的三极管的微变等效电路。

假如输入信号是单一频率的正弦波，则用变化量表示的 $\Delta U_{BE}$、$\Delta I_B$、$\Delta I_C$、$\Delta U_{CE}$，可用相对应的相量 $\dot{U}_{be}$、$\dot{I}_b$、$\dot{I}_c$、$\dot{U}_{ce}$来表示。

### 2.4.2 放大电路的微变等效电路

1. 用微变等效电路法分析放大电路的步骤

由于微变等效电路只能用来计算小信号（交流值），所以首先仍然需要根据直流通路计算其静态工作点各值，估算三极管静态工作点是否在“线性”放大区中，这是放大电路能否正常工作的先决条件，也是放大电路能否当作微变等效电路处理的依据。具体步骤是：

（1）根据已知条件求出静态工作点各值；

（2）将放大电路中的 $C_1$、$C_2$、$U_{cc}$都视为短路，画出放大电路的交流通路，用三极管的微变等效电路替换三极管，画出放大电路的微变等效电路，标出有关电压、电流方向；

（3）由放大电路的微变等效电路计算动态参数：电压放大倍数 $\dot{A}_u$，放大电路的输入电阻 $R_i$，放大电路的输出电阻 $R_o$。

图 2.4.2 是以基本放大电路为例画出的放大电路的微变等效电路。

2. 参数的计算

（1）计算电压放大倍数 $\dot{A}_u$。由输入回路可得到 $\dot{U}_i$ 的表达式为

$$\dot{U}_i = \dot{I}_b \cdot r_{be}$$

由输出回路可得到输出电压 $\dot{U}_o$ 的表达式为

$$\dot{U}_o = -\dot{I}_c(R_C//R_L) = -\beta\dot{I}_b R'_L$$

式中：$R'_L$ 为 $R_C$ 与 $R_L$ 的并联，即 $R'_L = R_C \mathbin{/\!/} R_L$。“－”表示输出电压 $\dot{U}_o$ 相位与 $\dot{I}_b$、$\dot{I}_c$ 反相。

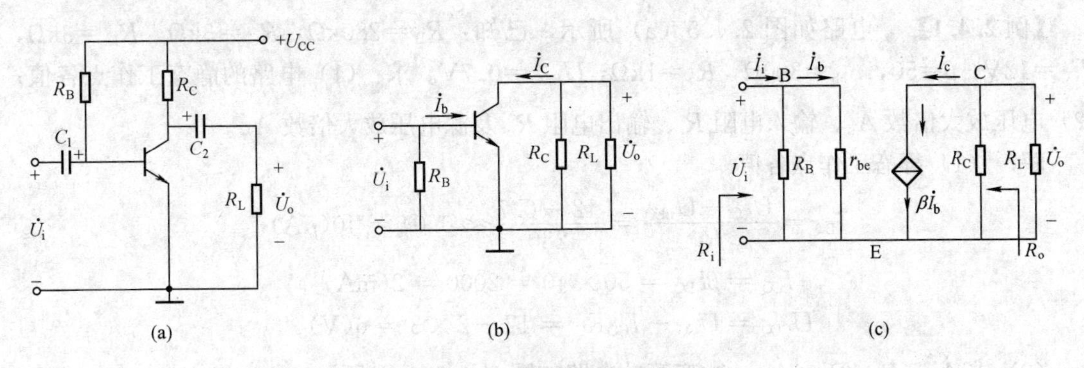


图 2.4.2 放大电路的微变等效电路

（a）共射放大电路；（b）交流通路；（c）微变等效电路

则

$$\dot{A}_u = \frac{\dot{U}_o}{\dot{U}_i} = -\beta\frac{R'_L}{r_{be}} \tag{2.4.2}$$

式中："−"表示输出电压 $\dot{U}_o$ 与输入电压 $\dot{U}_i$ 的相位相反。

（2）输入电阻 $R_i$。从放大电路的输入端看进去的等效电阻就是输入电阻 $R_i$，如图 2.4.3 所示。即

$$R_i = \frac{\dot{U}_i}{\dot{I}_i} = R_B//r_{be} \tag{2.4.3}$$

（3）输出电阻 $R_o$。放大电路是要接负载的，对负载而言，放大电路是一个信号源，这个信号源的内阻就是放大电路的输出电阻，用 $R_o$ 表示。输出电阻 $R_o$ 是对交流信号而言的动态电阻。

输出电阻 $R_o$ 的求法是：断开负载 $R_L$，将信号源电压短路，即 $\dot{U}_s=0$，但保留内阻 $R_S$，则 $\dot{I}_b=0$，$\dot{I}_c=\beta\dot{I}_b=0$，受控电流源相当开路。如图 2.4.4 所示，在输出端加交流电压 $\dot{U}$，这个电压在输出端产生一个电流 $\dot{I}$，于是 $\dot{U}=\dot{I}R_C$，则

$$R_o = \frac{\dot{U}}{\dot{I}} = \frac{\dot{I}R_C}{\dot{I}} = R_C \tag{2.4.4}$$

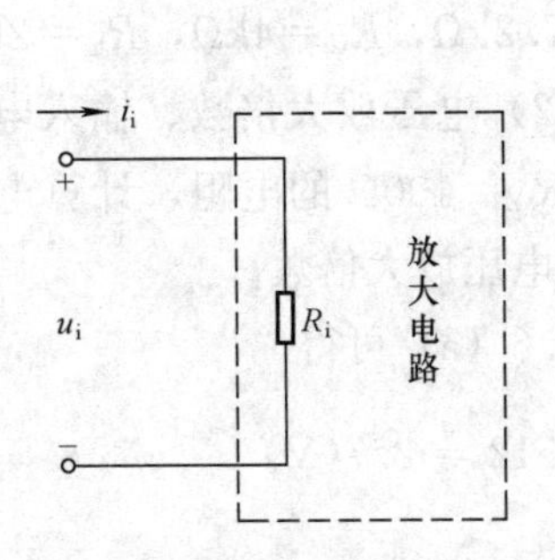


图 2.4.3 放大电路的输入电阻

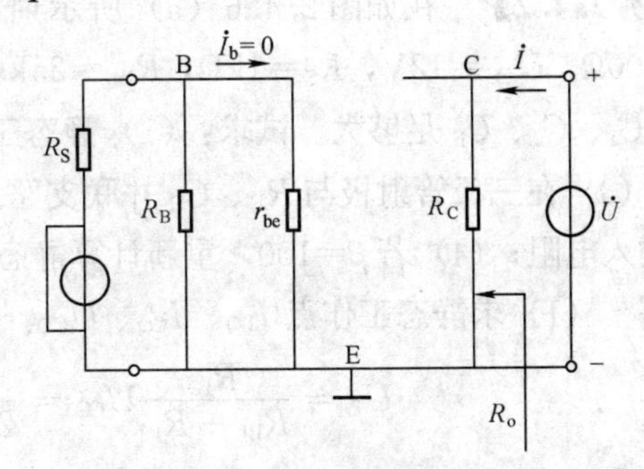


图 2.4.4 放大电路的输出电阻的求法

3. 微变等效电路法的应用

下面对前面介绍过的放大电路用微变等效电路法分析其动态工作情况。

**【例 2.4.1】** 电路如图 2.4.5（a）所示，已知：$R_B=280k\Omega$，$R_C=3k\Omega$，$R_L=3k\Omega$，$U_{CC}=12V$，$\beta=50$，$r'_{bb}=300\Omega$，$R_S=1k\Omega$，$U_{BEQ}=0.7V$。求：（1）电路的静态工作点各值；（2）电压放大倍数 $\dot{A}_u$、输入电阻 $R_i$、输出电阻 $R_o$ 及源电压放大倍数 $A_{us}$。

**解** （1）静态工作点各值

$$I_{BQ}=\frac{U_{CC}-U_{BEQ}}{R_B}=\frac{12-0.7}{280}\approx 0.04=40(\mu A)$$

$$I_{CQ}=\beta I_{BQ}=50\times 40=2000=2(mA)$$

$$U_{CEQ}=U_{CC}-I_{CQ}R_C=12-2\times 3=6(V)$$

（2）求 $\dot{A}_u$，$R_i$，$R_o$，$\dot{A}_{us}$：微变等效电路如图 2.4.5（c）所示。

$$r_{be}=r'_{bb}+\frac{26}{I_{BQ}}=300+\frac{26}{0.04}=950(\Omega)$$

$$R'_L=R_C//R_L=3//3=1.5(k\Omega)$$

$$\dot{A}_u=-\frac{\beta R'_L}{r_{be}}=-\frac{50\times 1.5}{0.95}\approx -79$$

$$R_i=R_B//r_{be}=280//0.95\approx 0.95(k\Omega)$$

$$\dot{A}_{us}=\frac{\dot{U}_o}{\dot{U}_s}=\frac{\dot{U}_i}{\dot{U}_s}\cdot\frac{\dot{U}_o}{\dot{U}_i}=\frac{R_i}{R_s+R_i}\dot{A}_u=\frac{0.95}{1+0.95}\times(-79)=-38.5$$

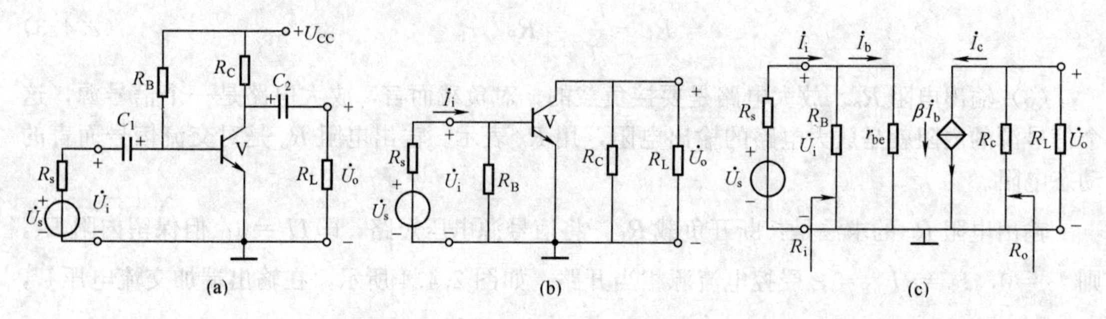


图 2.4.5 ［例 2.4.1］电路

(a) 基本电路；(b) 交流通路；(c) 微变等效电路

**【例 2.4.2】** 在如图 2.4.6（a）所示射极偏置放大电路中，已知：硅三极管 $\beta=50$，$r'_{bb}=300\Omega$，$U_{CC}=12V$，$R_S=1k\Omega$，$R_{B1}=25k\Omega$，$R_{B2}=7.2k\Omega$，$R_C=4k\Omega$，$R_E=2k\Omega$，$R_L=4k\Omega$，$C_1$、$C_2$、$C_E$ 足够大。试求：（1）静态工作点；（2）电压放大倍数、输入电阻、输出电阻；（3）在三极管射极与 $R_E$、$C_E$ 并联支路之间串入 $R'_E=100\Omega$ 的电阻，计算电压放大倍数、输入电阻；（4）若 $\beta=100$，重新计算静态工作点和电压放大倍数。

**解** （1）求静态工作点 $I_{BQ}$、$I_{CQ}$、$U_{CEQ}$，由图 2.4.6（a）可得

$$U_B=\frac{R_{B2}}{R_{B1}+R_{B2}}U_{CC}=\frac{7.2}{25+7.2}\times 12=2.7(V)$$

$$I_{CQ}\approx I_{EQ}=\frac{U_B-U_{BEO}}{R_E}=\frac{2.7-0.7}{2}=1(mA)$$

$$I_{BQ}\approx\frac{I_{CQ}}{\beta}=\frac{1}{50}=0.02mA=20(\mu A)$$

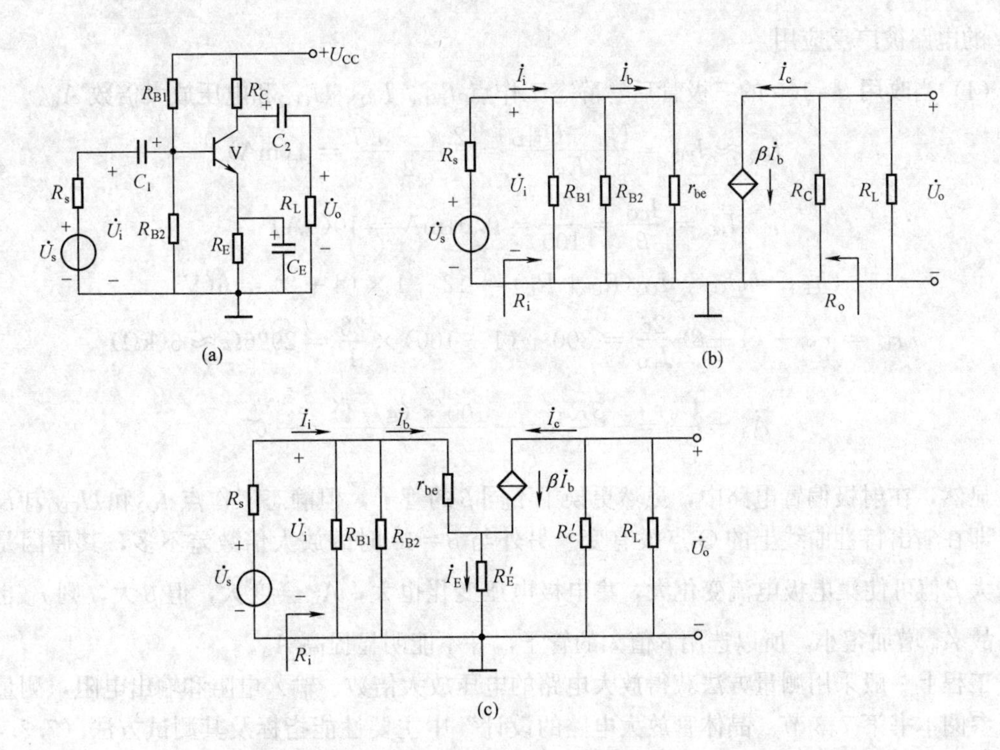


图 2.4.6 ［例 2.4.2］电路

(a) 射极偏置放大电路；(b) 微变等效电路；(c) 串入 $R_E'$ 后的微变等效电路

$$U_{CEQ}=U_{CC}-I_{CQ}(R_C+R_E)=12-1\times(4+2)=6(\mathrm{V})$$

(2) 求电压放大倍数 $\dot A_u$、输入电阻 $R_i$、输出电阻 $R_o$

$$r_{be}=r'_{bb}+(1+\beta)\frac{26}{I_{EQ}}=300+(1+50)\times\frac{26}{1}=1625\Omega\approx1.6(\mathrm{k\Omega})$$

由微变等效电路图 2.4.6 (b) 可求出

$$\dot A_u=\frac{\dot U_o}{\dot U_i}=-\frac{\beta R_L'}{r_{be}}=-\frac{50\times(4//4)}{1.6}\approx-63$$

$$R_i=R_{B1}//R_{B2}//r_{be}=25//7.2//1.6=1.24(\mathrm{k\Omega})$$

$$R_o=R_C=3(\mathrm{k\Omega})$$

(3) 求串入电阻 $R_E'$ 后的电压放大倍数 $\dot A_u$ 和输入电阻 $R_i$，串入电阻 $R_E'$ 后放大电路的微变等效电路如图 2.4.6 (c) 所示，则：

$$I_{EQ}=\frac{U_B-U_{BEQ}}{R_E+R_E'}=\frac{2.7-0.7}{2+0.1}=0.95(\mathrm{mA})$$

$$r_{be}=r'_{bb}+(1+\beta)\frac{26}{I_{EQ}}=300+(1+50)\times\frac{26}{0.95}=1695\approx1.7(\mathrm{k\Omega})$$

$$\dot A_u=\frac{\dot U_o}{\dot U_i}=-\frac{\beta R_L'}{r_{be}+(1+\beta)R_E'}=-\frac{50\times(4//4)}{1.7+(1+50)\times0.1}\approx-14.7$$

$$R_i=R_{B1}//R_{B2}//[r_{BE}+(1+\beta)R_E']=25//7.2//[1.7+(1+50)\times0.1]=3(\mathrm{k\Omega})$$

显然，接入 $R'_E$ 后，电压放大倍数 $\dot A_u$ 减小了，但输入电阻 $R_i$ 却增大了，这种兼顾 $\dot A_u$

和 $e_i$ 的电路被广泛应用。

（4）当改用 $\beta=100$ 的三极管后，静态工作点 $I_{BQ}$、$I_{CQ}$、$U_{CEQ}$和电压放大倍数 $\dot{A}_u$。

$$I_{CQ} \approx I_{EQ} = \frac{U_B - U_{BEQ}}{R_E} = \frac{2.7 - 0.7}{2} = 1(\text{mA})$$

$$I_{BQ} = \frac{I_{CQ}}{\beta} = \frac{1}{100} = 0.01\text{mA} = 10(\mu\text{A})$$

$$U_{CEQ} = U_{CC} - I_{CQ}(R_C + R_E) = 12 - 1 \times (4 + 2) = 6(\text{V})$$

$$r_{be} = r'_{bb} + (1+\beta)\frac{26}{I_{EQ}} = 300 + (1+100) \times \frac{26}{1} = 2926\Omega \approx 3(\text{k}\Omega)$$

$$\dot{A}_u = \frac{\dot{U}_o}{\dot{U}_i} = -\frac{\beta R'_L}{r_{be}} = -\frac{100 \times (4//4)}{3} = -67$$

显然，在射极偏置电路中，虽然更换了不同 $\beta$ 的管子，但静态工作点 $I_{CQ}$ 和 $U_{CEQ}$ 却没有变，即在输出特性曲线上的 Q 点没有变。另外与 $\beta=50$ 时的放大倍数差不多，其原因是虽然增大 $\beta$ 值可使集电极电流变化大，集电极电压变化也大，$\dot{A}_u$ 会变大，但 $\beta$ 大，则 $r_{be}$ 也增加，故 $\dot{A}_u$ 增加很小，所以选用 $\beta$ 值大的管子，并不能明显提高 $\dot{A}_u$。

工程上一般采用测量方法获得放大电路的电压放大倍数、输入电阻和输出电阻，测量电路可参阅本书第 7.3 节“晶体管放大电路的设计”中主要性能指标及其测试方法（7.3.4）。用测量方法得到放大电路的 $A_u$、$R_i$ 和 $R_o$ 更加直观、简单。

## 2.5　射极输出器（共集电极放大电路）

### 2.5.1　电路构成

图 2.5.1（a）是共集电极基本放大电路的典型电路，图 2.5.1（b）、（c）分别是它的直流通路和交流通路。从交流通路可以看到，三极管的集电极是交流地电位，输入电压 $u_i$ 加在基极与集电极之间。输出电压 $u_o$ 从发射极与集电极间取出，输入回路和输出回路是以集电极作为公共端的，故称为共集电极电路，同时由于输出信号 $u_o$ 取自发射极，所以也常常叫做射极输出器。

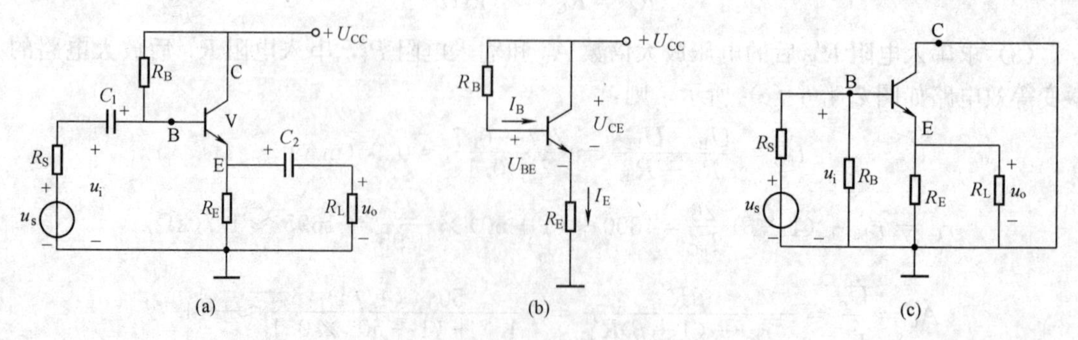


图 2.5.1　共集电极基本放大电路

（a）电路；（b）直流通路；（c）交流通路

### 2.5.2　射极输出器的特点

1. 由静态分析可知静态工作点稳定

由图 2.5.1（b）共集电极放大电路的直流通路分析，直流电源 $U_{CC}$ 经 $R_B$ 为三极管发射结提供正偏电压，可列出输入回路的直流电压方程为

$$I_B R_B + U_{BE} + I_E R_E = U_{CC}$$

因为

$$I_E = (1+\beta) I_B$$

则静态工作点电流为

$$I_B = \frac{U_{CC} - U_{BE}}{R_B + (1+\beta) R_E} \tag{2.5.1}$$

$$I_C = \beta I_B \tag{2.5.2}$$

由直流通路的输出回路可得

$$U_{CE} = U_{CC} - I_E R_E \approx U_{CC} - I_C R_E \tag{2.5.3}$$

射极输出器中的电阻 $R_E$ 具有稳定静态工作点的作用，过程如下：

$$温度\ T\uparrow \rightarrow I_C\uparrow \rightarrow I_E\uparrow \rightarrow U_E\uparrow \rightarrow U_{BE}\downarrow \rightarrow I_B\downarrow \rightarrow I_C\downarrow$$

2. 动态分析可得三大特点

由图 2.5.1（c）所示共集电极放大电路的交流通路，可画出放大电路的微变等效电路如图 2.5.2 所示，由图可求得共集电极放大电路的各项性能指标。

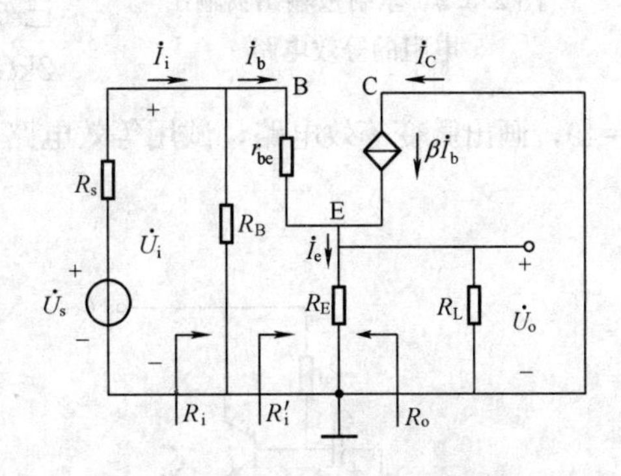


图 2.5.2　共集电极放大电路的微变等效电路

（1）电压放大倍数 $\dot{A}_u$ 近似为 1。由微变等效电路可知

$$\dot{U}_o = (1+\beta)\dot{I}_b (R_E//R_L)$$

$$\dot{U}_i = \dot{I}_b r_{be} + (1+\beta)\dot{I}_b (R_E//R_L)$$

于是可得

$$\dot{A}_u = \frac{\dot{U}_o}{\dot{U}_i} = \frac{(1+\beta)\dot{I}_b (R_E//R_L)}{\dot{I}_b r_{be} + (1+\beta)\dot{I}_b (R_E//R_L)} = \frac{(1+\beta)R'_L}{r_{be} + (1+\beta)R'_L} \tag{2.5.4}$$

式中：$R'_L = R_E//R_L$ 。

一般有 $(1+\beta)R'_L \gg r_{be}$，则 $\dot{A}_u \approx 1$，$\dot{U}_o \approx \dot{U}_i$ 即输出电压近似等于输入电压，且相位相同，故该电路又称为射极跟随器。

（2）输入电阻 $R_i$ 高。由图 2.5.2 所示电路可得到从基极看进去的输入电阻为

$$R'_i = \frac{\dot{U}_i}{\dot{I}_b} = \frac{\dot{I}_b r_{be} + (1+\beta)\dot{I}_b (R_E//R_L)}{\dot{I}_b} = r_{be} + (1+\beta)(R_E//R_L) \tag{2.5.5}$$

因此共集电极放大电路的输入电阻为

$$R_i = R_B//R'_i = R_B//[r_{be} + (1+\beta)(R_E//R_L)] \tag{2.5.6}$$

由式（2.5.6）可知，与共射放大电路相比较，射极输出器的输入电阻的阻值较大，通常可达几十千欧至几百千欧。

（3）输出电阻 $R_o$ 低。计算输出电阻的电路如图 2.5.3 所示，根据求输出电阻的方法，则

$$\dot{I} = \dot{I}_{R} + (1+\beta)\dot{I}_{b} = \frac{\dot{U}}{R_{E}} + (1+\beta)\frac{\dot{U}}{R_{s}//R_{B}+r_{be}}$$

所以
$$R_{o} = \frac{\dot{U}}{\dot{I}} = \frac{\dot{U}}{\dfrac{\dot{U}}{R_{E}} + \dfrac{\dot{U}}{\dfrac{R_{s}//R_{B}+r_{be}}{1+\beta}}} = R_{E}//\frac{R_{s}//R_{B}+r_{be}}{1+\beta} \tag{2.5.7}$$

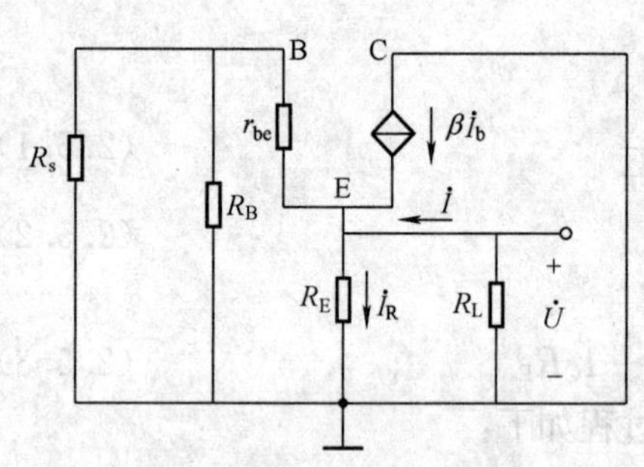


图 2.5.3 求射极输出器输出电阻的等效电路

当信号源可按理想电压源（$R_S = 0$）处理时，式（2.5.7）简化为

$$R_{o} = R_{E}//\frac{r_{be}}{1+\beta} \approx \frac{r_{be}}{1+\beta} \tag{2.5.8}$$

由式（2.5.8）可见，共集电极放大电路的输出电阻非常小，一般只有几十欧姆，而且与信号源内阻 $R_s$ 有关。

**【例 2.5.1】** 射极输出器如图 2.5.4（a）所示。已知 $R_B = 300\text{k}\Omega$，$R_E = 5.1\text{k}\Omega$，$R_L = 2\text{k}\Omega$，$R_S = 2\text{k}\Omega$，$U_{CC}=12\text{V}$，晶体管 3DG6 的参数 $r_{be} = 1.5\text{k}\Omega$，$\beta=49$，画出微变等效电路，试用等效电路法估算 $\dot{A}_u$、$\dot{A}_{us}$、$R_i$ 和 $R_o$。

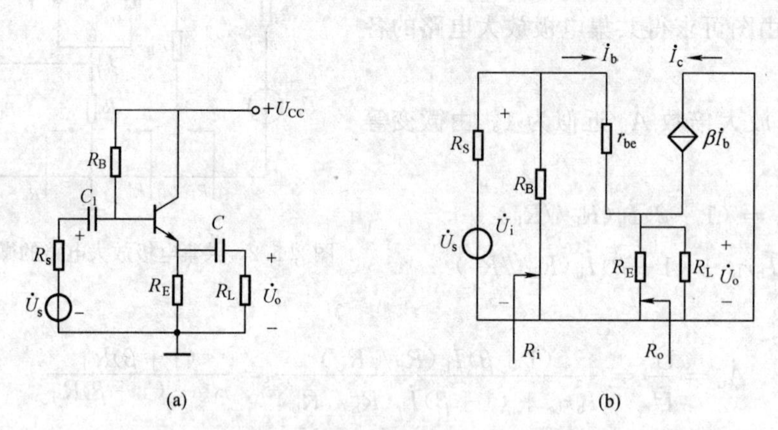


图 2.5.4 ［例 2.5.1］电路
(a) 射极输出器；(b) 等效电路

**解** （1）微变等效电路如图 2.5.4（b）所示。

$$\dot{A}_{u} = \frac{(1+\beta)R'_{L}}{r_{be} + (1+\beta)R'_{L}}$$

$$R'_{L} = R_{E}//R_{L} = 5.1//2 = 1.44(\text{k}\Omega)$$

$$\dot{A}_{u} = \frac{(1+49)\times 1.44}{1.5+(1+49)\times 1.44} = 0.98$$

（2）从信号源右边看进去的电阻为

$$R_{i} = R_{B}//[r_{be} + (1+\beta)R'_{L}] = 300//(1.5+50\times 1.44\text{k}\Omega) = 300//73.5 = 59(\text{k}\Omega)$$

（3）
$$\dot{A}_{us} = \frac{\dot{U}_{o}}{\dot{U}_{i}}\frac{\dot{U}_{i}}{\dot{U}_{s}} = \dot{A}_{u}\frac{R_{i}}{R_{S}+R_{i}} = 0.98\times\frac{59}{2+59} = 0.948$$

$$R_o = \frac{r_{be} + R'_S}{\beta}$$

其中
$$R'_s = R_s // R_B = 2//300 = 1.99(k\Omega)$$

$$R_o = \frac{1.5 + 1.99}{49} = 0.07 = 70(\Omega)$$

综上所述，射极输出器的特点是：电压放大倍数小于1，且近似等于1；输出电压与输入电压同相位；输入电阻的阻值大；输出电阻的阻值小。虽然电压放大倍数近似等于1，但电流放大倍数$\beta$较大，因此仍有一定的功率放大作用。

### 2.5.3 射极输出器的应用

(1) 常用在多级放大器的输入级。这是由于射极输出器的输入电阻大，可使输入信号源提供的电流较小，减轻了信号源的负载，减小信号源的功率容量。

(2) 用在多级放大器的输出级。这是因为射极输出器的输出电阻小，使放大电路带负载的能力较强，减少了负载变化对放大电路的影响，使输出电压基本保持不变。

(3) 可用作阻抗变换器。在多级放大电路中，往往在前后两级之间插入射极输出器，作为中间级，利用它输入电阻高，对前级放大电路影响小。而它的输出电阻小与输入电阻较小的共射极放大电路配合，达到阻抗匹配，最终达到减小电路间的直接相连所带来的影响，从而提高总的电压放大倍数。此外，有时还用它作为隔离级，减少后级对前级的影响。

## 2.6 功率放大电路

一个实用的放大电路，当它的负载是扬声器（喇叭）、记录仪表、继电器或伺服电动机等设备时，就要求它的输出级能够为负载提供足够大的输出功率。通常把这样的输出级叫做“功率放大电路”（简称功放），它广泛应用于各种电子设备、音响设备、通信和自动控制系统中。

### 2.6.1 功率放大电路的特点

1. 对功率放大电路的要求

与前面讨论的小信号电压放大电路不同，功放电路考虑如何获得最大的输出功率。功率是电压和电流的乘积，因此一个功放电路不仅要有足够大的输出电压，而且还应有足够大的输出电流，才能取得足够大的输出功率。功放电路具体有以下几个方面的特点和要求：

(1) 要有尽可能大的输出功率。输出功率用$P_o$表示。

$$P_o = U_o I_o \tag{2.6.1}$$

式中：$U_o$为输出电压有效值；$I_o$为最大输出电流有效值。

(2) 效率要高。效率用$\eta$表示。功放电路主要是把直流电源供给的直流电能转换成交流电能送给负载。由于消耗的功率较大，所以必须考虑功率转换的效率问题。效率定义为

$$\eta = \frac{P_o}{P_{U_{CC}}} \times 100\% \tag{2.6.2}$$

式中：$P_o$为功放电路的交流输出功率，$P_{U_{CC}}$为直流电源供给功放电路的平均功率。其定义为

$$P_{U_{CC}} = U_{CC} \times \overline{i_C} \tag{2.6.3}$$

式中：$U_{CC}$为直流电源电压；$\overline{i_C}$为一周期内直流电源供给的电流平均值。

(3) 非线性失真要小。由于功放电路中的三极管处于大信号工作状态，所以由晶体管特性的非线性引起的非线性失真是不可避免的。因此，将非线性失真限制在允许范围内，是必须考虑的问题之一。

(4) 功放管的选择和散热。在功率放大电路中，三极管的集电结消耗较大的功率，使结温和管壳温度升高。由于功放管工作在接近“极限运用”状态，所以一方面在选择功放管时，考虑使它的工作状态不超过极限参数 $I_{CM}$、$P_{CM}$ 和 $U_{(BR)CEO}$，另一方面，设计电路时，散热问题及过载保护要重视，通常采用的方法是对功率管加上一定面积的散热片和过流保护环节。

要注意的是，在功放电路的分析方法上，由于三极管处于大信号工作，故只有采用图解法或最大值的估算法，前面介绍的微变等效电路法在这里不再适用了。

2. 功率放大电路的工作状态

放大电路按电流通过三极管的情况不同，其工作状态一般可分为三类。在输入为正弦信号的情况下，通过三极管的电流 $i_C$ 在整个周期内为完整的正弦波，即管子的导通角 $\theta=360°$ 时的工作状态称为甲类；在输入信号一周期中，三极管只有半周导通，另一半周截止，管子的导通角 $\theta=180°$ 时的工作状态称为乙类；若三极管的导通周期大于半周而小于一周期，即导通角 $180°<\theta<360°$ 时的工作状态称为甲乙类。三极管工作状态分类及其特点如表 2.6.1 所示。在低频放大电路中，电压放大电路采用的是甲类工作方式，功率放大电路则常采用乙类或甲乙类。

**表 2.6.1** **三极管工作状态表**

| 电路形式 | 特点 | 电流波形 | 工作点位置 | 状态类别 |
|---|---|---|---|---|
| 见图 2.2.2 | 管子导通时间为一个周期 ($\theta=360°$) | 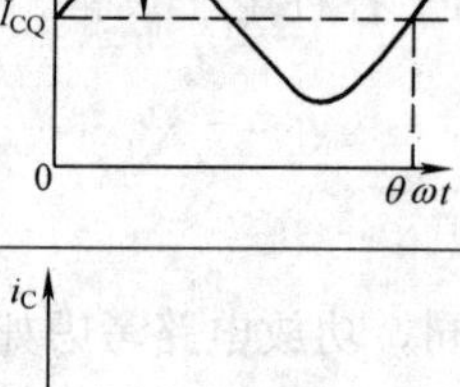 | 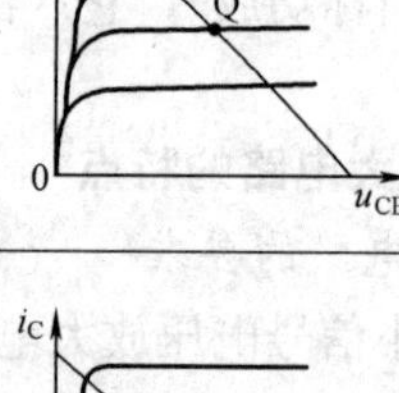 | 甲类 |
| 见图 2.6.1 | 管子导通时间只有半周期 ($\theta=180°$) | 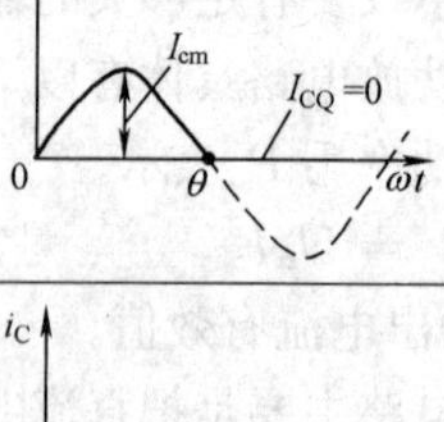 | 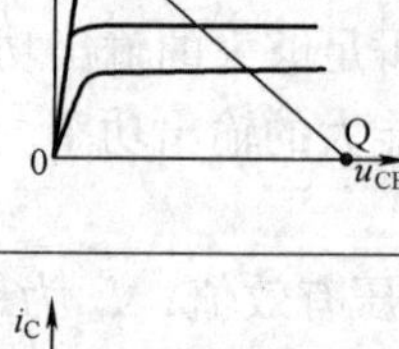 | 乙类 |
| 见图 2.6.4 | 管子导通时间大于半周期 ($180°<\theta<360°$) | 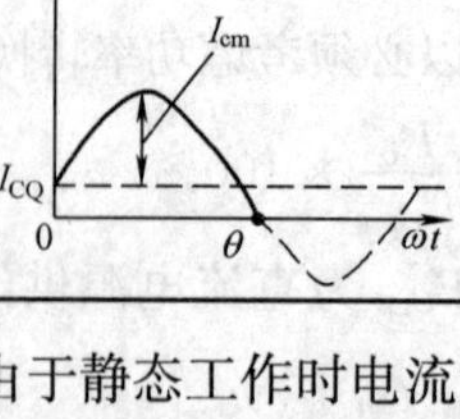 | 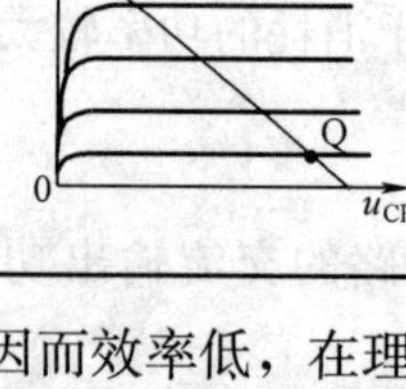 | 甲乙类 |

可以证明，甲类放大状态由于静态工作时电流大，因而效率低，在理想情况下，最高效率也只有 50%。若由单管组成乙类或甲乙类放大电路，虽减小了静态功耗，提高了效率，但都出现了严重的波形失真。因此，既要保持静态时功耗小，又要使失真不太严重，就需要

在电路结构上采取措施，如采用两管互补对称工作状态。

### 2.6.2 乙类双电源互补对称功率放大电路

1. 基本电路组成及工作原理

采用正、负电源构成乙类互补对称功率放大电路如图 2.6.1 所示，V1 和 V2 分别为 NPN 型管和 PNP 管，特性相同。两管的基极和发射极分别连接在一起，信号从基极输入，从发射极输出，$R_L$ 为负载。

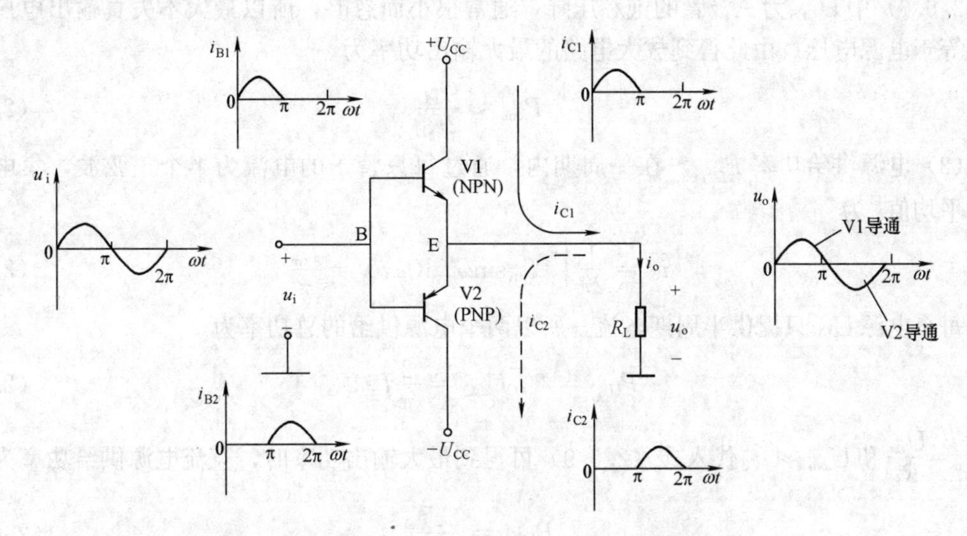


图 2.6.1 乙类双电源互补对称放大电路和各部分波形

当 $u_i=0$ 时，V1 和 V2 均处于零偏置，两管的 $I_{BQ}$、$I_{CQ}$均为零，处于截止状态不工作，无损耗。此时输出电压 $u_o=0$。

当输入正弦信号 $u_i$ 时，在 $u_i$ 正半周，V1 导通，V2 截止，$U_{CC}$通过 V1 向 $R_L$ 提供电流 $i_{C1}$，因为 $i_{C1}$ 为 $R_L$ 上的正向电流，所以产生输出电压 $u_o$ 为正半周。在 $u_i$ 负半周时，V1 截止，V2 导通，$-U_{CC}$通过 V2 向 $R_L$ 提供电流 $i_{C2}$，这时 $i_{C2}$是自下而上流过 $R_L$，产生 $u_0$ 的负半周。由此可见，由于 V1、V2 管交替导通，相互补足对方缺少的半个周期，$R_L$ 上仍可得到与输入波形相接近的电流和电压波形，故称这种电路为乙类互补对称放大电路。又因为静态时公共发射极电位为零，不必采用电容耦合，故简称为 OCL 电路。

由图 2.6.1 可见，互补对称放大电路是由两个工作在乙类的射极输出器组成，所以输出电压 $u_o$ 的大小基本与输入电压 $u_i$ 的大小相等。射极输出器输出电阻很低的特点又给电路带来带负载能力强的优点，此电路虽然输出电压无放大，但输出电流有放大，所以它能向负载提供较大的功率输出。

2. 功率和效率

(1) 输出功率 $P_o$。输出电流有效值 $I_o$ 和输出电压有效值 $U_o$ 的乘积是输出功率 $P_o$ 即

$$P_{om}=I_oU_o=\frac{I_{cm}}{\sqrt{2}}\frac{U_{om}}{\sqrt{2}}=\frac{1}{2}I_{cm}U_{om} \tag{2.6.4}$$

式中：$I_{cm}$为输出电流 $i_o$ 的最大值；$U_{om}$为 $u_o$ 的最大值。

由于 $I_{cm}=\dfrac{U_{om}}{R_L}$，所以式（2.6.4）可写成

$$P_o = \frac{U_{om}^2}{2R_L} = \frac{1}{2} I_{cm}^2 R_L \qquad (2.6.5)$$

由图 2.6.1 可知，乙类互补对称电路最大不失真输出电压的幅度为 $U_{omm}=U_{CC}-U_{CES}$，代入式（2.6.5）得到最大输出功率 $P_{om}$

$$P_{om} = \frac{1}{2} \frac{(U_{CC}-U_{CES})^2}{R_L} \qquad (2.6.6)$$

式（2.6.6）中 $U_{CES}$为三极管的饱和压降，通常很小而忽略，所以最大不失真输出电压幅值近似等于电源电压。由此得到放大电路的最大输出功率为

$$P_{om} \approx \frac{U_{CC}^2}{2R_L} \qquad (2.6.7)$$

（2）电源供给功率 $P_{U_{CC}}$。在一周期内，通过每只管子的电流为半个正弦波，集电极电流的平均值$\overline{i_c}$为

$$\overline{i_C} = \frac{1}{2\pi}\int_0^{\pi} I_{cm}\sin\omega t\, d(\omega t) = \frac{I_{cm}}{\pi} \qquad (2.6.8)$$

因为每个电源 $U_{CC}$只提供半周期电流，所以两个电源供给的总功率为

$$P_{U_{CC}} = 2\,\overline{i_C}U_{CC} = \frac{2}{\pi} I_{cm} U_{CC} \qquad (2.6.9)$$

将 $I_{cm}=\frac{U_{om}}{R_L}$和 $U_{om}\approx U_{CC}$代入式（2.6.9）可得到最大输出功率时，直流电源供给功率为

$$P_{U_{CC}} = \frac{2U_{CC}^2}{\pi R_L} \qquad (2.6.10)$$

（3）效率 $\eta$。效率是负载获得的信号功率 $P_o$ 与直流电源供给的功率 $P_{U_{CC}}$ 之比，一般情况下，公式为

$$\eta = \frac{P_o}{P_{U_{CC}}} = \frac{\pi}{4} \frac{U_{om}}{U_{CC}} \qquad (2.6.11)$$

式中显示 $\eta$ 与 $U_{om}$ 有关，当 $U_{om}=0$ 时，$\eta=0$；当 $U_{om}=U_{omm}$时，可得理想效率为

$$\eta_m = \frac{P_{om}}{P_{U_{CC}}} = \frac{\pi}{4} \frac{U_{omm}}{U_{CC}} = \frac{\pi}{4} \frac{U_{CC}}{U_{CC}} = \frac{\pi}{4} = 78.5\% \qquad (2.6.12)$$

实用中，放大电路很难达到最大效率，由于饱和压降及元件损耗等因素，乙类互补功率放大电路的效率仅能达到 60%左右。

（4）管耗 $P_C$。直流电源提供的功率除了负载获得的功率外，还有一部分是 V1、V2 管消耗的功率，即管耗。V1 和 V2 集电极耗散功率分别为 $P_{C1}$ 和 $P_{C2}$，由于 $P_{C1}=P_{C2}$，所以两管集电极总耗散功率分别为

$$P_C = P_{C1} + P_{C2} = P_{U_{CC}} - P_o = \frac{2}{\pi} I_{cm} U_{CC} - \frac{1}{2} I_{cm}^2 R_L$$

$$= \frac{2U_{CC}U_{om}}{\pi R_L} - \frac{U_{om}^2}{2R_L} \qquad (2.6.13)$$

可见管耗 $P_C$ 与输出信号幅度 $U_{om}$ 有关。为求管耗最大值 $P_{Cm}$ 与输出电压幅度的关系，对 $U_{om}$取导数并令其等于零，即$\frac{dP_C}{dU_{om}}=0$，则得最大管耗时的电压为

$$U_{om} = \frac{2U_{CC}}{\pi} \approx 0.636U_{CC} \qquad (2.6.14)$$

将式（2.6.14）代入式（2.6.13）得最大管耗为

$$P_{Cmax}=\frac{2}{\pi^2}\frac{U_{CC}^2}{R_L} \tag{2.6.15}$$

每只管子的最大管耗为

$$P_{C1max}=P_{C2max}=\frac{1}{2}P_{Cmax}=\frac{U_{CC}^2}{\pi^2 R_L} \tag{2.6.16}$$

由于 $P_{om}=\frac{U_{CC}^2}{2R_L}$，所以最大管耗和最大输出功率的关系为

$$P_{C1max}=P_{C2max}=0.2P_{om} \tag{2.6.17}$$

由此可见，每管的最大管耗约为最大输出功率的1/5。选择功率管时，最大管耗不应超过晶体管的最大允许管耗，即

$$P_{C1max}=0.2P_{om}<P_{cm} \tag{2.6.18}$$

**【例 2.6.1】** 功率放大电路如图 2.6.2 所示，已知 $U_{CC}=15V$，$R_L=8\Omega$，试求：

（1）忽略功放管 V1、V2 的饱和压降 $U_{CES}$ 时的最大输出功率 $P_{om}$。

（2）若 $u_i=10\sin\omega t$（V），这时的输出功率 $P_o$、效率 $\eta$ 以及管耗 $P_c$。

（3）若功放管的极限参数为 $I_{CM}=2A$，$U_{(BR)CEO}=35V$，$P_{CM}=5W$，检验所给功放管是否安全。

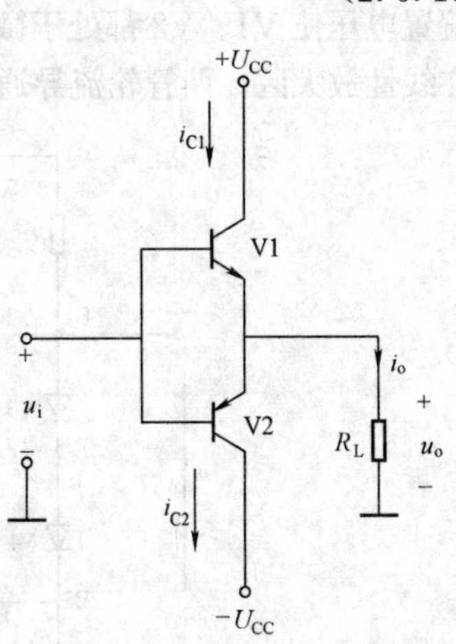


图 2.6.2　［例 2.6.1］电路

**解**　（1）$P_{om}=\frac{1}{2}\times\frac{U_{CC}^2}{R_L}=\frac{15^2}{2\times 8}=14.1$（W）

（2）因为功放电路为射极输出，所以 $U_{om}\approx U_{im}$

$$P_o=\frac{U_{om}^2}{2R_L}\approx\frac{U_{im}^2}{2R_L}=\frac{10^2}{2\times 8}=6.25(W)$$

$$\eta=\frac{\pi}{4}\times\frac{U_{om}}{U_{CC}}\approx\frac{\pi}{4}\times\frac{U_{im}}{U_{CC}}=\frac{\pi}{4}\times\frac{10}{15}=52.3\%$$

$$P_c=\frac{2}{R_L}\left(\frac{U_{CC}U_{om}}{\pi}-\frac{U_{om}^2}{4}\right)=\frac{2}{8}\left(\frac{15\times 10}{\pi}-\frac{10^2}{4}\right)=5.69(W)$$

（3）忽略管压降 $U_{CES}$ 时，通过功放管的最大集电极电流、C-E之间的最大压降和它的最大管耗分别为

$$I_{cm}=\frac{U_{CC}}{R_L}=\frac{15}{8}=1.9(A)$$

$$U_{cem}=2U_{CC}=30(V)$$

$$P_{c1m}=0.2P_{om}=0.2\times 14.1=2.82(W)$$

可见，$I_{cm}<I_{CM}=2A$，$U_{cem}<U_{(BR)CEO}=35V$，$P_{c1m}<P_{CM}=5W$，所以功放管是安全的。

### 2.6.3　甲乙类互补对称功率放大电路

1. 甲乙类双电源互补对称放大电路

在以上分析的乙类互补功率放大电路中，由于静态时 $U_{BE1}=U_{BE2}=0$，V1、V2 管没有基极偏流，当加入输入信号 $u_i$，在 $u_i$ 小于三极管的死区电压（±0.5V）时，管子仍处于截止状态，因此，在 $u_i$ 为正弦信号一个周期内，V1、V2 轮流导通形成的基极电流波形在过零

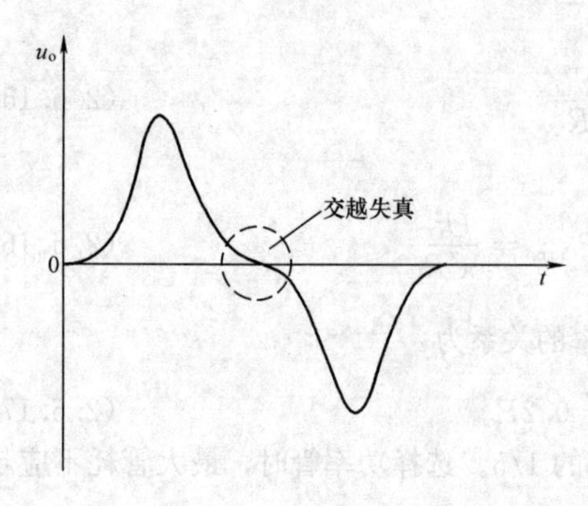


图 2.6.3 交越失真波形

点附近一个区域内出现失真，电流波形并不是半个正弦波，从而导致 $i_C$ 和 $u_o$ 波形出现同样的失真，这种两管在正、负交越时段出现的失真称为“交越失真”，如图 2.6.3 所示。

为了消除交越失真，必须建立一定的直流偏置，偏置电压只要大于三极管的死区电压即可。如图 2.6.4 所示电路，在 V1 和 V2 的基极加上适当的偏置电路，两管基极间串入二极管 V3、V4（或加电阻，或加电阻和二极管串联），利用 V3、V4 产生的直流压降为 V1、V2 管提供大于死区电压的静态偏置电压，且使 $|U_{BE1}|=|U_{BE2}|$，此偏置电压使 V1、V2 都处于微导通状态，当输入电压 $u_i$ 在±0.7V 范围内，V1、V2 均工作在线性放大区，两管轮流导通时，交替得比较平滑，从而消除了交越失真。

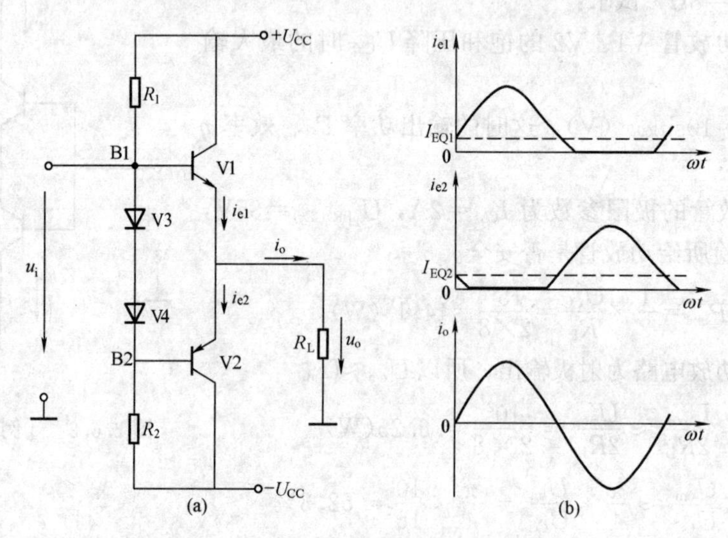


图 2.6.4 甲乙类互补对称功率放大电路

(a) 电路；(b) 管子电流 $i_{e1}$、$i_{e2}$ 与输出电流 $i_0$ 波形

由于电路的改动，使原本工作在乙类状态的三极管处于甲乙类状态，因此电路称为甲乙类互补对称功率放大电路。实际电路中，由于静态值通常取得很小，所以这种电路仍可以用乙类互补对称电路的有关公式近似估算输出功率和效率等指标。

2. 甲乙类单电源互补对称放大电路

前面介绍的互补对称放大电路均采用双电源供电，但在实际应用中，需要两个独立电源，使用很不方便。为了简化电路，可采用单电源供电方式，如图 2.6.5 所示电路，与图 2.6.4 相比，省去了一个负电源，在两管公共的发射极与负载 $R_L$ 之间增加了一个容量较大的电解电容 $C$，这种电路通常称为无输出变压器的电路，简称 OTL 电路。

(1) 工作原理。静态时，调整三极管的发射极电位，使 $U_E=\frac{U_{CC}}{2}$，于是电容 $C$ 上的电压也就等于 $\frac{1}{2}U_{CC}$，这就达到了与双电源供电相同的效果，电容 $C$ 在这里实际上起着电源的作用。加上交流输入信号 $u_i$ 时，由于 $C$ 值很大，可视为交流短路，而且 $R_LC$ 乘积远大于工作信号的周期，所以 $C$ 上的电压 $\left(\frac{1}{2}U_{CC}\right)$ 总能得以维持。在输入信号 $u_i$ 的正半周，V1 导通、V2 截止，有电流流过负载 $R_L$，得到输出电压的正半周，同时向 $C$ 充电；在输入信号 $u_i$ 的负半周，V2 导通、V1 截止，已充电的电容通过负载 $R_L$ 放电，得到输出电压的负半周。

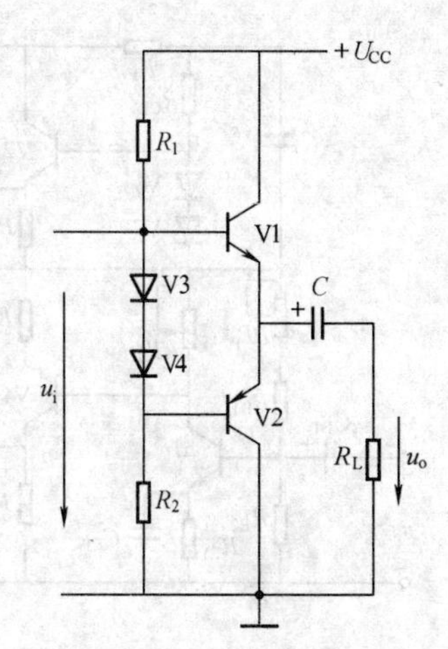


图 2.6.5 单电源互补对称功率放大电路

应当指出的是，单电源供电的互补对称功率放大电路功率和效率的计算方法与双电源供电相同，但要注意公式中的 $U_{CC}$ 应用 $\frac{1}{2}U_{CC}$ 代替，因为此时每个管子的工作电压已不是 $U_{CC}$，而是 $\frac{1}{2}U_{CC}$，输出电压最大也只能达到 $\frac{1}{2}U_{CC}$。

与双电源互补对称电路相比，单电源互补对称电路的优点是少用了一个电源，故使用方便。缺点是由于有电容 $C$，故低频响应变差；大容量的电解电容具有电感效应，在高频时将产生相移；另外大容量的电解电容无法集成化，必须外接。

(2) 输出功率、效率和管耗。由于单电源互补对称电路中每个管子的工作电压为 $\frac{1}{2}U_{CC}$，所以各指标的计算与 OCL 电路相同，仅用 $\frac{1}{2}U_{CC}$ 取代 $U_{CC}$ 即可。

最大输出功率为

$$P_{om} = \frac{1}{2}\frac{\left(\frac{U_{CC}}{2}\right)^2}{R_L} = \frac{1}{8}\frac{U_{CC}^2}{R_L} \tag{2.6.19}$$

电源供给功率为

$$P_{U_{CC}} = \frac{2}{\pi}\frac{\left(\frac{U_{CC}}{2}\right)^2}{R_L} = \frac{1}{2\pi}\frac{U_{CC}^2}{R_L} = \frac{4}{\pi}P_{om} \tag{2.6.20}$$

将式（2.6.19）、式（2.6.20）代入效率 $\eta = \frac{P_o}{P_{U_{CC}}} \times 100\%$ 得最大效率

$$\eta_m = \frac{P_o}{P_{U_{CC}}} \times 100\% = 78.5\% \tag{2.6.21}$$

最大管耗为

$$P_{C1max} = 0.2P_{om} \tag{2.6.22}$$

3. 采用复合管作功率管

在互补对称功放电路中，V1 与 V2 的管型是不同的，要求它们的参数对称比较困难。采用复合管，即用两只或三只管子复合成一只管子的电路可以解决这一问题，同时还解决了功放对输入信号电流要求要小的问题，并降低了成本。图 2.6.6 所示电路即是一种准互补对称功率放大电路，图中，V2、V3 复合成一只大功率 NPN 管，V4、V5 复合成一只大功率 PNP 管。因为 V4 为 PNP 型三极管，V5 为 NPN 型三极管，管型不同，所以称电路是准互补的。$R_{E2}$、$R_{E4}$ 及 $R_{C4}$ 的接入，是为了使 V2～V5 所组成的功放电路能建立合适的静态工作点。V1 是前置级，也称为推动级，该级为分压式偏置放大电路，工作于甲类状态。

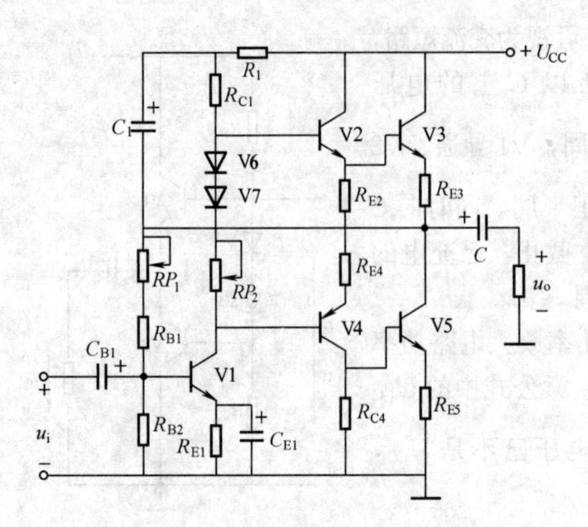


图 2.6.6　准互补对称功率放大电路

常见的复合管还有如图 2.6.7 所示接法。(a) 图中，用两个同管型的 PNP 组成一只 PNP 型管，其中 V1 为前管，功率较小，V2 为后管，功率较大。(b) 图中，用两个管型不同的管子组成一只 NPN 型管。复合管的连接方法可总结如下：

1）不论两管的管型相同与否，将它们进行复合连接时，外加电压能使每个管子的工作状态都正常，即保证放大条件。两管的各极电流方向必须一致且顺畅；前管应连接在后管的集电结上。

2）复合管的等效管型与前管的管型相同。

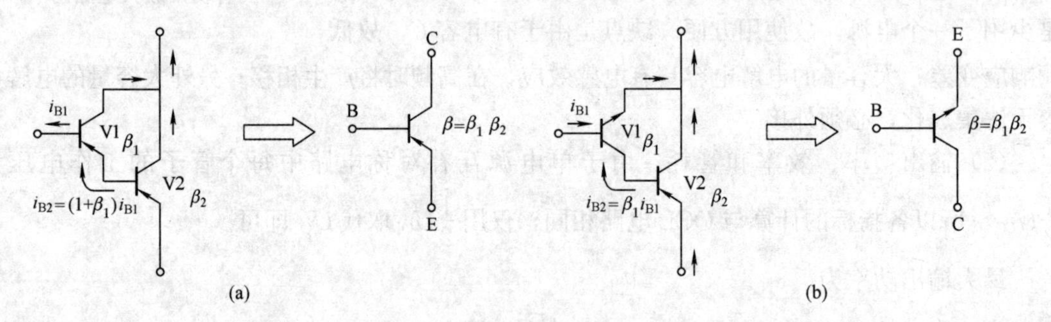


图 2.6.7　复合管的连接方法和等效管型

(a) PNP 管与 PNP 管的复合；(b) NPN 管与 PNP 管的复合

3）复合管的总电流放大系数 $\beta=\beta_1\beta_2$，其中 $\beta_1$、$\beta_2$ 分别为 V1 和 V2 的电流放大系数。

## 2.7　多级放大电路

### 2.7.1　一般问题

在前面章节，我们主要研究了由一个三极管组成的基本放大电路，其电压放大倍数最多只有几十倍，但在实际应用中，往往需要将非常微弱的信号放大到足够大，比如欲将 10mV 的信号放大到 10V，即要求放大倍数为 1000 倍，这是一般单级放大电路无法达到的，为了满足要求，就需要将若干单级放大电路级连成多级放大电路，在实际电子设备中，还要考虑对输入电阻和输出电阻的要求。一般情况下，多级放大电路可分为输入级、中间级和输出级。如图 2.7.1 所示电路。

输入级：主要考虑满足所要求的输入电阻，一般要求与信号源阻抗匹配，信号源为电压源的要求输入级的输入电阻 $R_i$ 大；信号源是电流源的，要求输入级的输入电阻很低。如电子测量仪器要求输入电阻要高，这时一般输入级采用射极输出器。

中间级：主要负责提供整个电路放大倍数的大部分，一般要求各级放大电路（中间级可能也由几级放大电路构成）的电压放大倍数 $A_u$ 尽可能大，一般采用共射放大电路。

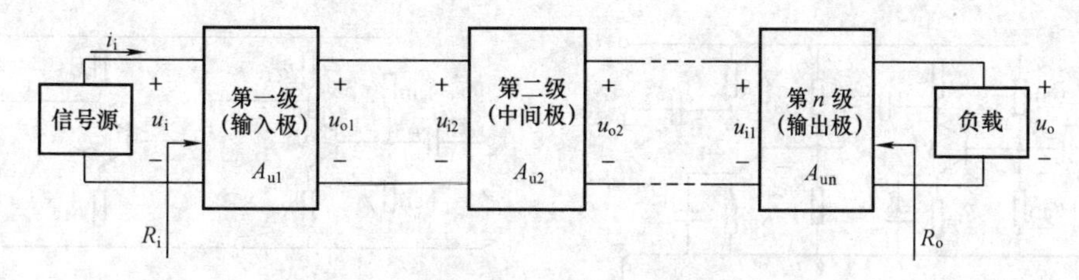


图 2.7.1 多级放大电路前后级关系示意图

输出级：主要考虑向负载提供足够的信号功率，侧重在输出功率和输出电阻上。一般采用接成射极输出器形式的乙类推挽功率放大电路，其输出电阻很低，带负载能力强。

输入级和中间级在多级放大电路中，位置靠近信号源，多属于小信号工作情况；输出级则属于大信号工作状态。

### 2.7.2 多级放大电路的级间耦合方式

多级放大电路中，相邻两级放大电路的连接称为耦合。常用的耦合方式有阻容耦合、直接耦合、变压器耦合和光电耦合等。不管是哪种耦合方式，都必须满足下列要求：

(1) 信号能从前级顺利地传输到后级，并保证波形不失真；

(2) 信号在耦合电路上的损失要小，以保证级间传输效率高；

(3) 级间耦合元器件仍能使前后级放大电路具有合适的静态工作点，保证各级电路满足放大条件。

1. 阻容耦合

图 2.7.2 (a) 所示放大器，其前后级之间是通过电容 $C_2$ 和后级输入电阻 $R_{i2}$ ($R_{B12}//R_{B22}//r_{be2}$) 连接起来的，故称阻容耦合方式。前后级的关系如图 2.7.3 所示。由于耦合电容的隔直流作用，使前后级的静态工作点完全隔离，这是 $RC$ 耦合方式的优点；但由此也带来了局限性：不适宜传输缓慢变化的直流信号，更不能传输恒定的直流信号。另外，因难于实现大容量耦合电容的集成制作（集成工艺只能制造 100pF 以下的电容），而耦合电容容量一般为几到几百微法，故阻容耦合方式无法集成化。集成电路内基本都是采用直接耦合方式。

2. 直接耦合

图 2.7.2 (b) 所示放大器，其级间无耦合电容，前级输出端直接连到后级输入端，这种方式称为直接耦合。其优点是可以放大交流信号、缓变直流信号和恒定直流信号，而且便于集成化。需要解决的问题是，因前后级静态工作点相互牵连，前级工作点的任何微小漂移都会被后级当作“信号”而放大，使后级的工作点在更大范围内漂移，严重时无法正常工作。具体问题的分析和解决办法将在第 3 章中讨论。

3. 变压器耦合

图 2.7.2 (c) 所示放大电路是利用变压器把前后级连接起来的，称为变压器耦合方式。变压器耦合方式的特点是传输交流信号、隔离前后级工作点相互影响的同时，还可实现阻抗变换，以使负载或后级放大器输入阻抗与前级输出端相匹配，获得最大功率传输。由于变压器在频率特性、体积、重量、价格等方面的问题，加之完全不能集成化，所以变压器耦合电路只在一些特殊场合应用。

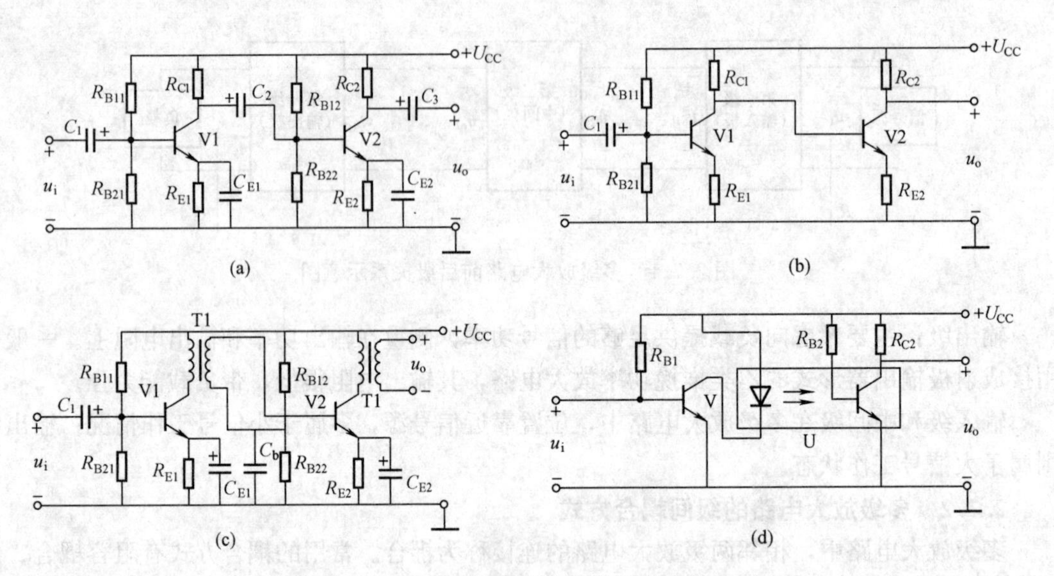


图 2.7.2 多级放大电路的耦合方式

(a) 阻容耦合；(b) 直接耦合；(c) 变压器耦合；(d) 光电耦合

4. 光电耦合

以光信号为媒介来实现电信号的耦合和传递，这种耦合方式称为光电耦合。图 2.7.2 (d) 为一个最简单的光电耦合放大电路。图中，实线方框内由一个发光二极管和一个有基极引出端的光电三极管组成一个光电耦合器，当有电流流过二极管时，发光二极管发光，光电三极管的基极在光照下有一个对应的集电极电流，且集电极电流与二极管电流成正比。这样加上输入信号后，随着二极管电流的变化，光电三极管集电极电流将作线性变化，$R_{C2}$将电流的变化转化为电压的变化输出。

光电耦合的优点是输入回路与输出回路没有电的直接联系，可以分别采用各自的“地”，即使是远距离传输，也可以避免受到各种电干扰。光电耦合的缺点是传输比的数值比较小，一般情况下，输出电压 $u_o$ 还需进一步放大。

本节着重讨论阻容耦合多级放大电路的分析计算。

## 2.7.3 阻容耦合多级放大电路的基本参数

1. 静态分析

由于电容的隔直作用，各级静态工作点互不影响，因此每级放大电路的静态可用基本放大电路的静态分析法独自进行分析。

2. 动态分析

以两级阻容耦合放大电路为例。

图 2.7.3 所示电路为图 2.7.2 (a) 的微变等效电路，以虚线为界，左边为第一级，右边为第二级。显然第一级的输出电压 $\dot{U}_{o1}$ 就是第二级的输入电压 $\dot{U}_{i2}$，即 $\dot{U}_{o1}=\dot{U}_{i2}$

第一级的负载电阻 $R_{L1}$ 就是第二级的输入电阻 $R_{i2}$，即

$$R_{L1}=R_{i2} \tag{2.7.1}$$

第一级放大电路的放大倍数

$$\dot{A}_{u1}=-\beta_1\frac{R'_{L1}}{r_{be1}} \tag{2.7.2}$$

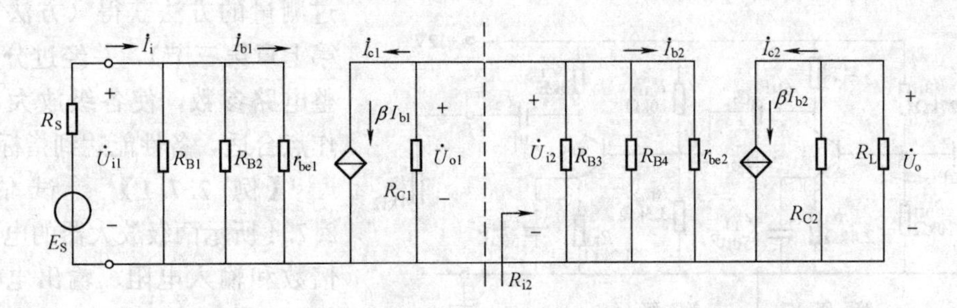


图 2.7.3　两级阻容耦合放大电路的微变等效电路

式中：$R'_{L1}=R_{C1}//R_{L1}$。

这里

$$R_{L1}=R_{i2}=R_{B3}//R_{B4}//r_{be2} \tag{2.7.3}$$

第二级放大电路的电压放大倍数为

$$\dot{A}_{u2}=-\beta_2\frac{R'_L}{r_{be2}} \tag{2.7.4}$$

式中：$R'_L=R_{C2}//R_L$。

（1）总电压放大倍数由 $\dot{U}_{o1}=\dot{U}_{i2}$、$\dot{U}_{o2}=\dot{U}_o$ 关系式推导两级放大电路的总电压放大倍数

$$\dot{A}_u=\frac{\dot{U}_o}{\dot{U}_i}=\frac{\dot{U}_{o1}}{\dot{U}_i}\times\frac{\dot{U}_o}{\dot{U}_{o1}}=\frac{\dot{U}_{o1}}{\dot{U}_i}\times\frac{\dot{U}_o}{\dot{U}_{i2}}$$

$$=\frac{\dot{U}_{o1}}{\dot{U}_i}\times\frac{\dot{U}_{o2}}{\dot{U}_{i2}}=\dot{A}_{u1}\times\dot{A}_{u2} \tag{2.7.5}$$

总的 $\dot{A}_u$ 等于两级电压放大倍数的乘积。

对 $n$ 级放大电路

$$\dot{A}_u=\dot{A}_{u1}\dot{A}_{u2}\dot{A}_{u3}\cdots\dot{A}_{un}=\prod_{k=1}^{n}A_{uk} \tag{2.7.6}$$

若用分贝表示，则

$$20\lg|\dot{A}_u|=20\lg|\dot{A}_{u1}|+20\lg|\dot{A}_{u2}|+\cdots+20\lg|\dot{A}_{un}|$$

$$=\sum_{k=1}^{n}20\lg|\dot{A}_{uk}| \tag{2.7.7}$$

（2）输入电阻和输出电阻，多级放大电路的输入电阻 $R_i$ 就是第一级（输入级）的输入电阻 $R_{i1}$，即

$$R_i=R_{i1} \tag{2.7.8}$$

对图 2.7.3 所示两级阻容耦合放大电路

$$R_i=R_{B1}//R_{B2}//r_{be1} \tag{2.7.9}$$

多级放大电路的输出电阻 $R_o$ 就是末级的输出电阻，即

$$R_o=R_{on} \tag{2.7.10}$$

在图 2.7.3 所示两级放大电路中

$$R_o=R_{C2} \tag{2.7.11}$$

在工程上，多级放大电路的静态工作点、电压放大倍数、输入电阻和输出电阻一般是通

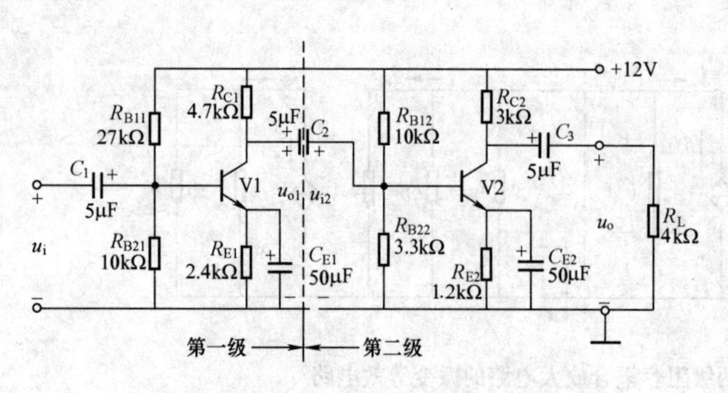


图 2.7.4 ［例 2.7.1］电路

过测量的方法获得（方法见本书第七章第三节），并经过分析、调整电路参数，使各级放大电路工作点合适，各性能达到指标。

**【例 2.7.1】** 试估算图 2.7.4 所示两级放大器的电压放大倍数和输入电阻、输出电阻，已知 $\beta_1=\beta_2=60$，V1、V2 为硅管。

**解** （1）图 2.7.4 所示电路的微变等效电路如图 2.7.3 所示，计算有关参数如下。

$$I_{EQ1}=\frac{U_{EQ1}}{R_{E1}}=\frac{U_{BQ1}-U_{BEQ1}}{R_{E1}}=\frac{\frac{R_{B21}}{R_{B11}+R_{b21}}U_{CC}-U_{BEQ}}{R_{E1}}=\frac{\frac{10}{27+10}\times 12-0.7}{2.4}\approx 1.1(\text{mA})$$

$$I_{EQ2}=\frac{U_{EQ2}}{R_{E2}}=\frac{U_{BQ2}-U_{BEQ2}}{R_{E2}}=\frac{\frac{3.3}{10+3.3}\times 12-0.7}{1.2}\approx 1.9(\text{mA})$$

$$r_{be1}=300+(1+\beta_1)\frac{26}{I_{EQ1}}=300+61\times\frac{26}{1.1}\approx 1.7(\text{k}\Omega)$$

$$r_{be2}=300+(1+\beta_2)\frac{26}{I_{EQ2}}=300+61\times\frac{26}{1.9}\approx 1.1(\text{k}\Omega)$$

$$R_{i1}=R_{B11}//R_{B21}//r_{be1}=27//10//1.7\approx 1.4(\text{k}\Omega)$$

$$R_{i2}=R_{B12}//R_{B22}//r_{be2}=10//3.3//1.1\approx 0.77(\text{k}\Omega)$$

$$R'_{L1}=R_{C1}//R_{i2}=4.7//0.77\approx 0.66(\text{k}\Omega)$$

$$R'_{L2}=R_{C2}//R_L=3//4\approx 1.7(\text{k}\Omega)$$

（2）估算各级电压放大倍数和总电压放大倍数

第一级： $$\dot{A}_{V1}=-\beta_1\frac{R'_{L1}}{r_{be1}}=-60\times\frac{0.66}{1.7}\approx -23$$

第二级： $$\dot{A}_{V2}=-\beta_2\frac{R'_{L2}}{r_{be2}}=-60\times\frac{1.7}{1.1}\approx -93$$

总电压放大倍数： $\dot{A}_{V2}=\dot{A}_{V1}\dot{A}_{V2}=(-23)\times(-93)=2139$

（3）输入、输出电阻

$$R_i=R_{i1}=1.4(\text{k}\Omega)$$

$$R_o=R_{o2}=R_{C2}=3(\text{k}\Omega)$$

**【例 2.7.2】** 图 2.7.5 所示电路中，已知 $\beta_1=\beta_2=40$，$r_{be1}=1.2\text{k}\Omega$、$r_{be2}=0.8\text{k}\Omega$，各电阻的阻值均在图中标出。$R_{B1}=20\text{k}\Omega$，$R_{B2}=15\text{k}\Omega$，$R_B=120\text{k}\Omega$，$R_C=R_{E2}=3\text{k}\Omega$，$R_{E1}=4\text{k}\Omega$，$R_L=1.5\text{k}\Omega$。试求：

（1）计算末级放大电路的静态值 $I_{B2}$、$I_{C2}$、$U_{CE}$（设 $U_{BE2}=0.6\text{V}$）；

（2）画出微变等效电路；

(3) 电压放大倍数 $\dot{A}_u$。

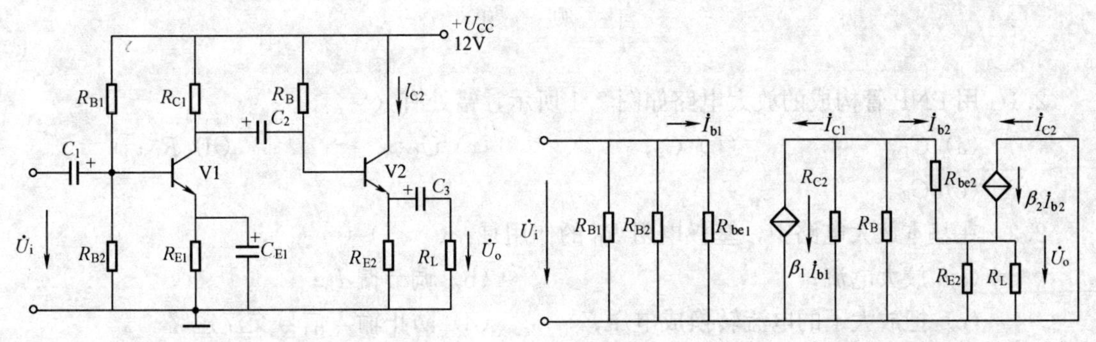


图 2.7.5 两级阻容耦合放大电路　　　图 2.7.6 ［例 2.7.2］电路的微变等效电路

**解** (1) 末级放大电路的静态值

$$U_{CC} = I_{B2}R_B + U_{BE2} + (1+\beta_2)I_{B2}R_{E2}$$

$$I_{B2} = \frac{U_{CC} - U_{BE2}}{R_B + (1+\beta_2)R_{E2}} = \frac{(12-0.6)}{120+41\times 3} = 0.047(\text{mA})$$

$$I_{C2} = \beta_2 I_{B2} = 40\times 0.047 = 1.88(\text{mA})$$

$$I_{E2} = I_{B2} + I_{C2} = 0.047 + 1.88 = 1.92(\text{mA})$$

$$U_{CE2} = U_{CC} - I_{E2}R_{E2} = 12\text{V} - 1.92\times 3 = 6.24(\text{V})$$

(2) 微变等效电路。图 2.7.5 两级放大电路的微变等效电路如图 2.7.6 所示。

(3) 总电压放大倍数 $\dot{A}_u$

$$\dot{A}_u = \dot{A}_{u1}\dot{A}_{u2}$$

$$\dot{A}_{u1} = -\beta_1\frac{R'_{L1}}{r_{be1}} = -\beta_1\frac{R_{C1}//R_{L1}}{r_{be1}}$$

其中

$$\begin{aligned} R_{L1} = R_{i2} &= R_B//[r_{be2} + (1+\beta_2)(R_L//R_{E2})] \\ &= 120//[0.8+41\times(1.5//3)] \\ &= 120//(0.8+41\times 1) \\ &= 31(\text{k}\Omega) \end{aligned}$$

$$\dot{A}_{u1} = -\beta_1\frac{R_{C1}//R_{i2}}{R_{be1}} = -40\times\frac{3//31}{1.2} = -91$$

$$\dot{A}_{u2} \approx 1$$

$$\dot{A}_u = -91\times 1 = -91$$

如用公式计算 $\dot{A}_{u2}$，则

$$\dot{A}_{u2} = \frac{(1+\beta_2)(R_{E2}//R_L)}{r_{be2} + (1+\beta_2)(R_{E2}//R_L)} = \frac{41\times 1}{0.8+41\times 1} = 0.98$$

$$\dot{A}_u = -91\times 0.98 = -89.3$$

计算结果与上述方法接近。

## 自 测 题

2.1 用 PNP 管构成的放大电路如图 2.1 所示，错处有（　　）。

(a) $C_1$；　(b) $C_2$；　(c) $U_{CC}$；　(d) $R_C$；

(e) $C_E$。

2.2 在基本放大电路中，基极电阻 $R_B$ 的作用是：（　　）（　　）。

(a) 放大电流；　(b) 调节偏 $I_B$；

(c) 把放大了的电流转换成电压；　(d) 防止输入信号交流短路。

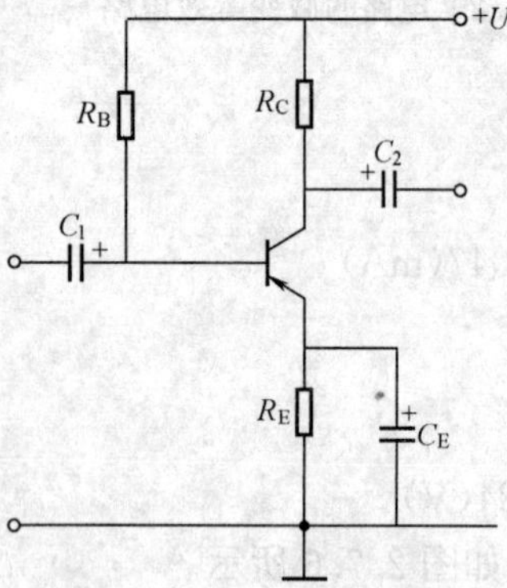

图 2.1 自测题 2.1 图

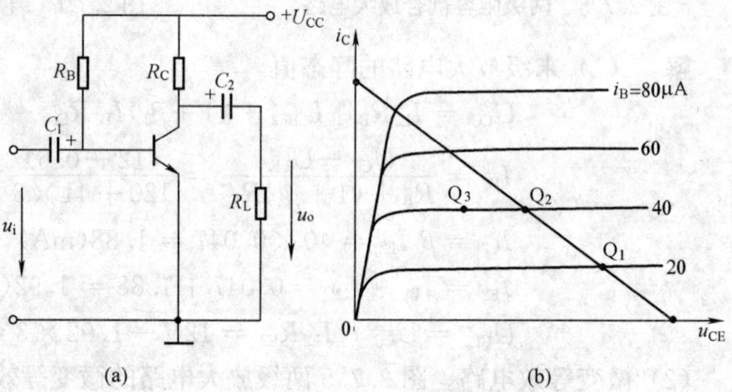

图 2.2 自测题 2.3 和 2.5 图

2.3 放大电路如图 2.2（a）所示，三极管的输出特性如图 2.2（b）所示，若要静态工作点由 $Q_1$ 移到 $Q_2$，应使（　　）；若要静态工作点由 $Q_2$ 移到 $Q_3$，则应使（　　）。

(a) $R_B$↑；　(b) $R_B$↓；　(c) $R_C$↑；　(d) $R_C$↓；　(e) $R_L$↑；

(f) $R_L$↓。

2.4 在基极放大电路中，如果 NPN 管的基极电流 $i_B$ 增大，则与此相应（　　）。

(a) 输入电压 $u_i$ 减小；　(b) 发射极电流 $i_E$ 增大；

(c) 管压降 $U_{CE}$ 减小；　(d) 输出电压 $u_o$ 增大。

2.5 电路如图 2.2 所示，输入、输出波形如图 2.3 所示。可判断该放大电路产生的失真为（　　）。

(a) 相位失真；　(b) 饱和失真；　(c) 截止失真；　(d) 交越失真。

2.6 检查放大器中的晶体管在静态时是否进入截止区，最简便的方法是测量（　　）。

(a) $I_{BQ}$；　(b) $U_{BE}$；　(c) $I_{CQ}$；　(d) $U_{CEQ}$。

2.7 电路如图 2.4 所示，这一电路与固定偏置的共射极放大电路相比，能够（　　）。

(a) 确保电路工作在放大区；　(b) 提高电压放大倍数；

(c) 稳定静态工作点；　(d) 提高输入电阻。

2.8 图 2.4 电路中，$C_E$ 开焊则电路的电压放大倍数将（　　），输入电阻（　　），输出电阻（　　）。

(a) 不变；　(b) 减小；　(c) 增大；　(d) 不确定。

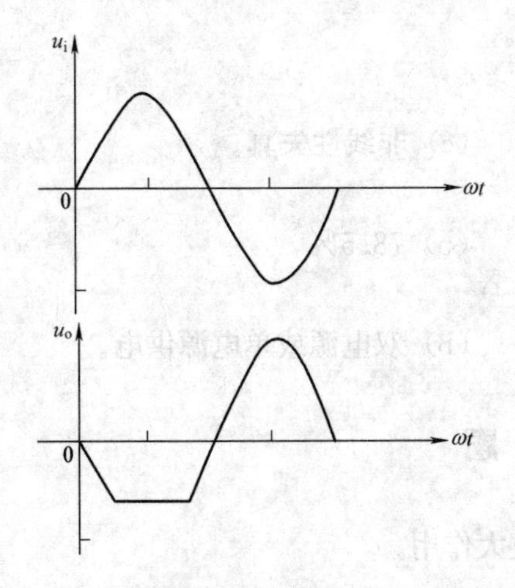

图 2.3 自测题 2.5 图

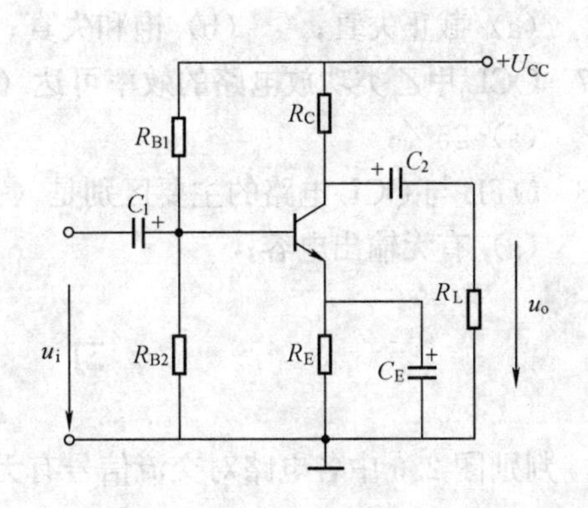


图 2.4 自测题 2.7 图

2.9 电路如图 2.5 所示，三极管工作在放大区。如果将集电极电阻换成一个阻值较大的电阻（管子仍工作在放大区），则集电极电流将（ ）。

(a) 不变； (b) 显著减小；

(c) 显著增大。

2.10 在图 2.5 所示的电路中，调整工作点时如不小心把 $R_B$ 调到零，这时将会使（ ）。

(a) 电路进入截止区；

(b) 电路进入饱和区；

(c) 三极管烧坏。

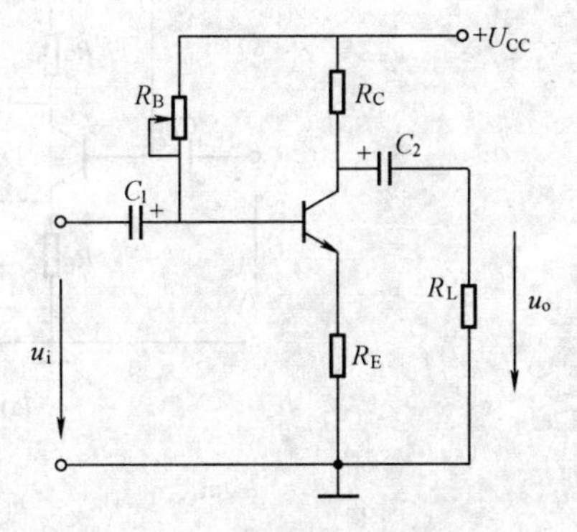


图 2.5 自测题 2.9 图

2.11 共集电极放大电路的特点为（ ）（ ）（ ）（ ）。

(a) 输入电阻高，且与负载有关；

(b) 输出电阻小，且与信号源内阻有关；

(c) 电压放大倍数小于 1 且近似等于 1；

(d) 输出电压与输入电压相位相同；

(e) 电流放大倍数小于 1。

2.12 直接耦合放大电路能放大（ ）信号；阻容耦合放大电路能放大（ ）信号。

(a) 直流； (b) 交、直流； (c) 交流。

2.13 因为阻容耦合电路（ ）的隔直作用，所以各级静态可独自计算。

(a) 第二级的输入电阻； (b) 第一级的隔直电容；

(c) 二级间的耦合电容； (d) 末级的隔直电容。

2.14 放大变化缓慢的信号应采用（ ）放大器。

(a) 直接耦合； (b) 阻容耦合； (c) 变压器耦合。

2.15 功放电路的效率主要与（ ）有关。

(a) 电源供给的直流功率； (b) 电路输出信号最大功率；

（c）电路的工作状态。

2.16 交越失真是一种（　　）失真。

（a）截止失真；　（b）饱和失真；　（c）非线性失真。

2.17 OCL 甲乙类功放电路的效率可达（　　）。

（a）25％；　（b）78.5％。

2.18 OTL 与 OCL 电路的主要区别是（　　）。

（a）有无输出电容；　（b）双电源或单电源供电。

## 习　题

2.1 判别图 2.6 中各电路对交流信号有无放大作用。

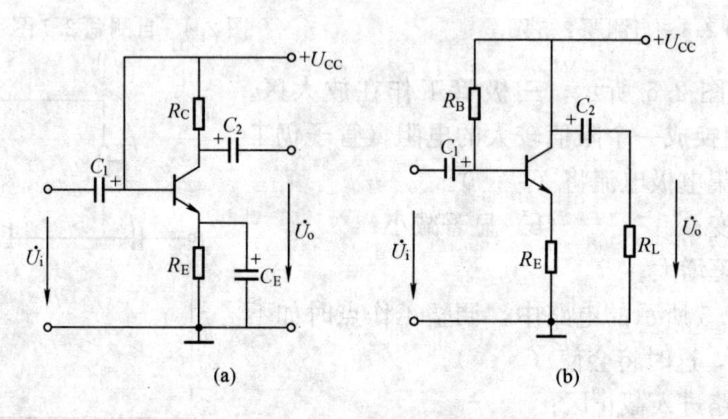


图 2.6　习题 2.1 图

2.2 放大电路如图 2.7（a）所示。已知 $U_{CC}$＝12V，$R_B$＝160kΩ，$R_C$＝2kΩ，三极管的输出特性如图 2.7（b）所示，试作出直流负载线，定出静态工作点，查出 $I_C$、$U_{CE}$之值。

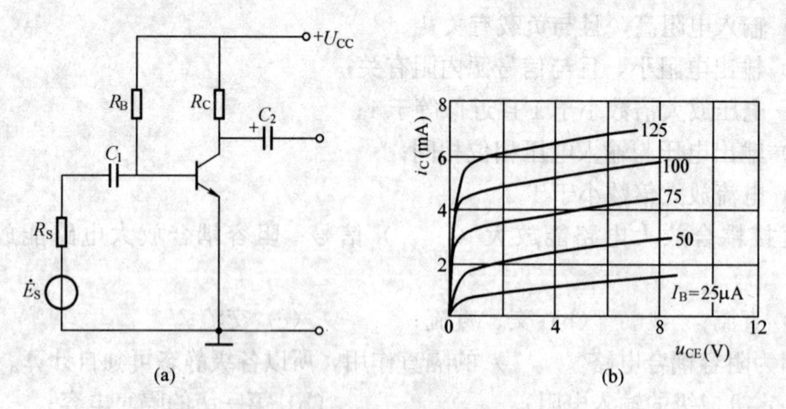


图 2.7　习题 2.2 图

2.3 电路如图 2.7（a）所示。已知 $U_{CC}$＝6V，$R_C$＝1.5kΩ，三极管 $\beta$＝60，$U_{BE}$＝0.7V。使 $U_{CE}$＝3V，问 $R_B$ 应取多大？

2.4 电路如图 2.7（a）所示。已知 $U_{CC}$＝12V，$R_C$＝5kΩ，$\beta$＝60，要把 $I_C$ 调到 1mA，问 $R_B$ 应取多大？此时 $U_{CEQ}$又多大？

2.5　某放大器的输出电阻 $R_o=7.5\text{k}\Omega$，不带负载时的输出端电压 $U_o=2\text{V}$，问该放大器带 $R_L=2.5\text{k}\Omega$ 的负载电阻时，输出电压将下降多少?

2.6　某放大电路空载时输出电压 2V，当接上 $R_L=1.5\text{k}\Omega$ 的负载时输出电压下降了 0.6V。试求：

(1) 放大器的输出电阻 $R_o$；(2) 当负载电阻变为 2kΩ 时，输出电压 $U_o$ 为多大?

2.7　单管放大器如图 2.8 所示，其中 $R_B=400\text{k}\Omega$，$R_C=R_L=5.1\text{k}\Omega$。忽略 $U_{BE}$，试求：

(1) 电路的静态工作点；(2) 计算电路的电压放大倍数 $\dot{A}_u$；(3) 计算电路的输入电阻 $R_i$，输出电阻 $R_o$。

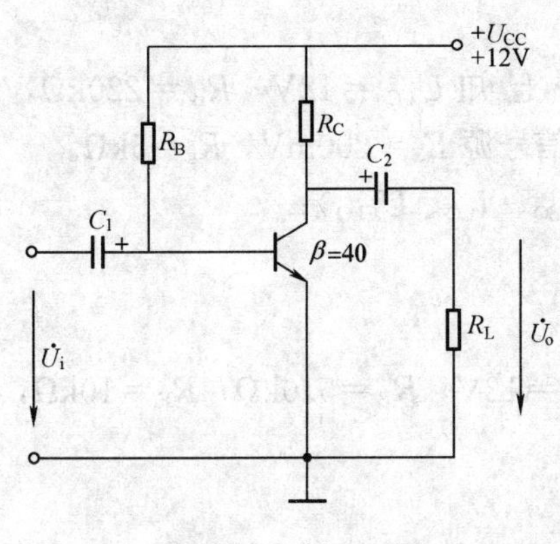


图 2.8　习题 2.7 图

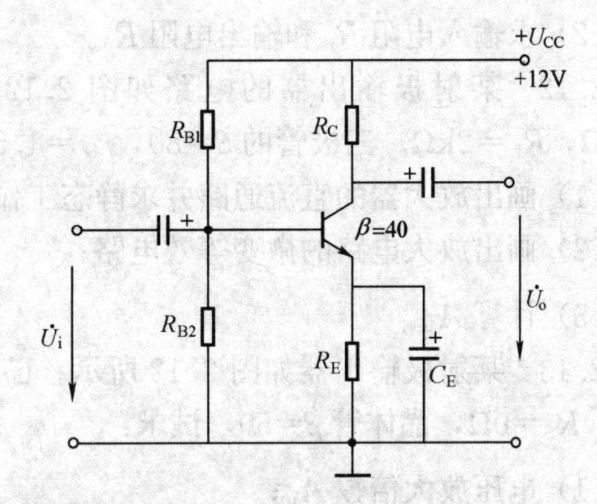


图 2.9　习题 2.8 图

2.8　放大电路如图 2.9 所示。电路参数：$R_{B1}=20\text{k}\Omega$，$R_{B2}=10\text{k}\Omega$；$R_C=R_E=2\text{k}\Omega$，$U_{BE}=0.7\text{V}$。试完成：

(1) 求电路的静态工作点；(2) 画出电路的微变等效电路；(3) 计算电压放大倍数 $\dot{A}_u$。

2.9　放大电路如图 2.7 (a) 所示，$R_B=1\text{M}\Omega$，$R_C=5.1\text{k}\Omega$，$R_S=2.4\text{k}\Omega$，三极管的 $I_{CQ}=1\text{mA}$。试求：(1) 空载电压放大倍数；(2) 空载时源电压放大倍数 ($\dot{U}_o/\dot{E}_S$)；(3) 带 5.1kΩ 负载时的源电压放大倍数。

2.10　电路如图 2.10 所示。电路参数：$R_{B1}=22\text{k}\Omega$，$R_{B2}=10\text{k}\Omega$，$R_C=3\text{k}\Omega$，$R'_E=0.5\text{k}\Omega$，$R''_E=1.5\text{k}\Omega$，$R_L=6\text{k}\Omega$，$U_{BE}=0.7\text{V}$。求解下列问题：

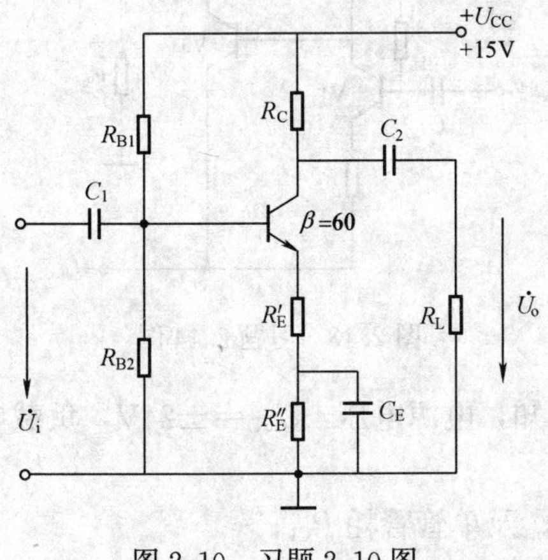


图 2.10　习题 2.10 图

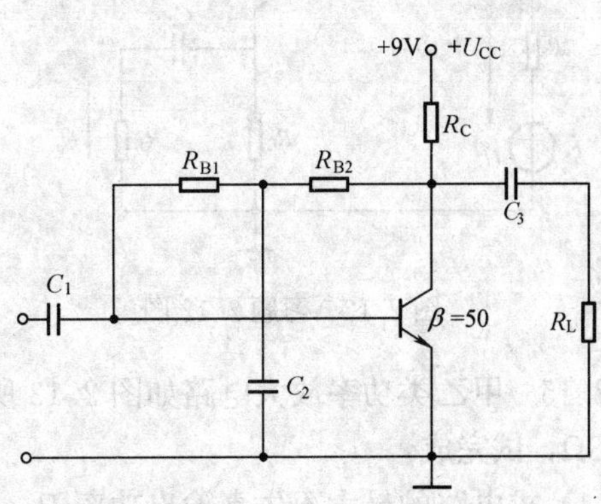


图 2.11　习题 2.11 图

（1）求静态电流 $I_C$ 值；

（2）画出放大电路的微变等效电路；

（3）计算放大电路电压放大倍数 $\dot{A}_u$，输入电阻 $R_i$ 和输出电阻 $R_o$；

（4）为提高电压放大倍数，将 $R_C$ 由 3kΩ 改为 10kΩ 可否？

（5）若更换一个 $\beta=30$ 的同型号晶体管，静态电流 $I_C$ 是增大、减小，还是保持不变？

2.11 画出图 2.11 所示放大电路的直流通路和微变等效电路。

电路参数：$R_{B1}=R_{B2}=56\text{k}\Omega$ $R_C=2.2\text{k}\Omega$ $R_L=4.7\text{k}\Omega$

（1）计算电压放大倍数 $\dot{A}_u$；

（2）求输入电阻 $R_i$ 和输出电阻 $R_o$。

2.12 某射极输出器的电路如图 2.12 所示，已知 $U_{CC}=12\text{V}$，$R_B=220\text{k}\Omega$，$R_E=2.7\text{k}\Omega$，$R_L=2\text{k}\Omega$。三极管的 $\beta=80$，$r_{be}=1.5\text{k}\Omega$。信号源 $E_S=200\text{mV}$，$R_s=5\text{k}\Omega$。

（1）画出放大器的直流通路并求静态工作点（$I_{BQ}$、$I_{CQ}$、$U_{CEQ}$）；

（2）画出放大电路的微变等效电路；

（3）计算 $\dot{A}_u$。

2.13 某射极输出器如图 2.12 所示。已知 $U_{CC}=12\text{V}$，$R_B=510\text{k}\Omega$，$R_E=10\text{k}\Omega$，$R_L=3\text{k}\Omega$，$R_S=0\Omega$，晶体管 $\beta=50$，试求：

（1）电压放大倍数 $\dot{A}_u$；

（2）输入电阻 $R_i$ 和输出电阻 $R_o$。

2.14 如图 2.13 是一种 OCL 功放电路。

（1）V1、V2、V3 各三极管的作用和工作状态是怎样的？

（2）静态时 $R_L$ 上的电流值为多少？

（3）V4、V5 的作用是什么？若有一只极性接反，会出现什么问题？

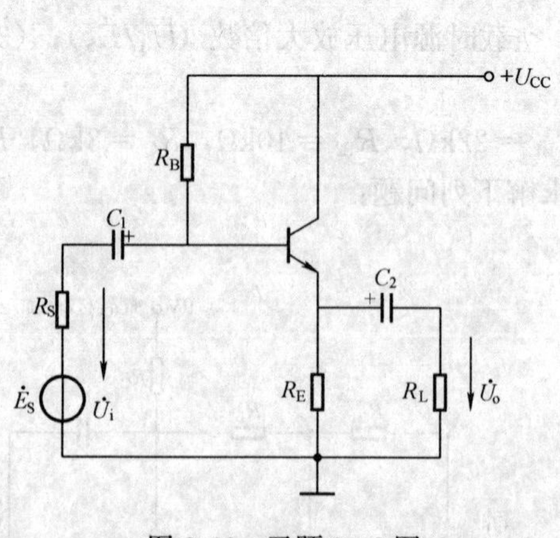


图 2.12 习题 2.12 图

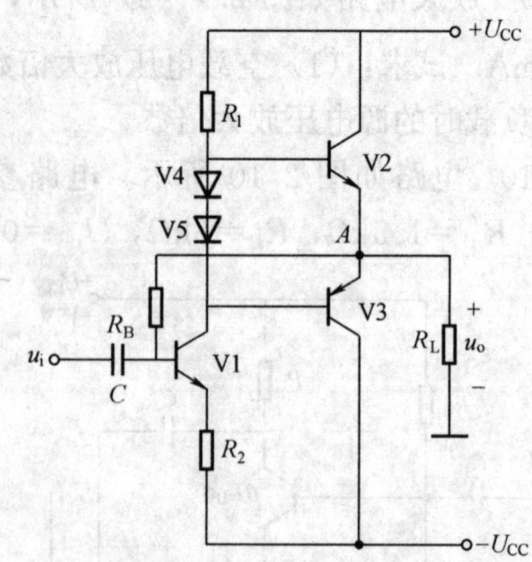


图 2.13 习题 2.14 图

2.15 甲乙类功率放大电路如图 2.13 所示，已知，电源电压 $\pm U_{CC}=\pm 24\text{V}$，负载电阻 $R_L=8\Omega$，试完成：

（1）求电路的最大不失真输出功率 $P_{om}$、效率 $\eta_m$ 及单管管耗 $P_{C1}$；

（2）若 $u_i=20\sin\omega t$（V），求输出功率 $P_o$，效率 $\eta$ 和功耗 $P_c$；

(3) 若功率晶体管的极限参数为 $I_{CM}=5A$，$U_{(BR)CEO}=100V$，$P_{CM}=10W$，检验功放管是否安全。

2.16　如图 2.14 所示电路为一未画全的功率放大电路，要求画出 V1～V4 发射极箭头，使之构成一个完整的独立互补功率放大电路。

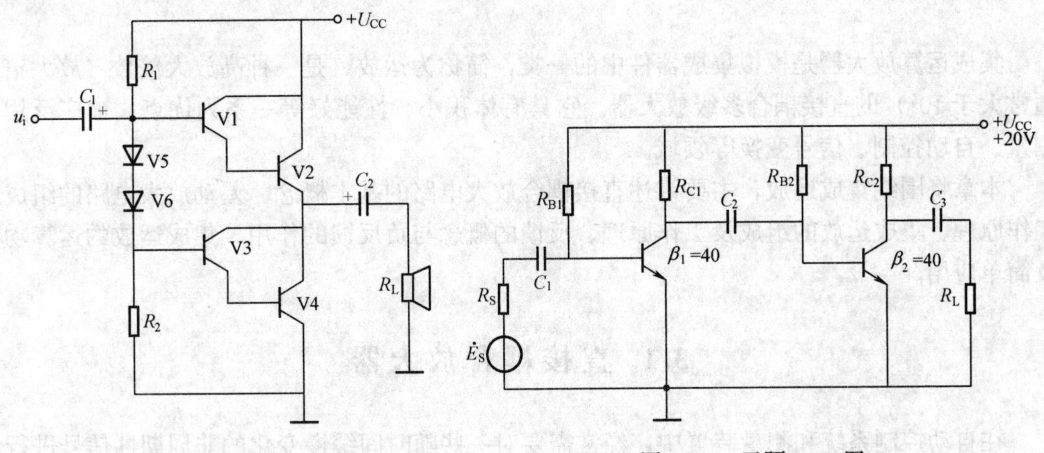


图 2.14　习题 2.16 图　　　　图 2.15　习题 2.17 图

2.17　如图 2.15 是两级阻容耦合放大电路。试计算电压放大倍数，并画出其微变等效电路。

电路参数：$R_{B1}=500k\Omega$，$R_{B2}=200k\Omega$，$R_{C1}=6k\Omega$，$R_{C2}=3k\Omega$，$R_{L}=2k\Omega$，忽略 $U_{BE}$。

2.18　两级阻容耦合放大电路如图 2.16 所示。晶体管 $\beta_1=\beta_2=100$，$R_{B1}=100k\Omega$，$R_{B2}=24k\Omega$，$R_{B3}=33k\Omega$，$R_{B4}=6.8k\Omega$，$R_{C1}=15k\Omega$，$R_{C2}=7.5k\Omega$，$R_{E1}=5.1k\Omega$，$R_{E2}=2k\Omega$，$R_{L}=5k\Omega$。试计算 $R_i$、$R_o$、$\dot{A}_u$。（忽略 $U_{BE}$）

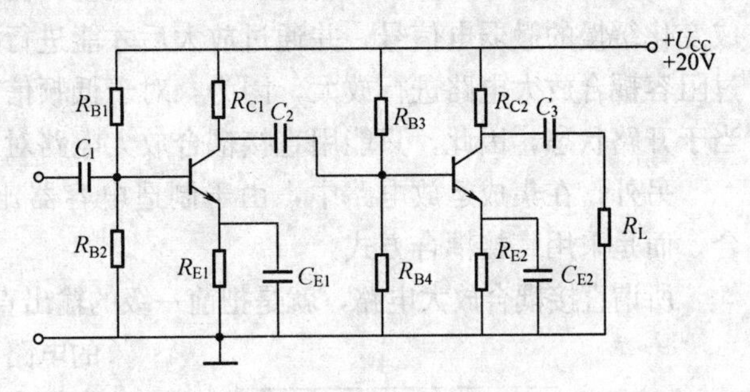


图 2.16　习题 2.18 图

2.19　两级放大电路如图 2.17 所示。电路参数：$R_{B1}=147k\Omega$，$R_{B2}=6.8k\Omega$，$R_{B3}=200k\Omega$，$R_{C}=10k\Omega$，$R_{E1}=2k\Omega$，$R_{E2}=4.3k\Omega$，$R_{L}=8.2k\Omega$。

(1) 画出放大电路的微变等效电路；

(2) 求电压放大倍数 $\dot{A}_u$；

(3) 求输出电阻 $R_o$（$r_{be1}=2k\Omega$；$r_{be2}=1.2k\Omega$）。

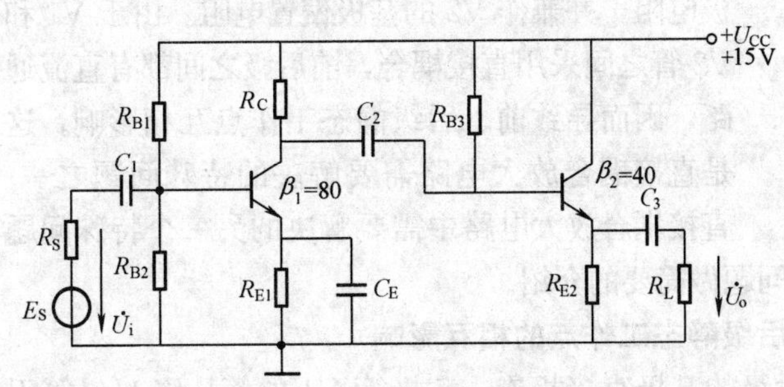


图 2.17　习题 2.19 图

# 第 3 章

# 集成运算放大器及应用

集成运算放大器是模拟集成器件中的一类，简称为运放，是一种高放大倍数（放大倍数通常大于 $10^4$）的直接耦合多级放大器。它具有体积小、性能好等一系列优点，被广泛用于测量、自动控制、信号变换等领域。

本章将围绕集成运放，主要讲述直接耦合放大电路的基本概念、差动放大电路的组成及工作原理、集成运放的组成及工作原理、反馈的概念与负反馈的作用、集成运放的运算功能及简单应用。

## 3.1 直接耦合放大器

在自动控制系统和测量装置中，经常需要对一些随时间缓慢变化的非周期性信号进行测量。例如，用热电偶测量锅炉的炉温时，由于炉温的变化很慢，所以热电偶给出的电信号（电压信号）的变化也是很慢的，而且这个信号很弱，一般只有几毫伏，必须通过放大才能使测量仪表显示炉温，或使自动控制系统中的执行元件完成自动控制炉温的任务。在生产实际中，这样的信号很多，如转速、压力、流量、流速等，都要通过不同的传感器将它们转换成变化缓慢的微弱电信号，并通过放大后才能进行测量。这一类频率非常低的信号，不能通过阻容耦合放大电路进行放大，因为，对于低频信号而言，耦合电容会呈现很大的阻抗，相当于开路状态，因此，只能用直接耦合放大电路对信号进行放大。

另外，在集成运放电路中，由于制造电容器比较困难，所以级与级之间不采用阻容耦合，而是采用直接耦合方式。

所谓直接耦合放大电路，就是把前一级的输出直接通过导线加到后一级的输入端进行放大的电路。图 3.1.1 所示为一个两级简单的直接耦合放大电路。由电路图可以看出，适当选择 $R_{B1}$ 和 $R_{B2}$ 的阻值，能为 V1 管提供合适的静态电压 $U_{BE1}$ 和静态基极电流 $I_{B1}$；同时，$R_{C1}$ 为 V1 的集电极电阻，并兼作 V2 的基极偏置电阻。由于 V1 和 V2 管之间采用直接耦合，前后级之间都有直流通路，因而导致前、后级静态工作点互相影响，这是直接耦合放大电路需要解决的特殊问题之一；直接耦合放大电路中需要解决的另一个特殊问题就是零点漂移问题。下面分别对上述特殊问题做简要的介绍。

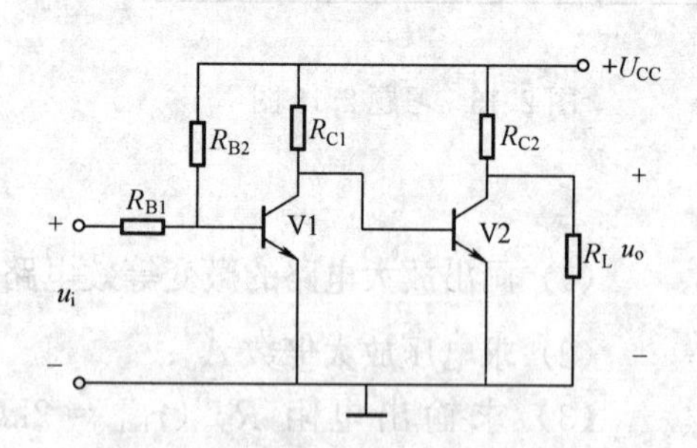


图 3.1.1 简单的直接耦合放大电路

### 3.1.1 直接耦合放大电路中前级与后级静态工作点的相互影响

由图 3.1.1 可见，前级的集电极与后级的基极直接相连。三极管 V1 的管压降 $U_{CE1}$ 等于 V2 的发射结正向压降 $U_{BE2}$，即 $U_{CE1}=U_{BE2}=0.7V$，这样由于 V1 管的集电极电压 $U_{CE1}$ 太低，只要 $u_i$ 稍为大一点，三极管 V1 的工作点就进入饱和区，因而不能正常工作。

为了保证直接耦合放大电路能正常工作，必须提高 V1 的管压降 $U_{CE1}$，以扩大信号的动态范围，具体方法很多，下面介绍几种常用的方法。

(1) 串接发射极电阻 $R_{E2}$，如图 3.1.2 所示。三极管 V2 的发射极串入适当的电阻 $R_{E2}$ 后，发射极电位提高了，使三极管 V1 的集电极电压 $U_{CE1}=U_{BE2}+R_{E2}\cdot I_{E2}>U_{BE2}$，由于 $U_{CE1}$ 的提高而增大了三极管 V1 的工作范围，改善了它的工作状态。但这种方法的缺点就是 $R_{E2}$ 会引起很强的电流负反馈，使 V2 的电压放大倍数大大降低。

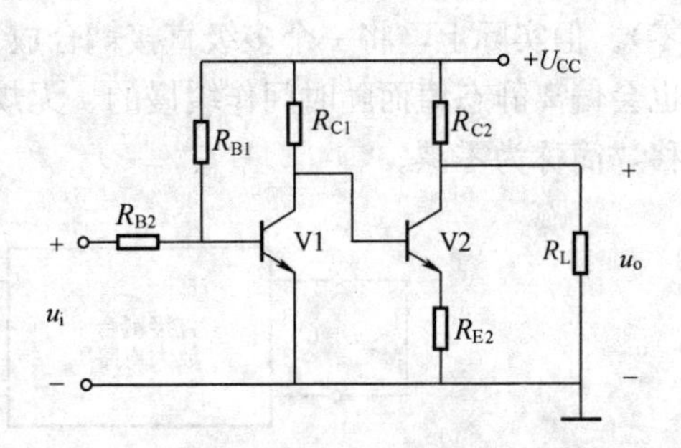


图 3.1.2　串接发射极电阻调节电位的电路

(2) 后级的发射极接硅二极管，电路如图 3.1.3 所示。当后级发射极需要抬高的电位值不是很高时，可以在发射极正向串接一个或几个硅二极管，利用二极管的正向压降（$U_V=0.7V$）基本恒定的特性来抬高后级发射极的电位，从而达到提高三极管 V1 集电极电位的目的。另外，由于二极管的动态电阻很小，其电流负反馈作用很弱，所以可以克服上述发射极电阻降低电压放大倍数的缺点。

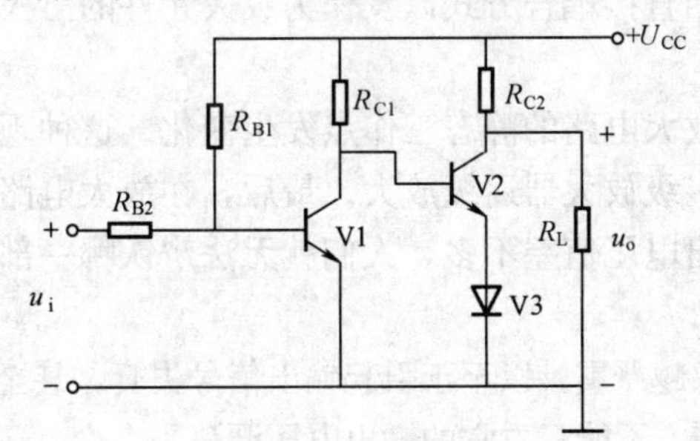


图 3.1.3　用二极管调节电压的电路

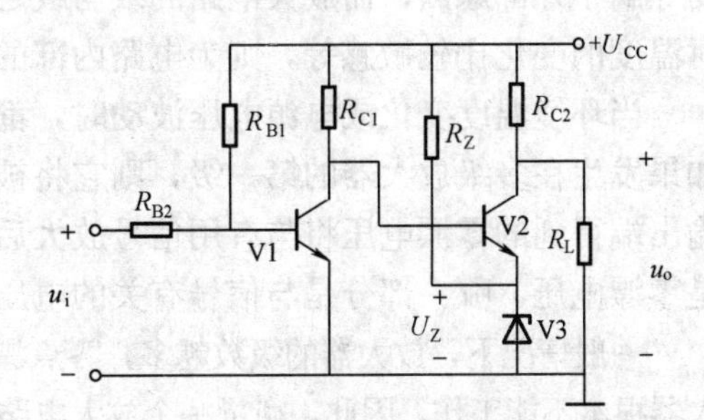


图 3.1.4　用硅稳压管调节电压的电路

(3) 后级发射极接硅稳压二极管，稳压电路如图 3.1.4 所示。当后级发射极需要抬高的电位值较高时，可选择合适参数的硅稳压二极管，利用硅稳压二极管的稳定电压来抬高后级发射极电位。由于硅稳压二极管的动态电阻近似为零，故同样可以克服发射极电阻降低电压放大倍数的缺点。为了防止稳压管偏离稳压区，通常经过电阻 $R_Z$ 给稳压管提供一个稳定的工作电流。

(4) 利用 NPN 型管与 PNP 型管互补的直接耦合电路。在直接耦合放大电路中，后级集电极的电压总是高于前级集电极的电压，级数越多，后级集电极输出电压抬高得越多，如果将 NPN 型管和 PNP 型管配合使用，则可以降低后级集电极的电压，又不至于使电路过于复杂，如图 3.1.5 所示。因为 NPN 型三极管的集电极电位比基极电位高，而 PNP 型三极管的集电极电位比基极电位低，它们配合使用，就能使前后两极都获得合适的静态工作点，较好地满足放大要求。

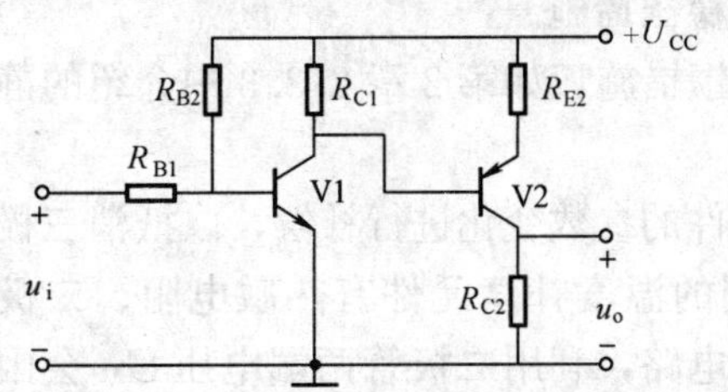


图 3.1.5　NPN 型管和 PNP 型管互补耦合放大电路

顺便指出，直接耦合放大电路不但可以放大直流信号，同样也可以放大交流信号。

### 3.1.2 直接耦合放大电路中的零点漂移现象

一个理想的直接耦合放大电路，当输入信号为零时，其输出电压应保持不变（不一定是零）。但实际上，将一个多级直接耦合放大电路的输入端短接（$u_i=0$）后，其输出电压往往也会偏离静态值而随时间作缓慢的、无规则的变化，如图 3.1.6 所示。这种现象称为零点漂移，简称为零漂。

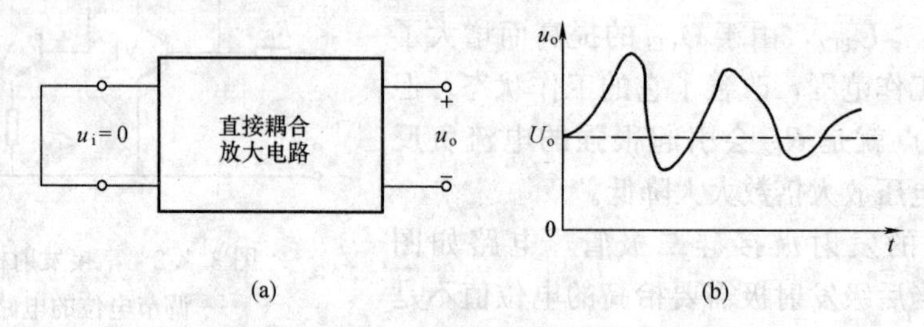


图 3.1.6 直接耦合放大电路的零点漂移

(a) 直接耦合放大电路示意图；(b) $u_i=0$ 时输出电压 $u_o$ 的波形

引起零漂的原因主要来自于电路内、外两方面。例如，环境温度的变化和电源电压的波动等属于外部原因；而放大电路的级与级之间采用直接耦合方式以及作为放大元件的三极管对温度的变化比较敏感等，则为电路内部的原因。

当环境温度变化或电源电压波动时，都会使放大电路的静态工作点发生变化。这种现象如果发生在多级放大器的第一级，则它将被后面多级放大器逐级放大。最后，在放大电路的输出端得到的零漂电压将与有用信号放大后的输出电压值差不多，人们就无法辨认哪一部分是零漂电压，哪一部分是与信号有关的电压。

一般情况下，放大器的级数越多，零点漂移现象越严重，以至于引起输出信号失真，甚至放大器根本不能工作，因此，衡量一个放大电路的零漂，不能只看它的输出电压漂移了多少，还要看放大电路的放大倍数有多大，所以在比较电路的零漂大小时，一般都将其折算到输入端。如某放大电路输出端的漂移电压为 0.25V，电压放大倍数为 50，则折算到输入端的零漂电压为

$$\frac{0.25}{50}=0.05\text{V}=50\text{mV}$$

对于直接耦合放大电路，如果不采取有效措施抑制零点漂移，其他方面性能再优越的电路，也不能成为实际电路。抑制零漂的主要方法有以下几种：

(1) 选用 $I_{CBO}$ 小的高质量硅管作为输入级。

(2) 直流电源采用稳压措施。

(3) 采用直流负反馈措施，如第 2 章 2.3.3 中介绍的静态工作点稳定电路。

(4) 用温度敏感元件的参数变化进行补偿，以抵消三极管参数变化的影响。常用的温度补偿元件有热敏电阻、二极管等。如图 3.1.7 所示的电路，利用二极管两端电压 $U_V$ 会因温度升高而减小，使三极管 $I_B$ 随温度增大的趋势受到限制。

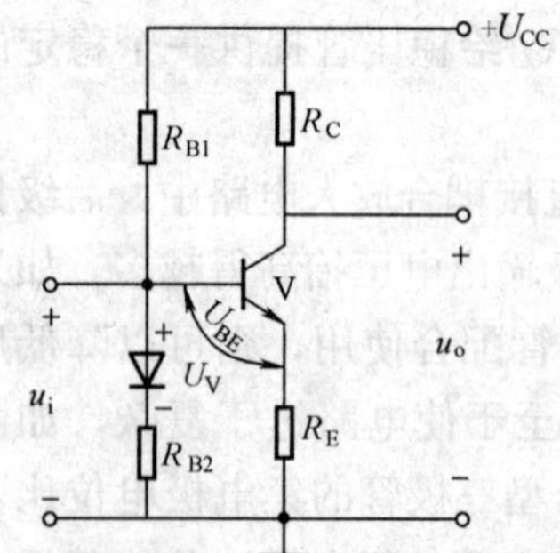


图 3.1.7 二极管温补偿电路

(5) 采用两个型号、特性相同的三极管构成的差动放大电路。这是目前解决零点漂移的主要方法。

## 3.2　差 动 放 大 电 路

差动放大电路也叫差分放大电路，它是利用两个型号和特性相同的三极管来实现温度补偿的，可以有效地减小由于温度变化而引起的零点漂移。这种电路尤其适合于集成化电路，因此被广泛用于线性集成电路中。

### 3.2.1　典型的差动放大电路

1. 电路结构

图 3.2.1 所示为一个典型的差动放大电路，它由两个结构完全相同的单管放大电路对称连接组成。

图中，V1 和 V2 管是两只特性相同的三极管，$R_{B1}$是输入回路电阻，$R_{B2}$是偏置电阻、集电极电阻 $R_{C1}=R_{C2}$。输入信号 $u_i$ 接在两个晶体管 V1 和 V2 的基极之间，这种输入方式称为双端输入方式。$R_1$、$R_2$ 是输入端分压电阻，其大小相等，输入信号 $u_i$ 通过电阻 $R_1$、$R_2$ 分压后分别将 $u_{i1}$、$u_{i2}$ 加到 V1 管和 V2 管的输入电路中。输出为两个晶体管 V1 和 V2 的集电极之间 $u_o$，这种输出方式称为双端输出方式。所以，上述电路也称为双端输入双端输出差动放大电路。

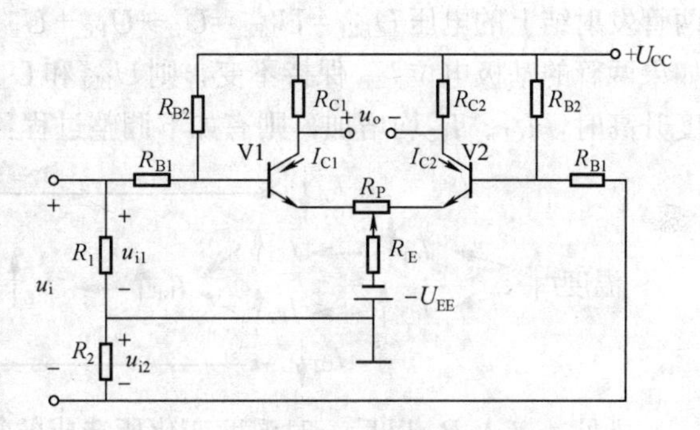


图 3.2.1　典型的差动放大电路

当 V1 管和 V2 管的特性不太一致时，可调整 $R_P$，使 $I_{C1}=I_{C2}$，从而使放大电路在静态时两管集电极电位 $U_{C1}=U_{C2}$，输出电压 $U_o=U_{C1}-U_{C2}=0$，所以 $R_P$ 为调零电位器，$R_P$ 的取值一般为几百欧到一千欧。

电路中接入发射极电阻 $R_E$，能在环境温度变化时使管子的集电极电流 $I_{C1}$、$I_{C2}$ 基本不变，稳定了静态工作点，从而使每个三极管的零漂得到抑制。$R_E$ 愈大，抑制零漂的能力愈强。但电路中接入发射极电阻 $R_E$ 后，会使发射极电位升高，三极管 $U_{CE}$减小，不利于放大信号。为了补偿 $R_E$ 上的直流压降，使三极管 $U_{CE}$保持原值，在 $R_E$ 的下端接入一个辅助电源 $-U_{EE}$。引入 $-U_{EE}$后，三极管的静态基极电流可以由 $-U_{EE}$来提供，因此有些电路中可以去掉偏流电阻 $R_{B2}$。

2. 电路工作原理

(1) 抑制零点漂移。静态温度一定时，$u_i=0$，即将两输入端对地短路，此时，$u_{i1}=u_{i2}=0$，由于电路左右两边参数完全对称，两管的集电极电流相同，集电极电位相等，即

$$I_{C1}=I_{C2};\quad U_{C1}=U_{C2} \tag{3.2.1}$$

所以静态时双端输出电压为

$$u_o=U_{C1}-U_{C2}=0 \tag{3.2.2}$$

但随着温度或电源电压的变化，从电路每一边管子的集电极对地输出电压 $\Delta U_{o1}$ 和 $\Delta U_{o2}$（称单端输出电压），仍然有电压漂移。由于两边对称，两个三极管所处环境一样，温度变化相同，则两个三极管的集电极电流变化量相等，即 $\Delta I_{C1}=\Delta I_{C2}$，故两个三极管的集电极电压变

化也相等，即 $\Delta U_{C1}=\Delta U_{C2}$，其变化量可以互相抵消，电路的输出电压仍为零，其原理可表示为

$$U_o = \Delta u_{o1} - \Delta u_{o2} = (U_{C1} + \Delta U_{C1}) - (U_{C2} + \Delta U_{C2}) = 0 \quad (3.2.3)$$

在实际电路中，要使差动放大电路两边完全做到对称十分困难，因此每个管子的电压零点漂移 $\Delta u_{o1}$ 和 $\Delta u_{o2}$ 不可能完全相同，即单端零点漂移不能完全抵消，故 $u_o \neq 0$。为了减小总的零点漂移，应尽可能使单端输出的零点漂移减少，因此在两管发射极电路中接入公共电阻 $R_E$，$R_E$ 抑制零点漂移作用的原理如下。

在温度变化时，由于两管集电极电流的变化量相同，因此两管发射极电流的变化量也相同，即 $\Delta I_{E1}=\Delta I_{E2}=\Delta I_E$，而通过电阻 $R_E$ 的电流变化量应为两管发射极电流变化量之和，即 $\Delta I_{RE}=2\Delta I_E=\Delta I_{E1}+\Delta I_{E2}$。这样，在 $R_E$ 上产生的电压降的变化量 $\Delta U_{RE}=2R_E\Delta I_E$。因为两管发射结上的电压 $U_{BE1}=U_{BE2}=U_B-U_{RE}+U_{EE}$（一般 $R_P$ 的阻值很小，其压降可以不计），如果两管的基极电位 $U_B$ 保持不变，则 $U_{BE1}$ 和 $U_{BE2}$ 将随 $U_{RE}$ 的变化而相应变化。例如，当温度升高时，$I_{C1}$、$I_{C2}$ 均增加，则有如下调整过程：

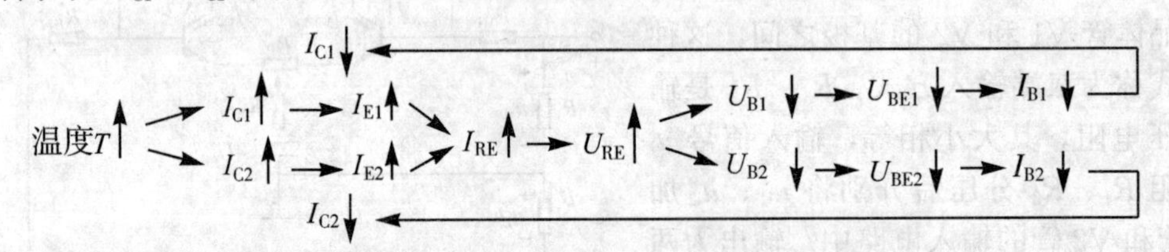


可见，接入 $R_E$ 以后，对温度变化所造成的每个管子的漂移都能得到抑制，即对单端输出的零点漂移有抑制作用。$R_E$ 值愈大，则因温度变化而引起的 $\Delta U_{BE}$ 也愈大，所以抑制零点漂移的作用愈强。当然，$R_E$ 愈大，$U_{RE}$ 相应愈大，所需补偿用的负电源电压 $U_{EE}$ 也愈高，所以 $R_E$ 不宜过大。

(2) 差动放大电路分析。外加输入信号 $u_i$ 时，由于两个分压电阻 $R_1$ 和 $R_2$ 相等，一般情况下其值远小于 V1 和 V2 管的输入电阻，因此可以认为，V1 管的输入信号 $u_{i1}=\frac{1}{2}u_i$，V2 管的输入信号为 $u_{i2}=-\frac{1}{2}u_i=-u_{i1}$，即 $u_{i1}$ 与 $u_{i2}$ 大小相等、方向相反，我们把这种输入信号称为差模信号。

如果电路完全对称，在差模信号作用下，两管的集电极与发射极电流变化量同样是大小相等、方向相反，即 $\Delta I_{C1}=-\Delta I_{C2}$，$\Delta I_{E1}=-\Delta I_{E2}$。两管的集电极电流的变化，使其集电极电位也相应变化。

V1 管的变化量为 $\Delta u_{o1}=\Delta I_{C1}R_{C1}$；V2 管变化量为 $\Delta u_{o1}=\Delta I_{C2}R_{C2}$。由于 $\Delta I_{C1}=-\Delta I_{C2}$，因此 $\Delta u_{o1}=-\Delta u_{o2}$，所以双端输出电压为

$$u_o = \Delta u_{o1} - \Delta u_{o2} = 2\Delta u_{o1} = -2\Delta u_{o2} \quad (3.2.4)$$

双端输出的差模放大倍数为

$$A_{ud} = \frac{u_o}{u_i} = \frac{2\Delta u_{o1}}{2\Delta u_{i1}} = \frac{\Delta u_{o1}}{\Delta u_{i1}} = A_{u1} = A_{u2} \quad (3.2.5)$$

式中：$A_{u1}$、$A_{u2}$ 为 V1 和 V2 单管放大电路电压放大倍数，由于电路两边对称，所以 $A_{u1}=A_{u2}$。

由于输入差模信号时，$\Delta I_{E1}=-\Delta I_{E2}$，所以在电阻 $R_E$ 上产生的电压变化量 $\Delta U_{RE}=\Delta I_E R_E=[\Delta I_{E1}+(-\Delta I_{E2})]R_E=0$，这说明 $R_E$ 对差模信号不起作用，在如图 3.2.1 所示电

路输入差模信号时，可将 $R_E$ 短接，忽略 $R_P$ 的影响，V1、V2 管发射极 E 相当于交流接地点，这时 V1、V2 管两边均相当于简单的单管放大电路。由于电路的对称性，在分析如图 3.2.1 所示双端输入双端输出差动放大电路时，可只分析 V1（或 V2）构成的单管放大电路。V1 管构成的单管放大电路及其微变等效电路如图 3.2.2 所示。由图可见，如果忽略偏置电阻 $R_{B2}$ 的影响（$R_{B2} \gg r_{be}$），则电压放大倍数为

$$A_{u1} = \frac{\Delta U_{o1}}{\Delta U_{i1}} = \frac{\beta \Delta I_B R_{C1}}{\Delta I_B (R_{B1} + r_{be})} = -\frac{\beta R_{C1}}{R_{B1} + r_{be}} \tag{3.2.6}$$

所以差动放大电路的差模电压放大倍数为

$$A_{ud} = A_{u1} = -\frac{\beta R_{C1}}{R_{B1} + r_{be}} \tag{3.2.7}$$

差模输入电阻是从 V1 管的输入端到 V2 管的输入端所经过的全部电阻，即

$$R_i = 2(R_{B1} + r_{be}) \tag{3.2.8}$$

差模输出电阻是从输出端向里看出的等效电阻，输出电阻近似为两个集电极电阻 $R_C$ 的串联值，即

$$R_o = 2R_C \tag{3.2.9}$$

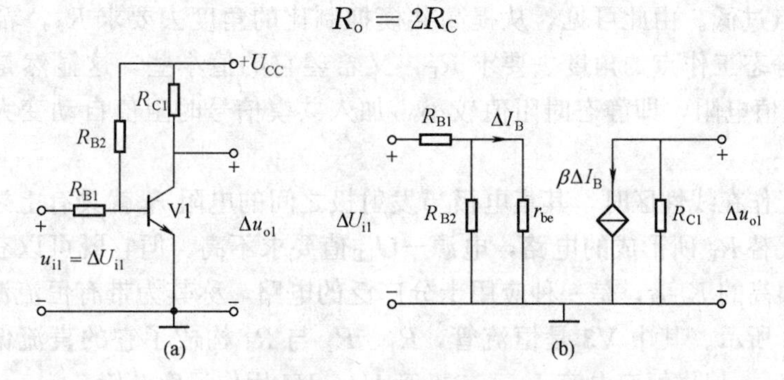


图 3.2.2　双端输入双端输出差动放大电路分析

(a) 等效单管放大电路；(b) 微变等效电路

(3) 共模信号与共模抑制比。如果在差动放大电路两个三极管的输入端输入大小相等、极性相同的信号，即 $u_{i1} = u_{i2}$，这种信号称为共模信号。温度变化等因素引起的每个管子的漂移电压折合到输入端，则相当于在输入端加入一对共模信号。在工业测量和控制系统中，放大电路往往会受到共模信号的干扰，例如外界干扰信号或折合到输入端的漂移信号等。

差动放大电路对于共模信号来说，在两边完全对称的情况下，两管的输出电压 $u_{o1}$ 和 $u_{o2}$ 相等，双端输出电压为

$$u_o = u_{o1} - u_{o2} = 0$$

双端输出共模放大倍数为

$$A_{uc} = \frac{u_o}{u_i} = 0 \tag{3.2.10}$$

即：只要电路两边完全对称，差动放大电路对共模信号的电压放大倍数就为零。这说明差动放大电路具有抗共模干扰信号的能力。

发射极公共电阻 $R_E$ 对差模信号的电压放大倍数没有影响，但是对于共模信号来说，由于两个三极管的发射极电流随共模信号同方向发生变化，因此 $R_E$ 上的电压也随共模信号而

变动，具有减小晶体管输入信号的作用，这将使共模电压放大倍数减小，即 $R_E$ 对共模信号具有抑制作用。为了表明差动放大电路对共模信号的抑制能力，常用共模抑制比这一参数来衡量。我们把差动放大倍数 $\dot{A}_{ud}$ 与共模放大倍数 $\dot{A}_{uc}$ 的比值定义为共模抑制比，用 $K_{CMR}$ 表示

$$K_{CMR}=\left|\frac{A_{ud}}{A_{uc}}\right| \tag{3.2.11}$$

此值愈大，说明差动放大电路抑制零点漂移的能力愈强，放大电路性能愈好。理想情况下，电路两边完全对称，电路共模放大倍数 $\dot{A}_{uc}=0$，这时 $K_{CMR}\to\infty$。而实际情况是，电路完全对称并不存在，共模放大倍数 $\dot{A}_{uc}\neq 0$，会有一个较小的值，即共模抑制比不可能为无穷大，一般差动放大电路的 $K_{CMR}$ 为 $10^3\sim10^6$。

### 3.2.2 带有恒流源的差动放大电路

在典型差动放大电路中，发射极电阻 $R_E$ 越大，负反馈作用就越强，共模抑制比也就越高。如果要在 $I_E$ 不变的情况下增加 $R_E$，那么电源电压 $-U_{EE}$ 将随 $R_E$ 的增大成比例地增加，这就增大了电源的困难。如果在增大 $R_E$ 的同时不提高 $-U_{EE}$ 值，那么必然会导致电路的静态工作点过低。由此可见，从提高共模抑制比的角度去要求 $R_E$，希望 $R_E$ 值大些；而从有合适的静态工作点的角度去要求 $R_E$，又希望它的值小些，这显然是一对矛盾。如果 $R_E$ 是一个变值电阻，即静态时阻值较小，加入共模信号时阻值自动变大，这样便可解决上述矛盾。

当三极管工作在线性区时，其集电极与发射极之间的电阻 $r_{ce}$ 就具有上述变阻特性。这种利用三极管代替 $R_E$ 所形成的电路，电源 $-U_{EE}$ 值要求不高，但它既可以获得合适的静态工作点，又有很高的 $K_{CMR}$，是一种应用十分广泛的电路，称其为带有恒流源的差动放大电路，如图 3.2.3 所示。其中 V3 是恒流管，$R_1$、$R_2$ 与 $R_3$ 构成了它的直流偏置电路，保证 V3 工作在放大区，提供恒定电流 $I_{C3}$。二极管 V4、V5 用作温度补偿。

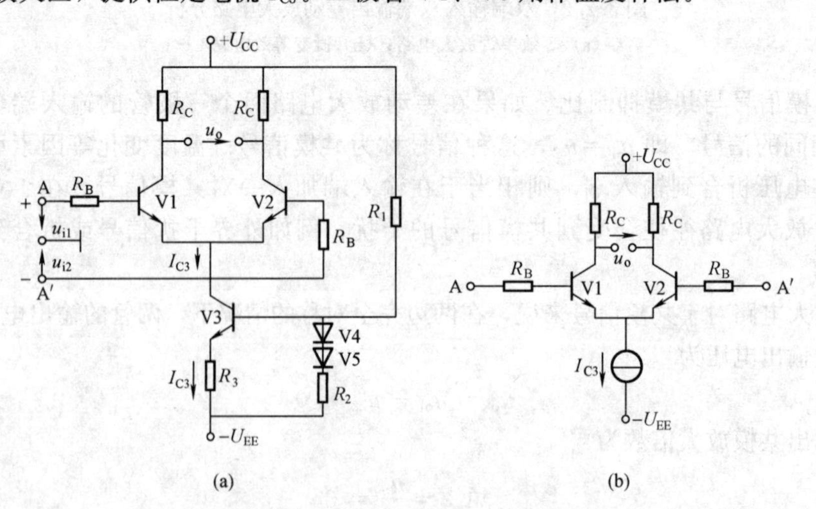


图 3.2.3 带有恒流源的差动放大电路
(a) 实际电路；(b) 简化电路

带有恒流源的差动放大电路，其恒流源部分只对共模信号有抑制作用，对差模信号无影响。所以该电路的交流参数与典型电路相同，差模放大倍数计算与典型差动放大电路相同，

但它的 $K_{CMR}$ 值比典型电路要高。

### 3.2.3　其他形式的差动放大电路

差动放大电路有两个输入端和两个输出端，在实际应用中，可以根据实际情况来选择信号的不同输入与输出方式。因此，除了前面讨论过的双端输入双端输出形式外，还有双端输入单端输出、单端输入双端输出以及单端输入单端输出另外三种形式的差动放大电路，其工作原理和分析方法基本上与双端输入双端输出方式相同，现将其特性列于表 3.2.1 中。

**表 3.2.1　　差动放大电路四种接法性能比较**

| 接法 | 电路原理图 | 放大倍数 | 输入输出电阻 | 共模抑制比 | 作用及特点 |
|---|---|---|---|---|---|
| 双端输入双端输出 | $+U_{CC}$, $R_C$, $R_C$, $u_o$, $R_L$, V1, V2, $R_B$, $u_i$, $R_P$, $R_E$, $-U_{EE}$, $R_B$ | $A_{ud}=-\dfrac{\beta R'_L}{R_B+r_{be}}$<br>$R'_L=R_C/\!/\dfrac{R_L}{2}$ | $R_i=2\ (R_B+r_{be})$<br>$R_o=2R_C$ | $K_{CMR}=\left\|\dfrac{A_{ud}}{A_{uc}}\right\|$ | 一般用在多级放大电路的中间级，也可作为输出级。共模输入时输出近似为零，放大倍数与单管相同 |
| 双端输入单端输出 | $+U_{CC}$, $R_C$, $u_o$, $R_L$, $R_B$, V1, V2, $R_P$, $R_E$, $u_i$, $-U_{EE}$, $R_B$ | $A_{ud}=+\dfrac{1}{2}\times\dfrac{\beta R'_L}{R_B+r_{be}}$<br>$R'_L=R_C/\!/R_L$ | $R_i=2\ (R_B+r_{be})$<br>$R_o=R_C$ | $K_{CMR}=\left\|\dfrac{A_{ud}}{A_{uc}}\right\|$ | 一般用在中间级。依靠 $R_E$ 的负反馈作用提高 $K_{CMR}$，放大倍数为单管的一半 |
| 单端输入双端输出 | $+U_{CC}$, $R_C$, $u_o$, $R_C$, $R_L$, $R_B$, V1, V2, $u_i$, $R_P$, $R_E$, $-U_{EE}$, $R_B$ | $A_{ud}=-\dfrac{\beta R'_L}{R_B+r_{be}}$<br>$R'_L=R_C/\!/\dfrac{R_L}{2}$ | $R_i=2\ (R_B+r_{be})$<br>$R_o=2R_C$ | $K_{CMR}=\left\|\dfrac{A_{ud}}{A_{uc}}\right\|$ | 一般用在输入级，放大倍数与单管相同 |
| 单端输入单端输出 | $+U_{CC}$, $R_C$, $u_o$, $R_L$, $R_B$, V1, V2, $u_i$, $R_P$, $R_E$, $-U_{EE}$, $R_B$ | $A_{ud}=+\dfrac{1}{2}\times\dfrac{\beta R'_L}{R_B+r_{be}}$<br>$R'_L=R_C/\!/R_L$ | $R_i=2\ (R_B+r_{be})$<br>$R_o=R_C$ | $K_{CMR}=\left\|\dfrac{A_{ud}}{A_{uc}}\right\|$ | 一般用在输入输出端均需一端接地的地方，依靠 $R_E$ 的负反馈作用提高 $K_{CMR}$，放大倍数为单管的一半 |

从表 3.2.1 可以看出：

(1) 输入电阻与接法无关，在上述四种情况下，输入电阻的大小均近似为 2 $(R_B+r_{be})$；

(2) 输出电阻的大小仅决定于输出端的接法，而与输入端接法无关，单端输出时的输出电阻为 $R_C$，双端输出时的输出电阻为 $2R_C$；

(3) 不论输入形式如何，差动放大电路的电压放大倍数仅与电路的输出形式有关。如果为双端输出，它的差模电压放大倍数就与单管基本放大电路相同，即 $A_{ud}=-\frac{\beta R'_L}{R_B+r_{be}}$；如果为单端输出，其差模电压放大倍数就是单管基本电压放大倍数的一半，即

$$A_{ud}=+\frac{1}{2}\times\frac{\beta R'_L}{R_B+r_{be}}$$

(4) 单端输入单端输出接法可得到不同极性的输出电压。当输入输出端电压取自不同三极管时（见表 3.2.1），$u_o$ 与 $u_i$ 同相位；当输入输出端电压取自同一个三极管时，$u_o$ 与 $u_i$ 反相位。

## 3.3 集成运算放大器

### 3.3.1 集成运算放大器简介

1. 集成电路

集成电路是 20 世纪 60 年代初期发展起来的一种半导体器件，简称 IC（Integrated Circuit）。它是在半导体制造工艺的基础上，在硅片上经过氧化、光刻、扩散、蒸铝等工艺过程，将电路的各种元器件如晶体管、电阻及电容等以及它们之间的连线全部集成在同一块半导体基片上，最后再进行封装，做成一个完整的电路。

集成电路按其功能的不同，可以分为数字集成电路和模拟集成电路。其中，模拟集成电路按其功能又可分为通用集成电路和专用集成电路。所谓通用集成电路，就是只需要改变外部电路结构，就可对信号实现不同处理的集成电路，如集成运算放大器。而专用集成电路则是为某一特定用途设计的集成块，如集成功率放大器、集成高频放大器、集成中频放大器、集成比较器、集成乘法器、集成稳压器、集成 D/A 和 A/D 转换器以及集成销相环等。按构成有源器件的类型来分，则可分为双极型和单极型等。按元器件的集成度来分，又可分为小规模、中规模、大规模和超大规模集成电路等。

2. 集成电路的特点

集成运算放大器是一种高放大倍数的多级直接耦合放大电路，在信号的放大、运算、产生和变换等电路中，都处于电路的核心地位。由于集成运算放大器最初主要用在计算机的数学运算上，所以称为运算放大器，虽然其用途早已不局限于运算，但现在人们仍沿用其名。集成运算放大器具有电路性能好、通用性强、价格低廉和使用方便等优点，与分立元件组成的具有同样功能的电路相比，具有以下特点：

(1) 采用直接耦合放大电路。在集成电路中，为了减小硅片的面积，在硅片上制作的电容容量一般不会超过 100pF，所以集成运放各级之间均采用直接耦合方式。

(2) 偏置电流小。为了提高集成度和集成电路的性能，集成电路的功耗比较小，所以集成运放各级的偏置电流通常比分立元件电路要小得多。

（3）用有源元件代替无源元件。集成运放中的电阻元件是利用硅半导体材料的体电阻制成的，电阻阻值越大，占用硅片面积越大，所以其阻值范围受到一定的限制，一般不超过20kΩ，且电阻值的精度不易控制。因此，在集成电路中，高阻值电阻一般用有源器件组成的恒流源电路代替，以减小硅片的面积。

（4）对称性好。集成电路中，尽管各元件参数的绝对精度差，但由于它们同处在一块硅片上，相互距离非常近，而且是在同一工艺条件下制造的，同类元件性能比较一致，温度特性也基本相同，所以其相对精度和对称性都比较好。

（5）采用复合管结构形式。为了增加电路放大性能，在集成运放电路中广泛采用复合管结构形式，如共射—共基，共集—共基等组合电路。

（6）电路中使用的二极管，大都采用三极管的发射结构成。一般用作温度补偿元件或电位移动电路。

总之，集成运放电路的出现，大大提高了电子设备的可靠性和灵活性，同时减小了功耗和制作成本，特别是随着一些具有专门功能的集成电路，如仪用放大器、信号变换器等产品的出现，使其应用越来越广泛。

3. 集成运算放大器的组成

集成运算放大器的种类和型号很多，内部电路形式也各有所异，但其基本组成均可分为四个主要单元，即输入级、中间级、输出级和偏置电路，如图3.3.1所示。

（1）输入级。集成运算放大器输入级的作用是提供与输出端成同相关系和反相关系的两个输入端，一般采用具有恒流源的差动放大电路，能满足输入阻抗高、对称性好、噪声低、失调小、输入耐压高和温度漂移小的基本要求。

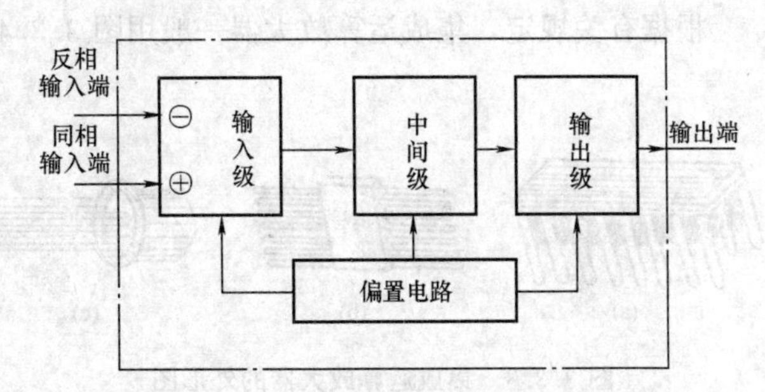

图3.3.1　集成运算放大器方框图

（2）中间放大级。中间放大级又称为增益级，是一个高增益的多级放大电路。其主要作用是进行电压放大，因此要求它的放大倍数高。如通用Ⅲ型F007运算放大器，中间级的 $A_u$ 可达1000倍以上。为了使放大倍数较大，一般采用有源负载共射放大电路，此外，还可以将输入级的双端输出转换为单端输出。

（3）输出级。输出级一般采用射极输出器或互补对称功率放大电路。其作用是向负载提供一定的功率，因此要求其具有较强的带负载能力和很低的输出电阻，失真要小，效率要高。

（4）偏置电路。为了减小集成块的面积，偏置电路一般由恒流源组成。除了向各级放大电路提供稳定的静态工作电流外，常常作为有源负载代替电路中的大电阻。

除上述电路之外，有的还有电平偏移电路、短路保护（过流保护）电路等。

### 3.3.2　典型的集成运算放大器F007简介

1. F007电路简介

F007运算放大器为第二代集成电路。图3.3.2为一个通用型集成运算放大器F007的简化电路图。图中的V1～V6组成共集—共基差动输入级；V7、V8、$I_{03}$组成有源负载共射极放大电路，作为中间放大电路；V9、V10、V11 及 VD1、VD2 组成互补输出级。

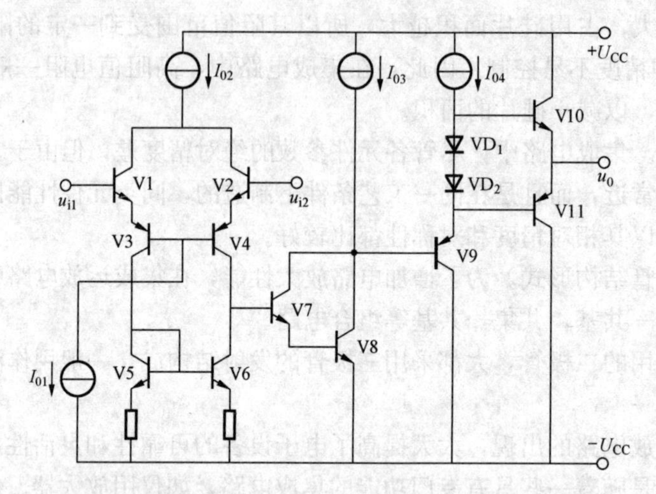


图 3.3.2　通用型集成运算放大器 F007 简化电路图

2. 引脚及符号

集成运算放大器的外形通常有双列直插式、扁平式和圆壳式三种，其外形图如图 3.3.3 所示。

根据有关规定，集成运算放大器一般用图 3.3.4 所示的符号来表示。

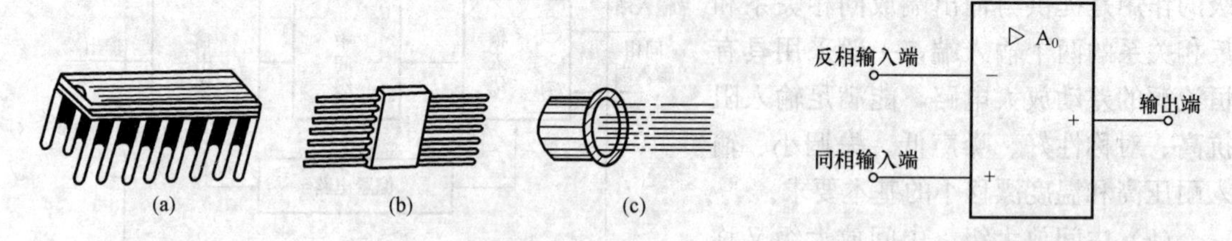


图 3.3.3　集成运算放大器的外形图
(a) 双列直插式；(b) 扁平式；(c) 圆壳式

图 3.3.4　运算放大器的电路符号

国产 F007 型集成运算放大器常见的外形为圆壳形，下端共有 12 个管脚，如图 3.3.5 (a)、(b) 所示。

在图 3.3.5 (c) 中，左端为输入端，右端为输出端。引脚②为集成运算放大器的反相输入端，用“−”号表示，表示输出信号与加在该端的输入信号反相；引脚③为同相输入端，用“+”号表示，表示输出信号与加在该端的输入信号同相。值得注意的是，“+”、“−”只是表示接线端的名称，与所接信号电压的极性无关。

### 3.3.3　集成运放的主要技术指标

为了描述集成运放的性能，提出了许多技术指标，现将常用的几项介绍如下。

1. 开环差模电压放大倍数 $A_{ud}$

$A_{ud}$是指运放在无外加反馈回路的情况下的差模电压放大倍数，一般用对数表示，即

$$A_{ud} = 20\lg\left|\frac{u_o}{u_i}\right| \quad (\mathrm{dB}) \qquad (3.3.1)$$

对于集成运放而言，希望 $A_{ud}$大且稳定。目前高增益集成运放的 $A_{ud}$可高达 140dB（$10^7$

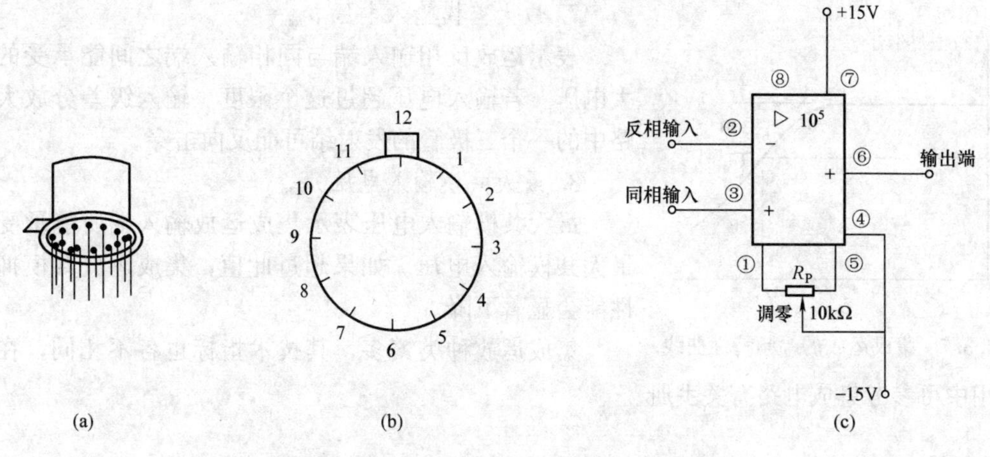


图 3.3.5　F007 的外形、引脚及连接示意图

(a) 外形图；(b) 引脚图；(c) 符号及外电路连接图

倍)，F007 的 $A_{ud}$ 约为 $10^5$，即 100dB。

2. 最大输出电压 $u_{opp}$

最大输出电压是指在额定电源条件下，集成运放的最大不失真输出电压的峰值。如 F007 电源电压为±15V 时的最大输出电压为±10V，按 $A_{ud}=10^5$ 计算，输出为±10V 时，输入差模电压 $u_{id}$ 的峰值为±0.1mV。输入信号超过±0.1mV 时，输出恒为±10V，不再随 $u_{id}$ 变化，此时集成运放进入了非线性工作状态。

集成运放的传输特性曲线如图 3.3.6 所示。

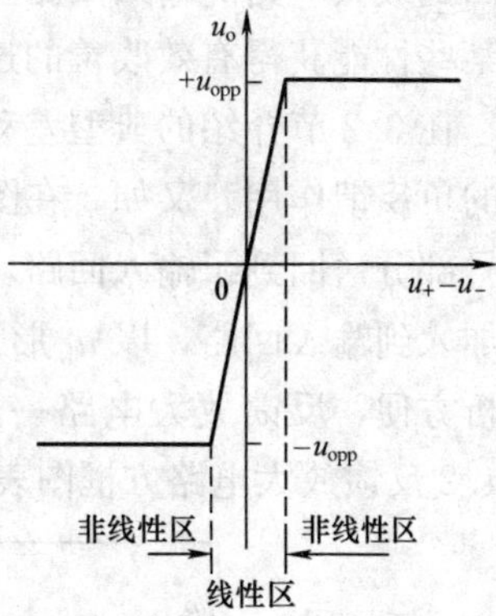


图 3.3.6　集成运放的传输特性

3. 差模输入电阻 $R_{id}$

$R_{id}$ 的大小反映了集成运放输入端向信号源索取电流的大小。希望 $R_{id}$ 越大越好，一般集成运放的 $R_{id}$ 为几百千欧至几兆欧。F007 的 $R_{id}$ 约为 $2\times10^4\Omega$。

4. 输出电阻 $R_o$

$R_o$ 的大小反映了集成运放带负载的能力，$R_o$ 越小越好。有时也用最大输出电流 $i_{omax}$ 表示它的极限负载能力。

5. 共模抑制比 $K_{CMR}$

共模抑制比反映了集成运放对共模输入信号的抑制能力，为开环差模电压放大倍数与开环共模放大倍数之比。一般也用对数表示，即

$$K_{CMR}=20\lg\left|\frac{A_{ud}}{A_{uc}}\right| \quad (dB) \tag{3.3.2}$$

$K_{CMR}$ 越大越好，理想集成运放的 $K_{CMR}$ 在 80dB 以上，高质量的运放可达 160dB。

6. 环带宽 $BW(f_H)$ 和单位增益带宽 $BW_G(f_T)$

$f_H$ 是集成运放的上限频率。随着输入信号频率的上升，开环差模电压放大倍数 $A_{ud}$ 下降 3dB，即下降到放大倍数 $A_{ud}$ 的 0.707 倍时所对应的频率，因此 $f_H$ 也称为−3dB 带宽。一般集成运放的 $f_H$ 较低，只有几赫兹到几千赫兹，幅频特性曲线如图 3.3.7 所示。

当输入信号频率继续增大时，$A_{ud}$ 继续下降，当 $A_{ud}=1$ 时，所对应的频率 $f_T$ 称为单位增益带宽 $BW_G$。F007 的 $BW_G$ 为 1MHz。

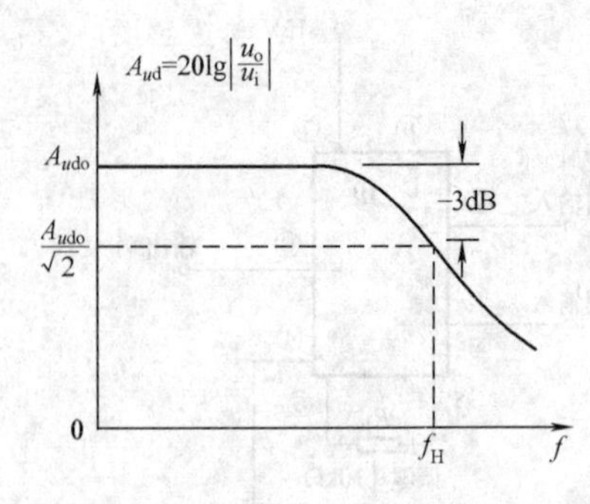


图 3.3.7　集成运放的幅频特性曲线

7. 最大差模输入电压 $u_{udm}$

表示运放反相输入端与同相输入端之间能承受的最大电压。若输入电压超过这个限度，输入级差分放大电路中的一个三极管的发射结可能反向击穿。

8. 最大共模输入电压 $u_{ucm}$

最大共模输入电压表示集成运放输入端所能承受的最大共模输入电压。如果超过此值，集成运放共模抑制性能会显著下降。

集成运放种类繁多，其技术指标也各不相同，在实际应用中可参考集成电路有关手册。

## 3.4 负反馈放大电路

### 3.4.1 反馈的基本概念

反馈理论及反馈技术在自动控制、信号处理、电子电路及电子设备中得到了广泛的应用。在放大器中，负反馈作为改善电路性能的重要手段而备受重视。

1. 放大器中的反馈

所谓反馈，就是将放大电路输出信号的一部分或全部经过一定的电路（称为反馈电路）送回到放大电路的输入回路，并同输入信号一起参与放大器的输入控制作用，从而使放大器的某些性能获得有效改善的过程。

在 3.2 节介绍的典型差动放大电路（图 3.2.1）中，$R_E$ 对零点漂移的抑制作用就是典型的负反馈作用。又如，在图 3.4.1 放大电路中，电阻 $R_4$、电容 $C_2$ 支路将放大电路的输出信号部分送回到了输入回路，当输出端电压发生变化时，通过 $R_4$、$C_2$ 支路送回的部分变化量加入到输入回路，以 $u_f$ 形式与输入信号 $u_s$ 相加后输入 V1 管，这种过程就是反馈。为了分析方便，反馈放大电路一般用方框图来表示，图 3.4.1 所示的反馈放大电路可以用图 3.4.2 反馈放大电路方框图表示。

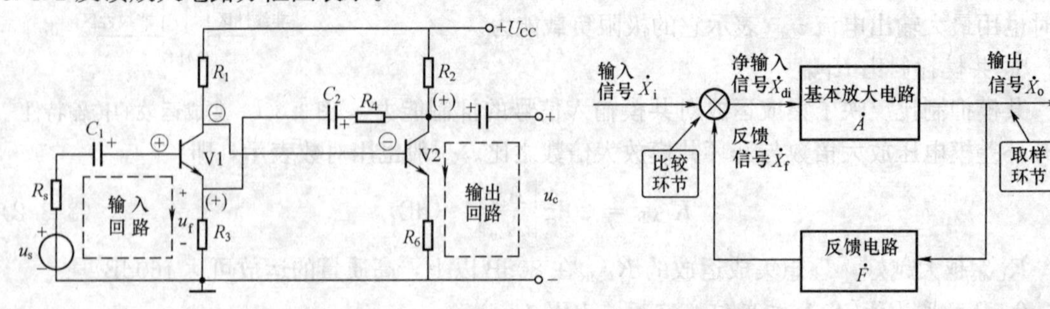


图 3.4.1　反馈放大电路实例　　图 3.4.2　反馈放大电路方框图

由图 3.4.2 可见，带有反馈的放大电路包含两个部分，即反馈电路和不带反馈的基本放大电路。其中，基本放大电路可以是单级或多级分立元件组成的放大器，也可以是集成运算放大器，反馈电路是联系放大器的输出电路和输入电路的环节，可由电阻、电容、电感等元件组成。图中，净输入信号是指反馈信号与输入信号比较（比较用⊗符号表示）后真正加到基本放大电路输入端的信号。由基本放大电路、反馈电路以及带箭头的连线所组成的闭合回路称为反馈环。一个反馈放大电路可以包含一个或多个反馈环，由一个反馈环构成的反馈放大电路称为单环反馈放大器，由多个反馈环构成的反馈放大电路称为多环反馈放大器，本节只讨论单环反馈放大器。

2. 反馈的判断

（1）判断是否有反馈。反馈是否存在及反馈形式的不同对放大电路性能的影响也随之不同。在分析电路的性能之前，首先要弄清分析对象是否存在反馈。若有反馈，这个电路就是一个反馈放大电路，若无反馈，这个电路就是一个基本放大电路。根据反馈的定义，如果电路中存在信号反向流通的途径，即存在反馈通路或反馈支路，在输出量发生变化时，就可以通过反馈通路送到输入回路中，形成反馈；若不存在反馈通路，则不能形成反馈。判断一个电路是否引入了反馈，可以通过分析它是否存在反馈通路来进行的。

图 3.4.3（a）中，输出端与输入端之间无反馈通路，不存在反馈，这就是一个基本放大电路。在图 3.4.3（b）中集成运算放大器的输出端与输入端之间，有一个由 $R_f$ 连接的通路，输出信号可以通过该电路影响到输入端，由 $R_f$ 支路引入了反馈，所以图 3.4.3（b）是一个反馈放大电路。图 3.4.3（c）中，发射极电阻 $R_E$ 接在放大电路的输出回路与输入回路之间，输出量的变化将引起输入回路中净输入量的变化，由 $R_E$ 支路引入了反馈，图 3.4.3（c）也是一个反馈放大电路。在图 3.4.3（d）中，尽管有电阻 $R$ 跨接在运算放大器的输出与输入之间，但由于运算放大器的同相输入端直接接地，$R$ 仅是放大电路输出端的一个负载，它不能完成输出量的反馈过程，所以不是反馈电路，图 3.4.3（d）是一个无反馈的基本放大电路。

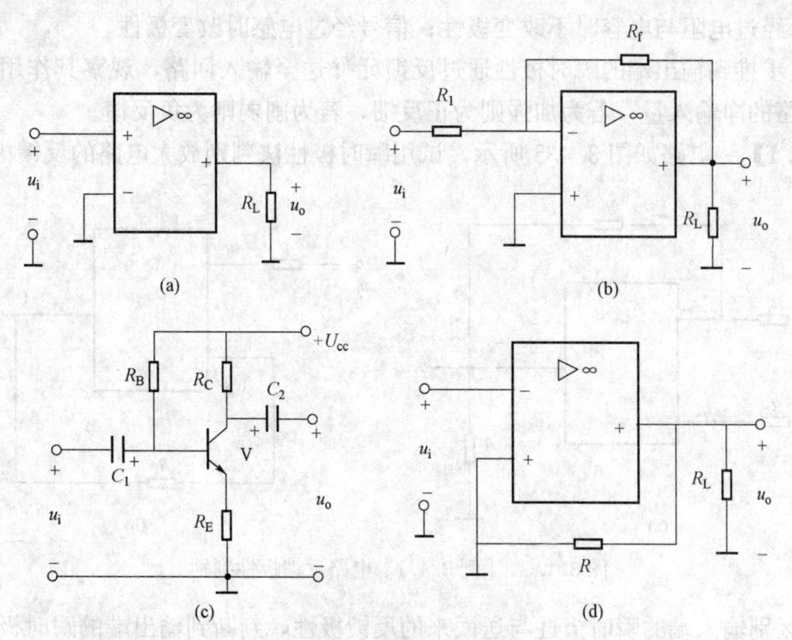


图 3.4.3　判断有无反馈

（a）、（d）基本放大电路；（b）、（c）反馈放大电路

（2）正负反馈及其判断。在反馈放大电路中，引入的反馈按性质不同分为正反馈和负反馈。如果因为反馈使得电路的净输入量（电压或电流）增加，这种反馈称为正反馈。反之如

果因为反馈使得电路的净输入量（电压或电流）减少，则这种反馈称为负反馈。

实际应用中，正反馈和负反馈在电路中引起截然不同的结果。正反馈使放大电路工作不稳定，极易产生振荡，一般用于信号发生电路。负反馈可使放大电路可靠地工作，并能有效地改善放大电路的性能指标。本节主要讨论如何在放大电路中引入适当的负反馈，故反馈性质的判断尤为重要。

电子电路一般采用“瞬时极性法”判断正负反馈，其步骤如下：

1）找出放大电路中将输出回路与输入回路相连接的反馈元件。

2）设输入电压在某一瞬间的对地的极性为⊕（或⊖），根据相应放大电路输出、输入信号的相位关系，推出反馈元件与输出回路相连处的瞬时极性。

三极管、集成运算放大器的瞬时极性相位关系如图 3.4.4 所示。三极管的基极与发射极的极性相同，而与集电极的极性相反，如图 3.4.4（a）所示；集成运算放大器的反相输入端极性与输出极性相反，而同相端与输出端极性相同，分别如图 3.4.4（b）、（c）所示。

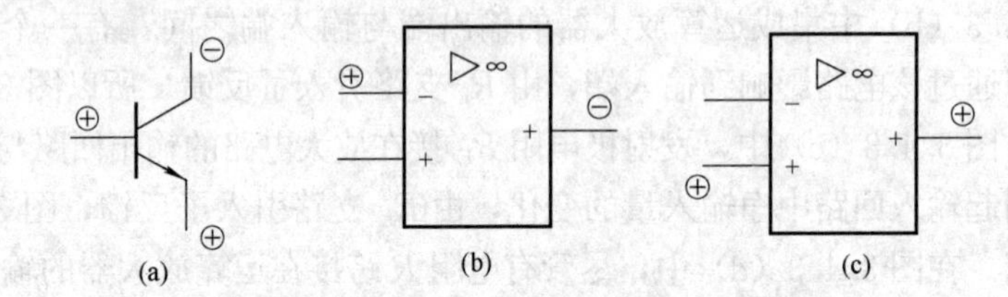


图 3.4.4 元器件各端子瞬时极性的相位关系

（a）三极管管脚极性；（b）、（c）运算放大器输入与输出极性

3）信号经过电阻与电容时不改变极性；信号经过电感时改变极性。

4）将逐步推到输出端的瞬时极性通过反馈元件送至输入回路，观察其作用是加强还是削弱放大电路的净输入量，若为加强则为正反馈，若为削弱则为负反馈。

**【例 3.4.1】** 电路如图 3.4.5 所示，试用瞬时极性法判别放大电路的反馈极性。

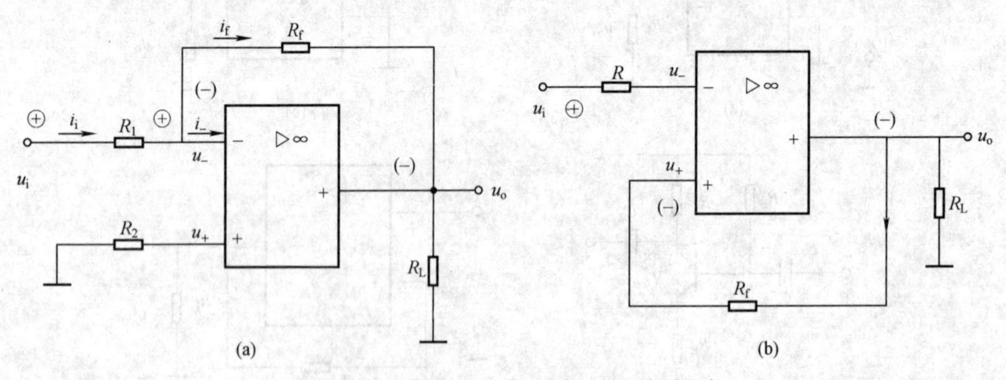


图 3.4.5 ［例 3.4.1］电路反馈极性判别

**解** 为区别输入端的瞬时极性与送回来的反馈极性，判断到输出端的瞬时极性和反馈极性用（+）或（−）表示。

分析图 3.4.5（a）电路图：反馈元件为 $R_f$，假设放大器输入电压瞬时极性为⊕，由于信号经过电阻 $R_1$ 后不改变极性，故反相输入端瞬时极性为⊕，运放输出端电压极性为（−），（−）极性信号通过 $R_f$ 送回到输入端 $u_-$ 端不改变极性，与 $u_-$ 端原假设极性⊕相反，削弱了放大电路净输入量（$u_{ud}=u_{-}-u_{+}$，式中 $u_{+}$不变，$u_{-}$减小），所以为负反馈。

分析图 3.4.5（b）：电路反馈元件为 $R_f$，假设放大器输入电压瞬时极性为⊕，由于信号在反相端输入，其输出端电压极性则为（－），（－）极性通过 $R_f$ 送回到输入端 $u_{+}$，使放大电路的输入量增大（$u_{ud}=u_{-}-u_{+}$，式中 $u_{-}$上升，$u_{+}$下降），即增强了净输入信号，所以为正反馈。

**【例 3.4.2】**　试判断图 3.4.1 所示电路的反馈极性。

电路中反馈元件为 $C_2$、$R_4$。假设放大器输入电压瞬时极性为⊕，经过电阻 $R_s$、$C_1$ 后到达在三极管基极的极性仍为⊕，三极管 V1 集电极极性为⊖，三极管 V2 基极极性为⊖，三极管 V2 集电极极性为（＋），这一极性经过 $C_2$、$R_4$ 反馈到三极管 V1 的发射极，瞬时提高了三极管 V1 发射极电位，削弱了放大电路输入量 $u_{BE}=u_B-u_E$，故为负反馈。

3. 交直流反馈及其判断

在反馈放大器中，若反馈的信号是直流量，称为直流反馈；若反馈的信号是交流量，称为交流反馈；若反馈信号中既有交流分量，又有直流分量，则称为交、直流反馈。

直流反馈和交流反馈的区分，可以通过画出整个反馈电路的交、直流通路来判定。反馈回路存在于直流通路中，即为直流反馈；反馈回路存在于交流通路中，即为交流反馈；反馈通路既存在于直流通路中又包含在交流通路里，则称为交、直流反馈。

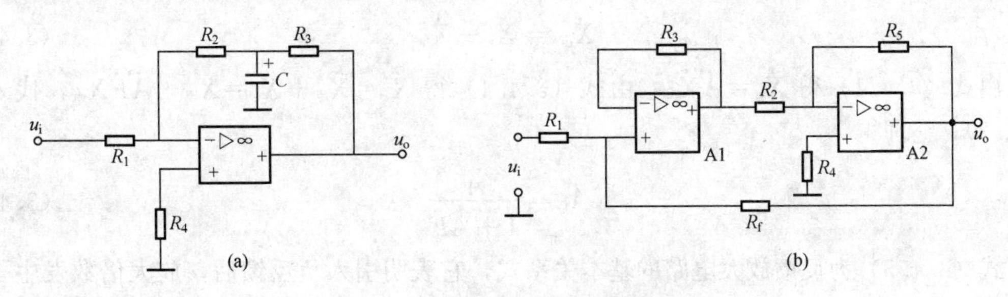


图 3.4.6　直流与交流反馈电路举例
（a）直流反馈电路；（b）交直流反馈电路

例如，图 3.4.6（a）所示电路中，电容 $C$ 对直流相当于开路，对交流相当于短路。由于 $R_2$ 与 $R_3$ 串接在反相输入端和输出端之间，输出端的直流量可以通过 $R_2$ 与 $R_3$ 反馈到输入回路，交流量被 $C$ 短接入地，不能反馈到输入回路，所以电路中只存在直流反馈。

图 3.4.6（b）所示为一个两级放大电路，$R_3$ 和 $R_5$ 分别连接在放大器 A1 和 A2 的输出和输入回路之间，交流量和直流量都可通过电阻反馈到放大器 A1 和 A2 输入回路，因此 $R_3$ 和 $R_5$ 所构成的反馈既是交流反馈又是直流反馈，简称交直流反馈。同样电阻 $R_f$ 可将两级放大电路的输出交流与直流量反馈到输入回路，因此 $R_f$ 所构成的反馈也是交直流反馈。

4. 反馈放大电路的基本关系式

图 3.4.7 所示为一负反馈放大电路方框图，图中，$\dot{X}_i$、$\dot{X}_{di}$、$\dot{X}_o$、$\dot{X}_f$ 分别表示输入信号、净输入信号、输出信号和反馈信号，在电子电路中，上述信号可以是电压信号，也可以是电流信号。图中的基本放大器是将反馈电路断开后所得到的放大电路，这时放大器为开环状态，故基本放大器又称为开环放大器；而包含反馈电路的放大器处于闭环状态，故称为闭环放大电路。

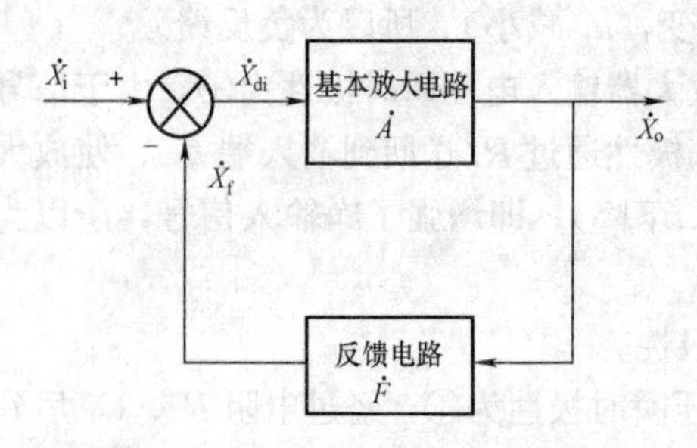


图 3.4.7 负反馈放大电路框图

基本放大器的放大倍数一般用 $\dot{A}$ 表示，也称为开环放大倍数或开环增益，反映了输出信号 $\dot{X}_o$ 与净输入信号 $\dot{X}_{di}$ 的比值关系，即

$$\dot{A}=\frac{\dot{X}_o}{\dot{X}_{di}} \tag{3.4.1}$$

包含有反馈电路时，电路的放大倍数称为闭环放大倍数或闭环增益，一般用 $\dot{A}_f$ 表示。它反映了输出信号 $\dot{X}_o$ 与输入信号 $\dot{X}_i$ 的大小关系，即

$$\dot{A}_f=\frac{\dot{X}_o}{\dot{X}_i} \tag{3.4.2}$$

在反馈电路中，反馈信号 $\dot{X}_f$ 占输出信号 $\dot{X}_o$ 的比值一般用反馈系数 $\dot{F}$ 来表示，即

$$\dot{F}=\frac{\dot{X}_f}{\dot{X}_o} \tag{3.4.3}$$

对于图 3.4.7 有净输入信号为

$$\dot{X}_{di}=\dot{X}_i-\dot{X}_f \tag{3.4.4}$$

由式（3.4.1）得 $\dot{X}_o=\dot{A}\dot{X}_{di}$，由式（3.4.4）得 $\dot{X}_i=\dot{X}_{di}+\dot{X}_f=\dot{X}_{di}+\dot{A}\dot{F}\dot{X}_{di}$，代入式（3.4.2），整理得

$$\dot{A}_f=\frac{\dot{A}}{1+\dot{A}\dot{F}} \tag{3.4.5}$$

式（3.4.5）为反馈放大电路的基本关系式，它表明引入负反馈后，放大倍数发生了变化，这种变化可分为以下三种情况：

（1）若 $|1+\dot{A}\dot{F}|>1$，则放大倍数减小，$|\dot{A}_f|<|\dot{A}|$，此时放大电路引入的是负反馈；

（2）若 $|1+\dot{A}\dot{F}|<1$，则放大倍数增大，$|\dot{A}_f|>|\dot{A}|$，此时放大电路引入的是正反馈；

（3）若 $|1+\dot{A}\dot{F}|=0$，则 $|\dot{A}_f|\to\infty$，说明放大电路即使没有输入信号，也会有输出信号，这种现象称为自激振荡。所谓自激振荡，是指放大电路在输入信号为零时就有足够大的输出信号，输入信号已不起作用，放大电路失效，这是强烈正反馈所致。

在负反馈电路中，$|1+\dot{A}\dot{F}|$ 是一个表征反馈强弱的物理量，称为反馈深度。当 $|1+\dot{A}\dot{F}|\gg 1$ 时，称为深度负反馈，这时式（3.4.5）可写为

$$\dot{A}_f=\frac{\dot{A}}{\dot{A}\dot{F}}\approx\frac{1}{\dot{F}} \tag{3.4.6}$$

式（3.4.6）是一个很重要且很有用的公式，它表明，在深度负反馈的条件下，放大电路闭环放大倍数只决定于反馈电路的反馈系数 $\dot{F}$，几乎与开环放大倍数 $\dot{A}$ 无关。即不受放大器件参数的影响，仅决定于反馈电路，因此闭环放大电路具有很高的稳定性。此外利用该式近似地计算闭环电压放大倍数 $\dot{A}_f$，可以大大简化反馈电路的分析计算。

### 3.4.2　电压反馈与电流反馈，串联反馈与并联反馈

反馈电路中，按照反馈电路在输出端的取样方式不同，可分成电压反馈和电流反馈；按照反馈电路在输入端的连接方式不同，可分为串联反馈和并联反馈。

1. 电压反馈和电流反馈

（1）电压反馈。图 3.4.8（a）中，在输出端，反馈电路与基本放大电路、负载 $R_L$ 并联连接，反馈信号取样于输出电压 $u_o$，即反馈信号（$u_f$ 或 $i_f$）与输出电压 $u_o$ 成正比，这种反馈称为电压反馈。电压反馈可以稳定输出电压。

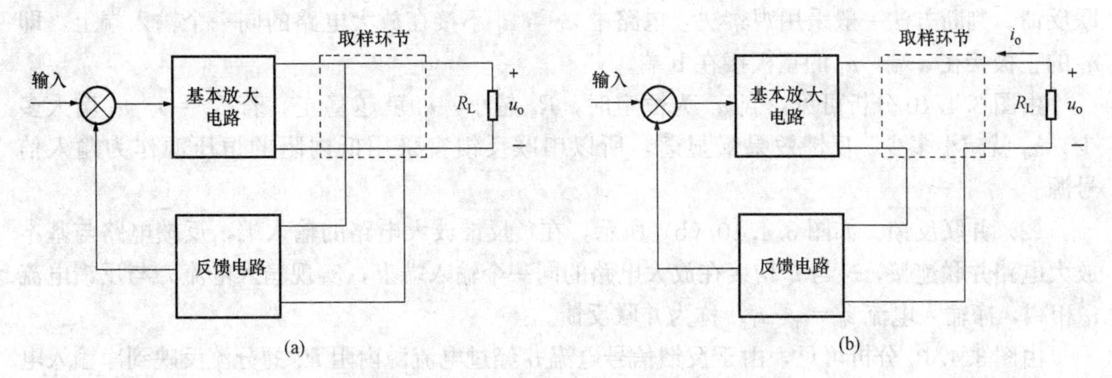


图 3.4.8　负反馈放大电路输出端的连接方式

（a）电压反馈；（b）电流反馈

（2）电流反馈。图 3.4.8（b）中，在输出端，反馈电路与基本放大电路、负载 $R_L$ 串联连接，反馈信号取样于输出电流 $i_o$，即反馈信号（$u_f$ 或 $i_f$）与输出电流 $i_o$ 成正比，这种反馈称为电流反馈。电流反馈可以稳定输出电流。

判断电压反馈和电流反馈常采用负载短路法，即假设将放大电路的输出端负载短路，使 $u_o=0$，若反馈信号因此而消失，则为电压反馈，如果反馈信号仍然存在，则为电流反馈。

以图 3.4.9 为例，在图 3.4.9（a）所示的电路中，将负载 $R_L$ 短路，短路后的等效电路

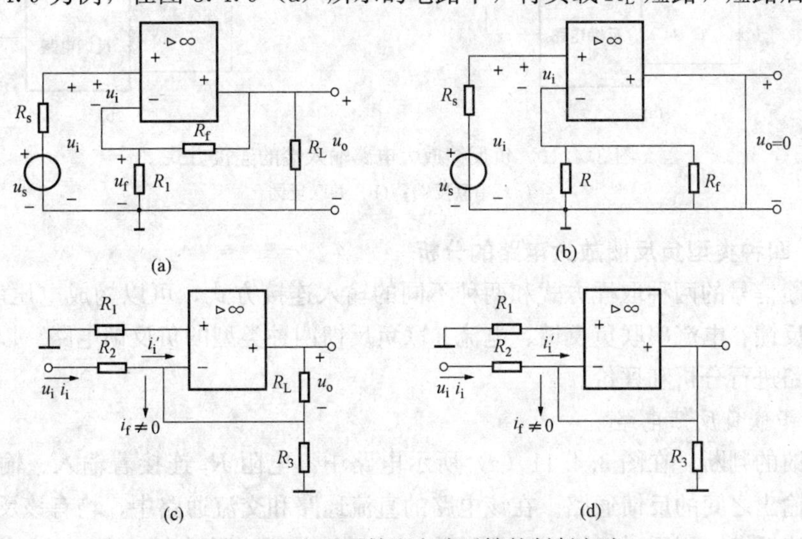


图 3.4.9　电压反馈和电流反馈的判断方法

（a）电压反馈电路；（b）短路法判断电路；

（c）电流反馈电路；（d）短路法判断电路

如图 3.4.9（b）所示。可以看出，当负载短路后，$u_o=0$，反馈回路不复存在，反馈信号 $u_f$ 也消失了，即 $u_f=0$，因此 3.4.9（a）所示电路为电压反馈；对于图 3.4.9（c）所示电路，当负载短路后，$u_o=0$，但反馈回路依然存在，反馈信号并未消失，即 $i_f\neq 0$，如图 3.4.9（d）所示，因此 3.4.9（c）所示电路为电流反馈。

2. 串联反馈和并联反馈

（1）串联反馈。如图 3.4.10（a）所示，在负反馈放大电路的输入端，反馈电路与基本放大电路串联连接，实现输入电压 $u_i$ 与反馈电压 $u_f$ 相减，净输入电压 $u_d=u_i-u_f$，称为串联反馈。判断方法一般采用观察法，电路中 $u_i$ 与 $u_f$ 不接在放大电路的同一个输入端上，即 $u_i$ 的正极接在 a 端，$u_f$ 的正极接在 b 端。

由图 3.4.10 分析可见，当 $u_s$ 为恒定时，$R_s$ 越小，$u_i$ 就越稳定。若 $R_s=0$，$u_f$ 增大多少，$u_d$ 就减小多少，反馈效果最显著，所以串联反馈宜采用低内阻的恒压源作为输入信号源。

（2）并联反馈。如图 3.4.10（b）所示，在负反馈放大电路的输入端，反馈电路与基本放大电路并联连接，$i_f$ 与 $i_i$ 均接在放大电路的同一个输入端上，实现输入电流 $i_i$ 与反馈电流 $i_f$ 相减，净输入电流 $i_d=i_i-i_f$，称为并联反馈。

由图 3.4.10 分析可见，由于反馈信号电流 $i_f$ 经过电流源内阻 $R_s$ 的分流反映到净输入电流 $i_d$ 上，所以 $R_s$ 越大对 $i_f$ 的分流就越小，反馈效果越显著，所以并联反馈宜采用高内阻的恒流源作为输入信号源。

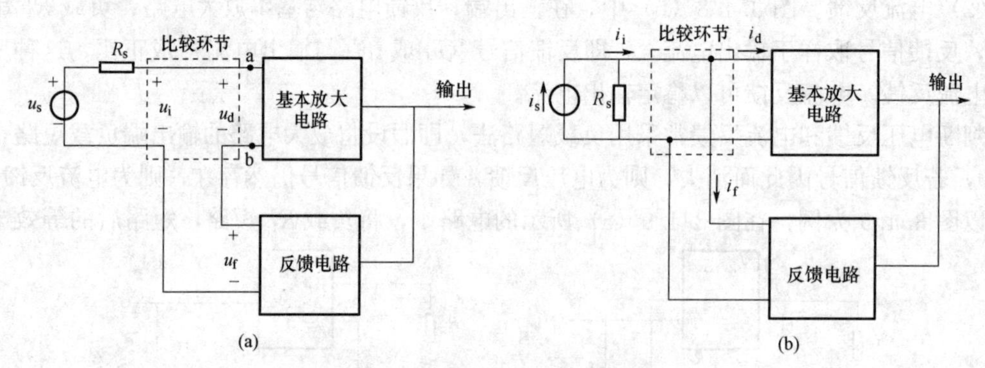


图 3.4.10 负反馈放大电路输入端的连接方式

（a）串联反馈；（b）并联反馈

### 3.4.3 四种类型负反馈放大电路的分析

根据反馈信号的两种取样方式和两种不同的输入连接方式，可以构成电压串联负反馈、电压并联负反馈、电流串联负反馈、电流并联负反馈四种类型的负反馈电路。以下将对这四种负反馈电路进行分析和评价。

1. 电压串联负反馈电路

（1）反馈的判断。在图 3.4.11（a）所示电路中，电阻 $R_f$ 连接着输入、输出回路，构成了输入、输出之间的反馈通路。在该电路的直流通路和交流通路中，均有该反馈存在，所以是交、直流反馈。用瞬时极性法可判断出，该反馈使得电路净输入量 $u_{di}$ 减小，用公式表示 $u_{di}=u_i-u_f$，所以是负反馈。从输出端来看，若将负载 $R_L$ 短路，则 $u_f=0$，反馈消失，可见是属于电压反馈。从输入回路来看，输入信号和反馈信号不在同一个节点，所以是属于串联反馈。因此图 3.4.11（a）所示的放大电路为交直流电压串联负反馈电路。从原理框图 3.4.11（b）中可看出，反馈的取样为输出电压，即 $u_f$ 是 $u_o$ 的函数。在输入回路，$u_f$ 与 $u_i$、$u_{di}$之间是串联的关系。

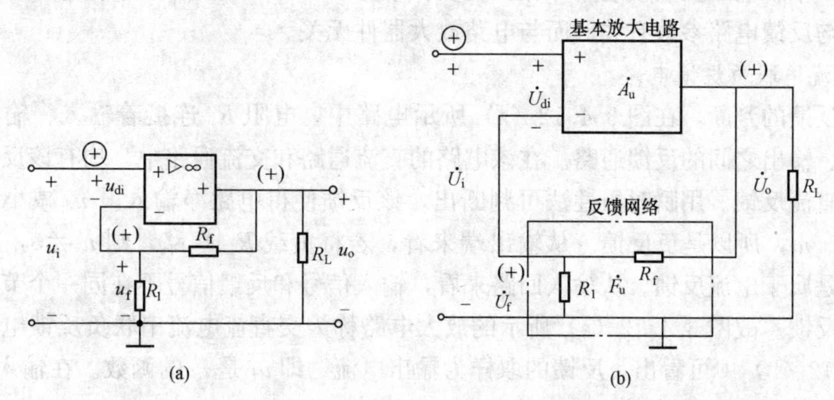


图 3.4.11　电压串联负反馈

（a）电压串联负反馈电路；（b）电压串联负反馈原理框图

（2）电路稳定性分析。电压负反馈的重要特点是能使输出电压基本维持恒定。当输入信号 $u_i$ 一定时，因某种原因引起输出电压 $u_o$ 变化（假设负载电阻 $R_L$ 变小），则电路将会引起如下自动调节过程：

$$R_L\downarrow\rightarrow|u_o|\downarrow\rightarrow|u_f|\downarrow\rightarrow|u_{di}|\uparrow$$

$$|u_o|\uparrow\leftarrow$$

可见，这种输出电压的自动调节过程是动态的，通过反馈的自动调节，牵制了$|u_o|$的变化，从而使输出电压趋于稳定。

由图 3.4.11（b）所示原理框图可知，基本放大电路的输入信号为净输入电压 $\dot{U}_{di}$，输出信号为电压 $\dot{U}_o$，则开环放大倍数用 $\dot{A}_u$ 表示，称为开环电压放大倍数。根据放大倍数的定义可得

$$\dot{A}_u=\frac{\dot{U}_o}{\dot{U}_{di}} \tag{3.4.7}$$

反馈电路的输出信号是放大电路的输出电压 $\dot{U}_o$，反馈信号为 $\dot{U}_f$，反馈系数用 $\dot{F}_u$ 表示，根据反馈系数的定义可得

$$\dot{F}_u=\frac{\dot{U}_f}{\dot{U}_o}=\frac{R_1}{R_1+R_f}=\frac{1}{1+\dfrac{R_f}{R_1}} \tag{3.4.8}$$

由反馈放大电路闭环放大倍数的一般表达式（3.4.5），可得

$$\dot{A}_{uf}=\frac{\dot{A}_u}{1+\dot{F}_u\dot{A}_u} \tag{3.4.9}$$

在深度负反馈条件下，即$|1+\dot{A}_u\dot{F}_u|\gg1$ 时，图 3.4.11（a）所示电路的闭环电压放大倍数为

$$\dot{A}_{uf} \approx \frac{1}{\dot{F}_u} = 1 + \frac{R_f}{R_1} \tag{3.4.10}$$

可见，串联电压负反馈电路，在深度负反馈条件下，闭环电压放大倍数基本为一定值，其大小只与反馈电路参数有关，而与电路放大器件无关。

2. 电流串联负反馈电路

（1）反馈的判断。在图 3.4.12（a）所示电路中，电阻 $R_f$ 连接着输入、输出回路，构成了输入、输出之间的反馈通路。在该电路的直流通路和交流通路中，均有该反馈存在，所以是交、直流反馈。用瞬时极性法可判断出，该反馈使得电路净输入量 $u_{di}$ 减小，用公式表示 $u_{di}=u_i-u_f$，所以是负反馈。从输出端来看，若将负载 $R_L$ 短路，则 $u_f \neq 0$，反馈仍然存在，可见是属于电流反馈。从输入回路来看，输入信号和反馈信号不在同一个节点，所以是属于串联反馈。故图 3.4.12（a）所示的放大电路称为交直流电流串联负反馈电路。从原理框图 3.4.12（b）中可看出，反馈的取样为输出电流，即 $u_f$ 是 $i_o$ 的函数。在输入回路中，$u_f$ 与 $u_i$、$u_{di}$之间是串联的关系。

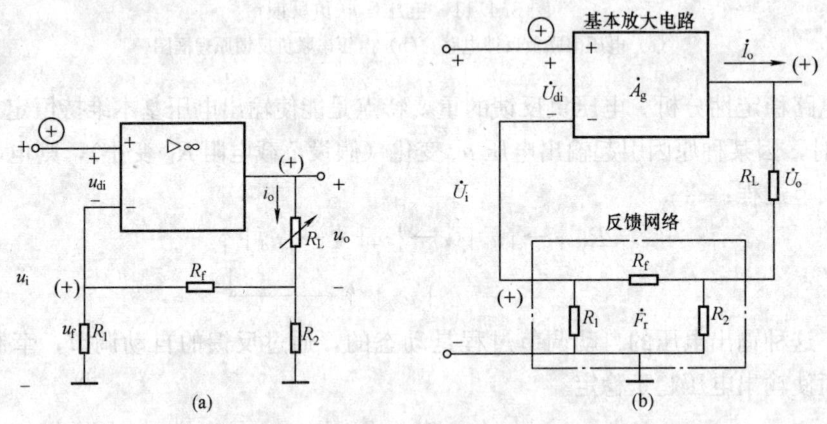


图 3.4.12　电流串联负反馈

（a）电流串联负反馈电路；（b）电流串联负反馈原理框图

（2）电路稳定性分析。电流负反馈的重要特点是能使输出电流基本维持恒定。当输入信号 $u_i$ 一定时，因某种原因引起输出电流 $i_o$ 变化（假设负载电阻 $R_L$ 增大），则电路将会引起如下自动调节过程：

$$R_L \uparrow \rightarrow |i_o| \downarrow \rightarrow |u_f| \downarrow \rightarrow |u_{di}| \uparrow$$
$$|i_o| \uparrow \leftarrow$$

可见，这种输出电压的自动调节过程也是动态的，通过反馈的自动调节，牵制了$|i_o|$的变化，从而使输出电流趋于稳定。

由图 3.4.12（b）所示原理框图可知，基本放大电路的输入信号为净输入电压 $\dot{U}_{di}$，输出信号为电流 $\dot{I}_o$，则开环放大倍数用 $\dot{A}_g$ 表示，称为基本放大电路的开环转移电导，根据放大倍数的定义可得

$$\dot{A}_g = \frac{\dot{I}_o}{\dot{U}_{di}} \tag{3.4.11}$$

反馈电路的输出信号是放大电路的输出电流 $i_o$，反馈信号是反馈电压 $\dot{U}_f$，反馈系数用 $\dot{F}_r$ 表示，根据反馈系数的定义可得

$$\dot{F}_r = \frac{\dot{U}_f}{\dot{I}_o} = \frac{\dot{I}_o R_f}{\dot{I}_o} = R_f \tag{3.4.12}$$

此电路的闭环放大倍数称为闭环互导放大倍数，用 $\dot{A}_{gf}$ 表示。由反馈放大电路闭环放大倍数的一般表达式（3.4.5），可得

$$\dot{A}_{gf} = \frac{\dot{A}_g}{1+\dot{A}_g\dot{F}_r} \tag{3.4.13}$$

在深度负反馈条件下，即 $|1+\dot{A}_g\dot{F}_r| \gg 1$ 时，图 3.4.12（a）所示电路的闭环互导放大倍数为

$$\dot{A}_{gf} \approx \frac{1}{\dot{F}_r} = \frac{1}{R_f} \tag{3.4.14}$$

可见，串联电流负反馈电路，在深度负反馈条件下，闭环互导放大倍数基本为一定值，其大小只与反馈电路参数有关，而与电路放大器件无关。

3. 电压并联负反馈电路

（1）反馈的判断。在图 3.4.13（a）所示电路中，电阻 $R_f$ 连接着输入、输出回路，构成了输入、输出之间的反馈通路。在该电路的直流通路和交流通路中，均有该反馈存在，所以是交、直流反馈。用瞬时极性法可判断出，该反馈使得电路净输入量 $i_{di}$ 减小，用公式表示 $i_{di}=i_i-i_f$，所以是负反馈。从输出端来看，若将负载 $R_L$ 短路，则 $u_f=0$，反馈消失，可见是属于电压反馈。从输入回路来看，输入信号和反馈信号在同一个节点，所以是属于并联反馈。故图 3.4.13（a）所示的放大电路称为交直流电压并联负反馈电路。从原理框图 3.4.13（b）中可看出，反馈的取样为输出电压，即 $i_f$ 是 $u_o$ 的函数。在输入回路中，$i_f$ 与 $i_i$、$i_{di}$ 之间是并联的关系。

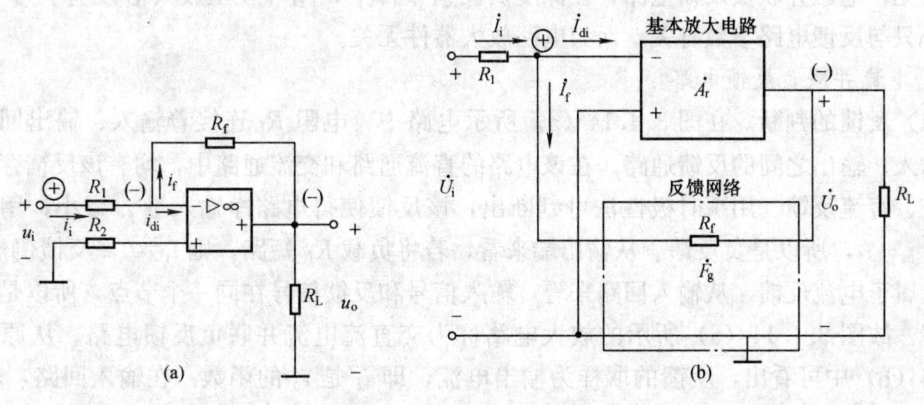


图 3.4.13　电压并联负反馈

（a）电压并联负反馈电路；（b）电压并联负反馈原理框图

（2）电路稳定性分析。当输入信号 $u_i$ 一定时，因某种原因引起输出电压 $u_o$ 变化（假设负载电阻 $R_L$ 增大），则电路将会引起如下自动调节过程：

$$R_L\uparrow\rightarrow|u_o|\uparrow\rightarrow|i_f|\uparrow\rightarrow|i_{di}|\downarrow$$
$$|u_o|\downarrow\leftarrow$$

所以，这种输出电压的自动调节过程也是动态的，通过反馈的自动调节，牵制了 $|u_o|$ 的变化，使输出电压趋于稳定。

由图 3.4.13（b）所示原理框图可知，基本放大电路的输入信号为净输入电流 $\dot{I}_{di}$，输出信号为电压 $\dot{U}_o$，则开环放大倍数用 $\dot{A}_r$ 表示，称为基本放大电路的开环转移电阻，根据放大倍数的定义可得

$$\dot{A}_r=\frac{\dot{U}_o}{\dot{I}_{di}} \tag{3.4.15}$$

反馈电路的输出信号是放大电路的输出电压 $\dot{U}_o$，反馈信号是反馈电流 $\dot{I}_f$，反馈系数用 $\dot{F}_g$ 表示，根据反馈系数的定义可得

$$\dot{F}_g=\frac{\dot{I}_f}{\dot{U}_o}=-\frac{1}{R_f} \tag{3.4.16}$$

此电路的闭环放大倍数称为闭环互阻放大倍数，用 $\dot{A}_{rf}$ 表示。由反馈放大电路闭环放大倍数的一般表达式（3.4.5），可得

$$\dot{A}_{rf}=\frac{\dot{A}_r}{1+\dot{A}_r\dot{F}_g} \tag{3.4.17}$$

在深度负反馈条件下，即 $|1+\dot{A}_r\dot{F}_g|\gg1$ 时，图 3.4.13（a）所示电路的闭环互阻放大倍数为

$$\dot{A}_{gf}\approx\frac{1}{\dot{F}_r}=-R_f \tag{3.4.18}$$

可见，电压并联负反馈电路，在深度负反馈条件下，闭环互阻放大倍数基本为一定值，其大小只与反馈电路参数有关，而与电路放大器件无关。

4. 电流并联负反馈电路

（1）反馈的判断。在图 3.4.14（a）所示电路中，电阻 $R_f$ 连接着输入、输出回路，构成了输入、输出之间的反馈通路。在该电路的直流通路和交流通路中，均有该反馈存在，所以是交、直流反馈。用瞬时极性法可判断出，该反馈使得电路净输入量 $i_{di}$ 减小，用公式表示 $i_{di}=i_i-i_f$，所以是负反馈。从输出端来看，若将负载 $R_L$ 短路，则 $i_f\neq0$，反馈仍然存在，可见是属于电流反馈。从输入回路来看，输入信号和反馈信号在同一个节点，所以是属于并联反馈。故图 3.4.14（a）所示的放大电路称为交直流电流并联负反馈电路。从原理框图 3.4.14（b）中可看出，反馈的取样为输出电流，即 $i_f$ 是 $i_o$ 的函数。在输入回路，$i_f$ 与 $i_i$、$i_{di}$之间是并联的关系。

（2）电路稳定性分析。当输入信号 $u_i$ 一定时，因某种原因引起输出电流 $i_o$ 变化（假设负载电阻 $R_L$ 减小），则电路将会引起如下自动调节过程：

$$R_L\downarrow\rightarrow|i_o|\uparrow\rightarrow|i_f|\uparrow\rightarrow|i_{di}|\downarrow$$
$$|i_o|\downarrow\leftarrow$$

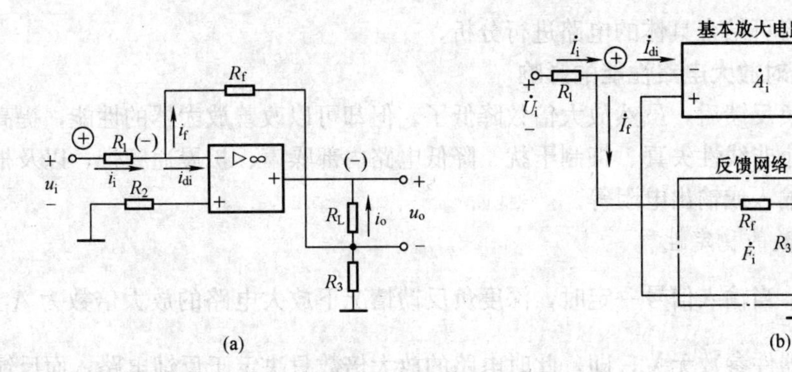


图 3.4.14　电流并联负反馈

(a) 电流并联负反馈电路；(b) 电流并联负反馈原理框图

所以，这种输出电压的自动调节过程也是动态的，通过反馈的自动调节，牵制了$|i_o|$的变化，使输出电流趋于稳定。

由图 3.4.14（b）所示原理框图可知，基本放大电路的输入信号为净输入电流 $\dot{I}_{di}$，输出信号为电流 $\dot{I}_o$，则开环放大倍数用 $\dot{A}_i$ 表示，称为基本放大电路的开环电流放大倍数，根据放大倍数的定义可得

$$\dot{A}_i=\frac{\dot{I}_o}{\dot{I}_{di}} \tag{3.4.19}$$

反馈电路的输出信号是放大电路的输出电流 $\dot{I}_o$，反馈信号是反馈电流 $\dot{I}_f$，反馈系数用 $\dot{F}_i$ 表示，根据反馈系数的定义可得

$$\dot{F}_i=\frac{\dot{I}_f}{\dot{I}_o}=\frac{R_3}{R_3+R_f} \tag{3.4.20}$$

此电路的闭环放大倍数称为闭环电流放大倍数，用 $\dot{A}_{if}$ 表示。由反馈放大电路闭环放大倍数的一般表达式（3.4.5），可得

$$\dot{A}_{if}=\frac{\dot{A}_i}{1+\dot{A}_i\dot{F}_i} \tag{3.4.21}$$

在深度负反馈条件下，即$|1+\dot{A}_i\dot{F}_i|\gg1$时，图 3.4.14（a）所示电路的闭环电流放大倍数为

$$\dot{A}_{gf}\approx\frac{1}{\dot{F}_i}=1+\frac{R_f}{R_3} \tag{3.4.22}$$

可以看出，电流并联负反馈电路，在深度负反馈条件下，闭环电流放大倍数基本为一定值，其大小只与反馈电路参数有关，而与电路放大器件无关。

反馈类型的判别，在电路的实际应用中，其意义是重大的。一般来说，电压负反馈能起到稳定输出电压的作用；电流负反馈能起到稳定输出电流的作用。但应当引起注意的是，不论采用何种类型的负反馈，反馈的效果都受信号源内阻 $R_s$ 的制约。当采用串联负反馈时，为能充分发挥负反馈的作用，应采用 $R_s$ 小的信号源，以使输入电压保持稳定；当采用并联负反馈时，$R_s$ 愈大，输入电流越稳定，并联负反馈的效果愈显著，所以应采用 $R_s$ 较大的信

号源。这一点，读者可结合具体的电路进行分析。

### 3.4.4　负反馈对放大电路性能的影响

放大电路引入负反馈后，虽然放大倍数降低了，但却可以改善放大器的性能，提高放大电路的稳定性、减小非线性失真、抑制干扰、降低电路内部噪声、扩展通频带，以及根据需要改变放大电路的输入或输出电阻等。

1. 提高放大倍数的稳定性

前面已经分析，当输入信号一定时，深度负反馈情况下放大电路的放大倍数为 $\dot{A}_f \approx \frac{1}{\dot{F}}$，几乎与电路的放大器件参数无关，即，此时电路的放大倍数只决定于反馈电路，而反馈电路通常是由性能稳定的无源线性元件组成，因此引入负反馈后放大倍数是比较稳定的。

为了简化问题分析，假设放大电路工作在常用的中频范围，反馈网络为纯电阻，所以 $\dot{A}$、$\dot{F}$ 都可用实数表示，则闭环放大倍数表示为

$$A_f = \frac{A}{1+AF} \tag{3.4.23}$$

为了量化分析放大倍数的稳定性，通常用放大倍数的相对变化量作为衡量指标。对式（3.4.23）求微分，可得

$$\frac{dA_f}{dA} = \frac{(1+FA)-FA}{(1+FA)^2} = \frac{1}{(1+FA)^2} \tag{3.4.24}$$

或

$$dA_f = \frac{dA}{(1+FA)^2} \tag{3.4.25}$$

用式（3.4.23）除式（3.4.25），得

$$\frac{dA_f}{A_f} = \frac{1}{1+FA}\frac{dA}{A} \tag{3.4.26}$$

式（3.4.26）表明：引入负反馈后，闭环放大电路放大倍数的相对变化量是开环放大电路放大倍数相对变化量的 $\frac{1}{1+FA}$ 倍，可见反馈越深，放大电路的放大倍数就越稳定。

**【例 3.4.3】**　已知某放大电路的开环电压放大倍数为 600，电压负反馈系数为 0.015，试求：

（1）电路的闭环电压放大倍数；

（2）假设由于温度的变化，使电路的开环电压放大倍数减小了 8%，则闭环放大倍数的相对变化量为多少？

**解**　（1）根据式（3.4.23），可得闭环电压放大倍数为

$$A_f = \frac{A}{1+AF} = \frac{600}{1+0.015\times600} = 60$$

（2）由题意，$\frac{dA}{A} = -8\%$，根据式（3.4.26）得

$$\frac{dA_f}{A_f} = \frac{1}{1+FA}\frac{dA}{A} = \frac{1}{1+0.015\times600}\times(-8\%) = -0.8\%$$

可见，当电路的开环电压放大倍数减小 8%的情况下，引入负反馈后，闭环电压放大倍数仅减小了 0.8%，即放大电路引入负反馈后，其放大倍数稳定性提高了。同时可以看出，放大电路引入负反馈后放大倍数明显减小了，因此，稳定性的提高是以牺牲放大倍数为代价的。

2. 减小非线性失真

理想放大电路应当是线性的，它的输出波形与输入波形相比，只是幅度增大了。但是由于实际的放大电路中存在非线性器件，经放大后的输出波形多少会产生一些失真，这种失真叫非线性失真。电子电路中产生非线性失真的原因很多，例如三极管的非线性，运算放大器本身的线性范围较窄等。引入负反馈实际就是引入预失真的方法，改善波形失真的情况。其原理如图 3.4.15 所示。

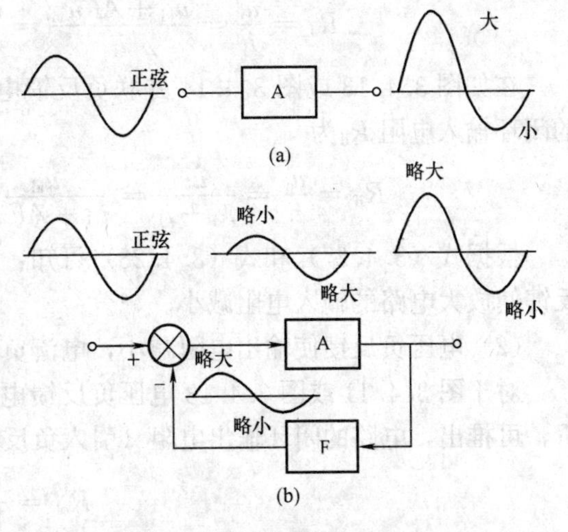


图 3.4.15　非线性失真的改善

(a) 无负反馈时信号波形；(b) 引入负反馈后信号波形

在图 3.4.15（a）中非线性失真引起输出波形正半周较大，负半周较小。如图 3.4.15（b）所示引入反负馈后，由于反馈系数为常数，反馈网络将输出失真波形按比例引回输入端（正半周大，负半周小），与正弦输入信号相减（负反馈），使净输入量产生预失真（正半周小，负半周大），其波形与原失真信号的畸变方向相反。经放大后输出波形得到明显改善。需要注意的是，对输入信号本身固有的失真，负反馈是无能为力的。

3. 抑制干扰和噪声

对于放大器来说，干扰和噪声都是有害的。对于三极管内部载流子的热运动而引起的干扰和噪声，可以视为器件的非线性所引起的失真，负反馈同样也可以对其进行抑制，其原理与改善信号的非线性失真相同。

4. 展宽通频带

负反馈的作用，将会使放大器原有的通频带宽度向两边伸展。如图 3.4.16 所示，因为放大电路在高频信号区及低频信号区放大倍数都会下降，这必然会引起反馈量的减小，负反馈作用减弱，从而使净输入量增加，放大倍数受频率的影响减小，幅频特性变得平坦，使上限截止频率升高，下限截止频率下降，通频带被展宽了。

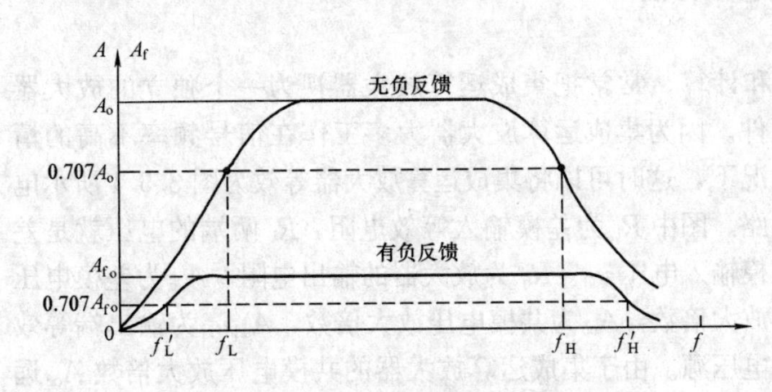


图 3.4.16　负反馈展宽通频带

5. 对放大电路输入、输出电阻的影响

放大电路引入负反馈后，对输入、输出电阻都会有影响。在实际应用中，常常通过引入不同组态的负反馈来改变放大电路的输入、输出电阻，以实现电路的阻抗匹配和提高带负载能力。

(1) 串联负反馈使输入电阻增大，并联负反馈使输入电阻减小。

在如图 3.4.11 或图 3.4.12 串联负反馈电路中，设基本放大电路的输入电阻为 $R_i$，$u_i = u_{id} + u_f$，$u_f = Fu_o$，$u_o = Au_{id}$，则电路的闭环输入电阻（引入负反馈后的输入电阻）$R_{if}$ 为

$$R_{if}=\frac{u_i}{i_i}=\frac{u_{id}+AFu_{id}}{i_i}=\frac{u_{id}}{i_i}(1+AF)=R_i(1+AF) \tag{3.4.27}$$

在如图 3.4.13 或图 3.4.14 并联负反馈电路中，$i_i=i_{id}+i_f$，$i_f=Fi_o$，$i_o=Ai_{id}$，则电路的闭环输入电阻 $R_{if}$ 为

$$R_{if}=\frac{u_i}{i_i}=\frac{u_i}{i_{id}+i_f}=\frac{u_{id}}{i_{id}+AFi_{id}}=\frac{u_i}{i_{id}(1+AF)}=R_i\frac{1}{1+AF} \tag{3.4.28}$$

根据式（3.4.27）和式（3.4.28）可知：串联负反馈使放大器的输入电阻增加；并联负反馈使放大电路的输入电阻减小。

（2）电压负反馈使输出电阻减小，电流负反馈使输出电阻增大。

对于图 3.4.11 或图 3.4.13 电压负反馈电路，设基本放大电路的输出电阻为 $R_o$，经分析，可推出，电路的闭环输出电阻（引入负反馈后的输出电阻）$R_{of}$ 为

$$R_{of}=\frac{R_o}{1+AF} \tag{3.4.29}$$

对于图 3.4.12 或图 3.4.14 电流负反馈电路，经分析同样可推出，电路的闭环输出电阻 $R_{of}$ 为

$$R_{of}=R_o(1+AF) \tag{3.4.30}$$

根据式（3.4.29）和式（3.4.30）可知：电压负反馈使放大器的输出电阻减小；电流负反馈使放大器的输出电阻增加。

## 3.5 运算放大器的应用

### 3.5.1 集成运算放大器的基本分析方法

1. 低频等效电路

为了对运算放大电路进行分析和计算，常常把集成运算放大器视为一个独立的放大器件。因为集成运算放大器大多工作在信号频率不高的情况下，这时可以将集成运算放大器等效为图 3.5.1 所示电路。图中 $R_i$ 为差模输入等效电阻，$R_i$ 两端的电压就是差模输入电压 $u_{id}$。$R_o$ 为放大器的输出电阻，$A_{ud}$ 为差模电压放大倍数，$A_{uc}$ 为共模电压放大倍数，$A_{ud}u_{id}$ 为输出端等效电压源。由于集成运算放大器的共模电压放大倍数 $A_{uc}$ 远小于差模电压放大倍数 $A_{ud}$，因此可忽略 $A_{uc}$ 的影响。

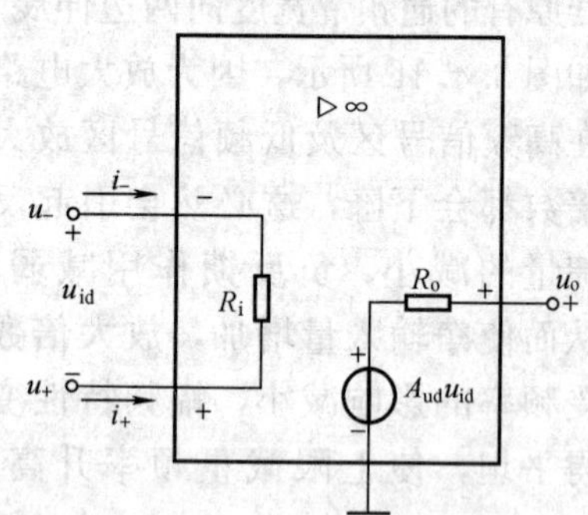


图 3.5.1 运算放大器低频等效简化电路

2. 理想的集成运算放大器

为了分析方便，简化分析过程，通常把实际运算放大器视为理想器件。理想的集成运算放大器应满足下列技术要求：

1）开环电压放大倍数 $A_{ud}\approx\infty$；

2）开环输入电阻 $R_i\approx\infty$；

3）开环输出电阻 $R_o\approx 0$；

4）共模抑制比 $K_{CMR}\approx\infty$；

5）开环通频带宽 $BW\approx\infty$；

6）输入偏置电流 $I_B$、输入失调电流 $I_{io}$及输入失调电压 $U_{io}$均为零；

7）无干扰、噪声等。

当然，完全理想的运算放大器是不存在的，但随着生产技术水平的提高，实际集成运算放大器的特性与理想运算放大器的各项性能指标越来越接近。因此，借助于理想运算放大器进行分析所引起的误差非常小，完全能满足工程要求。

为方便讨论，我们对输入输出电压作如下规定：

1）$u_+$代表集成运放同相输入端的电位；

2）$u_-$代表集成运放反相输入端的电位；

3）$U_{oL}$代表集成运放输出为低电平；

4）$U_{oH}$代表集成运放输出为高电平。

3.“虚短”与“虚断”

(1)“虚短”概念。当理想运算放大器工作在线性区时，其输出电压 $u_o$ 为有限值，由于开环电压放大倍数 $A_u$ 为∞，所以有

$$u_{id}=u_+-u_-=\frac{u_o}{A_{ud}}\approx 0$$

即

$$u_+\approx u_- \tag{3.5.1}$$

式（3.5.1）表示理想集成运算放大器的两个输入端的电位相等，即理想运放的差模输入电压近似为零，两个输入端好像被短路了，这一特性称为理想运算放大器输入端的“虚短”特性，即在进行分析时，我们可将两个输入端作为短路来处理，但实际上两个输入端并未真正被短接，只是一种虚假的短路，故称为“虚短”。实际中的集成运算放大器 $A_u$ 越大，$u_+$与 $u_-$的差值就越小，将两个输入端视为短路带来的误差也越小。

(2)“虚断”概念。如图 3.5.2 所示，由于理想运算放大器的开环输入电阻 $R_i\approx\infty$，故在两个输入端没有电流流入运算放大电路的内部，即 $i_+=i_-=\frac{u_{id}}{R_i}\approx 0$，即理想运放输入电流近似为零，两个输入端相当于开路，这种特性称为理想运算放大器的“虚断”特性。因为，两个输入端断路只是一种表面的虚假现象，而实际中并未断路，故称其为“虚断”。

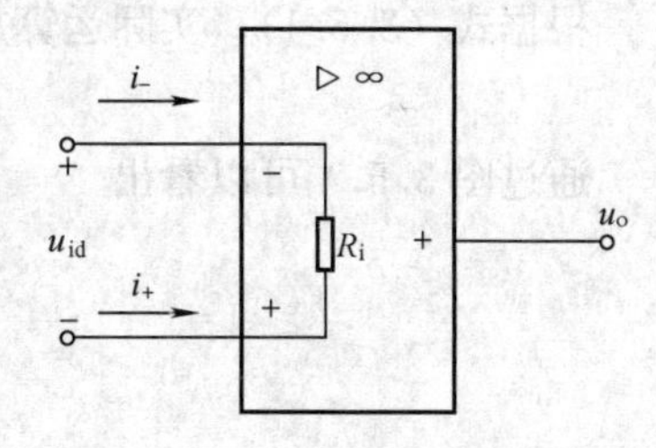


图 3.5.2　理想运算放大器原理图

“虚短”和“虚断”是两个重要的概念，也是理想运放工作在线性区时的两个重要特点，灵活运用这两个特点，将大大简化集成运算放大电路的分析。

4. 输入方式

集成运算放大器组成的模拟信号运算电路一般采用反相输入、同相输入和差动输入三种输入方式，其等效电路如图 3.5.3 所示。

在上述三种输入方式下，输出信号与输入信号的相位和大小关系将在以后的章节进行分析。

### 3.5.2　模拟信号运算

1. 比例运算

(1) 反相比例运算放大电路。反相比例运算放大电路如图 3.5.4 所示。

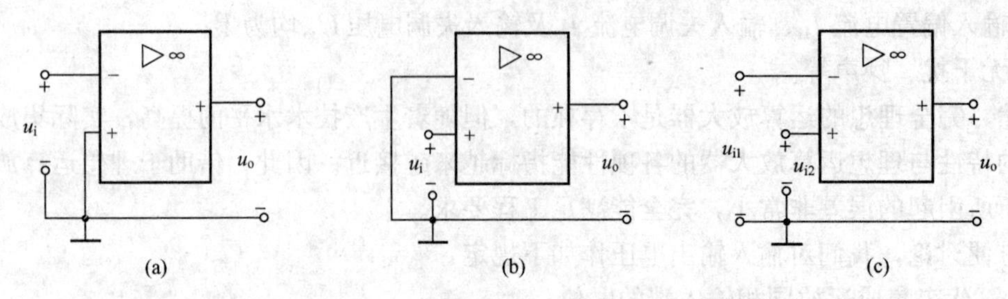


图 3.5.3 集成运算放大器的三种输入方式

(a) 反相输入原理图；(b) 同相输入原理图；(c) 差动输入原理图

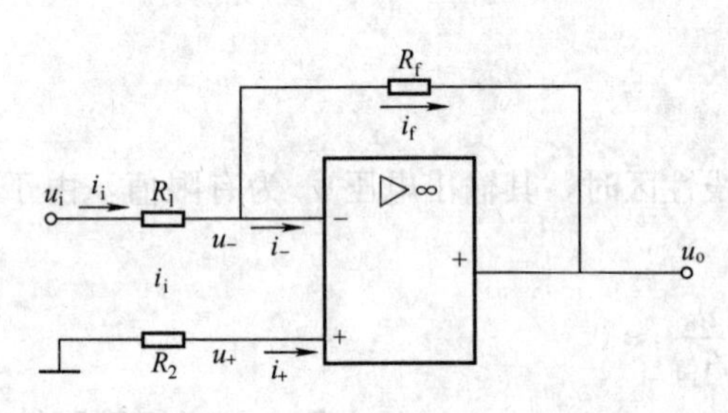


图 3.5.4 反相比例运算放大电路

输入信号从反相输入端与地之间加到运算放大电路上。$R_f$ 是反馈电阻，接在输出端与反相输入端之间，将输出电压 $u_o$ 反馈到反相输入端实现负反馈。$R_1$ 为输入电阻，$R_2$ 是补偿电阻（也叫输入平衡电阻），它的作用是使两个输入端外接电阻相等，使放大电路处于平衡状态。为此，$R_2$ 的阻值与 $R_1$、$R_f$ 并联起来的阻值相等，即 $R_2=R_1/\!/R_f$。

当输入信号 $u_i$ 为正值时，电流 $i_i$ 流入反相输入端，由于 $u_o$ 与 $u_i$ 反相，则 $u_o$ 为负值，反馈电流 $i_f$ 从输入端流至输出端。根据前面讲述的第二个结论，实际运算放大电路的输入电流近似为零，$i_+\approx i_-\approx 0$，可以得到

$$i_1\approx i_f$$

根据式（3.5.1），实际运算放大电路的输入电压近似为零，可得

$$u_-\approx u_+\approx 0$$

通过图 3.5.4 可以看出

$$i_1=\frac{u_i-u_-}{R_1}\approx\frac{u_i-0}{R_1}=\frac{u_i}{R_1}$$

$$i_f=\frac{u_--u_o}{R_f}\approx\frac{0-u_o}{R_f}=-\frac{u_o}{R_f}$$

所以$\frac{u_i}{R_1}=-\frac{u_o}{R_f}$，即

$$u_o=-\frac{R_f}{R_1}u_i \tag{3.5.2}$$

则电压放大倍数为

$$A_f=\frac{u_o}{u_i}=-\frac{R_f}{R_1} \tag{3.5.3}$$

可见，输出电压 $u_o$ 与输入电压 $u_i$ 成比例关系，负号表示相位相反。只要运算放大电路的开环电压放大倍数足够大，那么闭环放大倍数 $\dot{A}_f$ 就与运算放大电路的参数无关，只决定于电阻 $R_f$ 与 $R_1$ 的比值。

应当指出，实际运算放大电路 $u_-$ 端的电位并不等于零，但很接近零值，可以看成是接地，由于不是真正接地，所以在反相比例电路中称 $u_-$ 端为“虚地”。反相端为虚地现象是反

相输入运算放大电路的一个重要特点，但不能将反相端看成与地短路。

**【例3.5.1】** 在图3.5.4所示的电路中，如果$R_1=1\text{k}\Omega$，$R_f=25\text{k}\Omega$，$u_i=0.2\text{V}$。试求：$\dot{A}_f$、$u_o$、$R_2$的值。

**解** 由电压放大倍数公式可得

$$A_f=-\frac{R_f}{R_1}=-\frac{25}{1}=-25$$

输出电压为

$$u_o=A_fu_i=-25\times0.2=-5(\text{V})$$

由补偿电阻的作用可知

$$R_2=\frac{R_1R_f}{R_1+R_f}=\frac{1\times25}{1+25}=0.96(\text{k}\Omega)$$

(2) 同相比例运算放大电路。同相比例运算放大电路如图3.5.5所示。信号由同相输入端加入，$R_f$、$R_2$与反相比例放大电路中的连接及作用相同。

根据理想运算放大电路的两个结论，$u_-\approx u_+$，$i_-\approx i_+=0$；从同相端加上信号$u_i$后，$R_2$上几乎无电流，因此，$u_+=u_i$，则$u_-\approx u_+=u_i$。

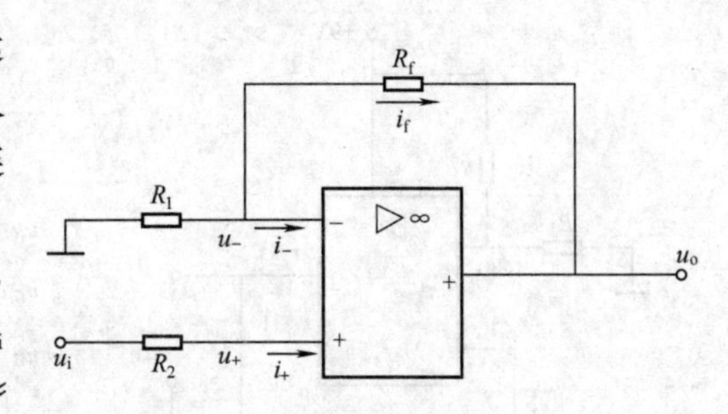


图3.5.5　同相比例运算放大电路

由电路图可得

$$u_i=u_+\approx u_-=\frac{R_1}{R_1+R_f}u_o$$

即输出电压为

$$u_o=\frac{R_1+R_f}{R_1}u_i \tag{3.5.4}$$

因此，电压放大倍数为

$$A_f=\frac{u_o}{u_i}=\frac{R_1+R_f}{R_1}=1+\frac{R_f}{R_1} \tag{3.5.5}$$

式(3.5.5)表明，在同相比例运算电路中，输出电压与输入电压成正比，且相位相同。只要选择合适的电路参数，就能获得足够大的闭环电压放大倍数和稳定的闭环增益。

**【例3.5.2】** 在图3.5.6所示电路中，已知$U_{CC}=9\text{V}$，$R_f=3.3\text{k}\Omega$，$R_2=5\text{k}\Omega$，$R_3=10\text{k}\Omega$，试求输出电压$u_o$的大小。

**解** 从电路分析可知，9V电压通过$R_2$、$R_3$分压加到了运放的同相输入端，所以输入电压为

$$u_i=\frac{R_2}{R_2+R_3}U_{CC}=\frac{5}{5+10}\times9=3(\text{V})$$

输出电压为　$u_o=\frac{R_1+R_f}{R_1}u_i=\left(1+\frac{R_f}{R_1}\right)\times3=\left(1+\frac{3.3}{\infty}\right)\times3=3\ (\text{V})$

2. 加减法运算

(1) 加法运算放大电路。加法运算放大电路是在反相比例运算放大电路的基础上多加了

几个输入端构成的。如图 3.5.7 所示，该图表示有三个输入信号的反相加法运算电路。$u_{i1}$、$u_{i2}$、$u_{i3}$ 均从反相输入端输入，$R_f$ 为反馈电阻，同相输入端经过补偿电阻 $R_4$ 接地。

当运算放大电路的开环放大倍数足够大时，反向输入端电位 $u_-$ 近似为零，$i_-$ 和 $i_+$ 也近似为零，由此可得到下列方程

$$i_1 + i_2 + i_3 = i_f$$

$$i_1 = \frac{u_{i1} - u_-}{R_1} \approx \frac{u_{i1}}{R_1} \qquad i_2 = \frac{u_{i2} - u_-}{R_2} \approx \frac{u_{i2}}{R_2}$$

$$i_3 = \frac{u_{i3} - u_-}{R_3} \approx \frac{u_{i3}}{R_3} \qquad i_f = \frac{u_- - u_o}{R_f} \approx -\frac{u_o}{R_f}$$

$$\frac{u_{i1}}{R_1} + \frac{u_{i2}}{R_2} + \frac{u_{i3}}{R_3} = -\frac{u_o}{R_f}$$

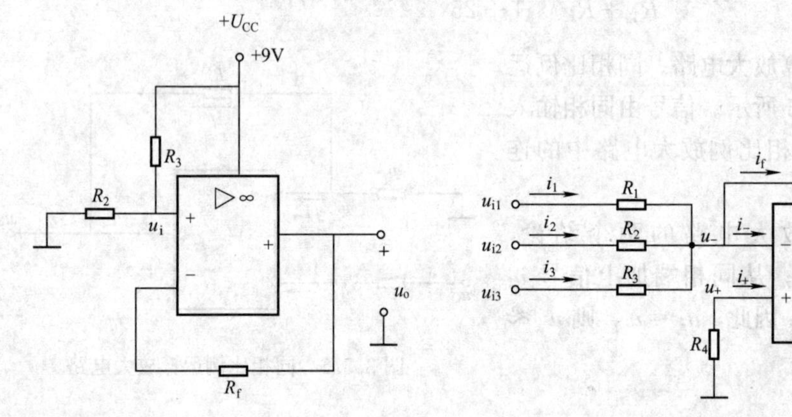


图 3.5.6 ［例 3.5.2］电路　　　　图 3.5.7 加法运算放大电路

即输出电压为

$$u_o = -\left(\frac{R_f}{R_1}u_{i1} + \frac{R_f}{R_2}u_{i2} + \frac{R_f}{R_3}u_{i3}\right) \tag{3.5.6}$$

如果各输入支路的电阻相等，则 $R_1 = R_2 = R_3 = R$，式（3.5.6）可变为如下形式，即

$$u_o = -\frac{R_f}{R}(u_{i1} + u_{i2} + u_{i3}) \tag{3.5.7}$$

输出电压等于各支路输入电压之和与一个系数之积，即输出电压与各支路输入电压之和成正比。比例系数决定于输入电阻 $R$ 和反馈电阻 $R_f$，它与运算放大电路本身的参数无关。

补偿电阻 $R_4$ 的大小为

$$R_4 = R_1 /\!/ R_2 /\!/ R_3 /\!/ R_f$$

**【例 3.5.3】** 已知反相运算放大电路的反馈电阻 $R_f = 30\text{k}\Omega$，输出电压为 $u_o = -(u_{i1} + 2u_{i2} + 3u_{i3} + 4u_{i4})$，试求电路中电阻的阻值，并画出电路图。

**解** 根据集成运放反相加法运算电路输出与输入信号的运算规律可得

$$u_o = -\left(\frac{R_f}{R_1}u_{i1} + \frac{R_f}{R_2}u_{i2} + \frac{R_f}{R_3}u_{i3} + \frac{R_f}{R_4}u_{i4}\right)$$

又

$$u_o = -(u_{i1} + 2u_{i2} + 3u_{i3} + 4u_{i4})$$

两式比较，可得

$$\frac{R_f}{R_1} = 1; \frac{R_f}{R_2} = 2; \frac{R_f}{R_3} = 3; \frac{R_f}{R_4} = 4$$

因为　　$R_f = 30\text{k}\Omega$

所以　　$R_1 = 30\text{k}\Omega$；$R_2 = 15\text{k}\Omega$；$R_3 = 10\text{k}\Omega$；$R_4 7.5\text{k}\Omega$。

补偿电阻 $R$ 为

$$R = R_1 /\!/ R_2 /\!/ R_3 /\!/ R_4 = 3\text{k}\Omega$$

电路如图 3.5.8 所示

(2) 减法运算放大电路。减法运算放大电路如图 3.5.9 所示，它是把输入信号同时加到两个输入端：一个输入信号 $u_{i1}$ 接在反相输入端，另一个输入信号 $u_{i2}$ 接在同相输入端。

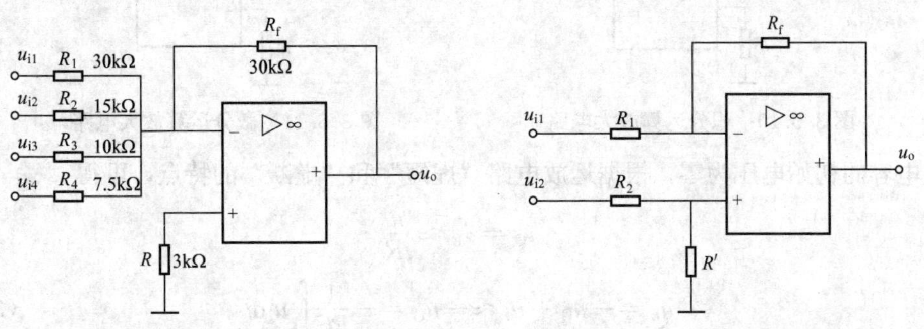


图 3.5.8　[例 3.5.3] 设计电路　　　　图 3.5.9　减法运算放大电路

当集成运放工作在线性区时，根据电路中的叠加原理，输出电压 $u_o$ 可看成由两部分电压叠加而成。

当 $u_{i1}$ 单独作用于电路时，输出电压为

$$u'_o = -\frac{R_f}{R_1} u_{i1}$$

当 $u_{i2}$ 单独作用于电路时，输出电压为

$$u''_o = \left(\frac{R_1 + R_f}{R_1}\right) \times \left(\frac{R'}{R_2 + R'}\right) u_{i2}$$

如果两个输入信号 $u_{i1}$ 和 $u_{i2}$ 同时作用，根据叠加原理，其总的输出电压 $u_o$ 应为两部分输出电压的代数和，即

$$u_o = u'_o + u''_o = -\frac{R_f}{R_1} u_{i1} + \left(\frac{R_1 + R_f}{R_1}\right) \times \left(\frac{R'}{R_2 + R'}\right) u_{i2} \tag{3.5.8}$$

为了减小失调，要求集成运放反相输入端和同相输入端的外接电阻平衡对称，故可取 $R_1 = R_2$，$R' = R_f$。因此，式 (3.5.8) 可写为

$$u_o = u'_o + u''_o = -\frac{R_f}{R_1}(u_{i1} - u_{i2}) \tag{3.5.9}$$

可见，在上述电路中，输出电压仅与两个输入电压之差（$u_{i2} - u_{i1}$）以及外部电阻$\frac{R_f}{R_1}$的比值有关，因此，称为差动输入运算电路或差值运算电路。

当 $R_1 = R_f$ 时，式 (3.5.9) 可进一步简化为

$$u_o = u'_o + u''_o = u_{i2} - u_{i1} \tag{3.5.10}$$

即利用上述差动输入运算电路可以实现两个输入信号的减法运算。

在以上条件下，如果 $u_{i1} = u_{i2}$，则输出电压 $u_o = 0$。这说明差动输入运算电路对共模输入电压无放大作用。

3. 积分和微分运算

（1）积分运算放大电路。反相运放电路中的反馈电阻 $R_f$ 用电容 $C$ 代替后，就构成了基本的积分运算放大电路，如图 3.5.10 所示。

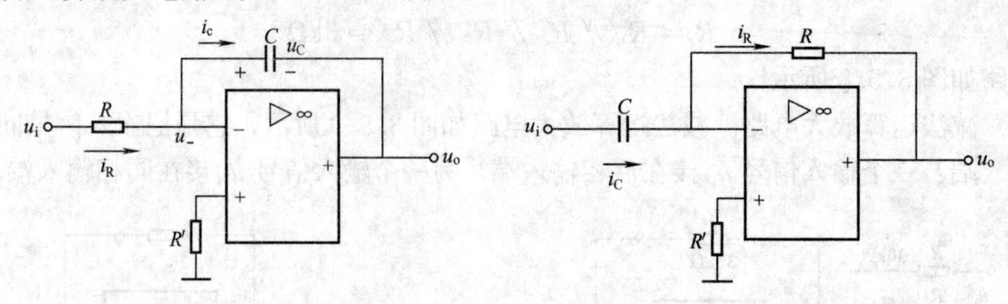


图 3.5.10 积分运算放大电路　　　　图 3.5.11 微分运算放大电路

设电容的初始电压为零，根据运放电路“虚短”和“虚断”的特点，可得

$$i_C = i_R \approx \frac{u_i}{R}$$

$$u_o = -u_C + u_- \approx -u_C = -\frac{1}{RC}\int_0^t u_i \mathrm{d}t \tag{3.5.11}$$

可见，输出电压与输入电压的积分成正比，即上述运放电路可实现积分运算，故称为积分运算电路。积分运算放大电路一般用于波形变换、延迟以及移相等。

（2）微分运算放大电路。微分运算放大电路就是输出电压与输入电压成微分关系的电路，如图 3.5.11 所示。图中电阻 $R$ 引入的是电压并联负反馈。设电容的初始电压为零，根据运放电路“虚短”和“虚断”的特点，可得

$$i_C = i_R = C\frac{\mathrm{d}u_i}{\mathrm{d}t}$$

$$u_o = -Ri_R = -RC\frac{\mathrm{d}u_i}{\mathrm{d}t} \tag{3.5.12}$$

可见，$u_o$ 正比于与输入电压 $u_i$ 对时间的微分，且相位相反。此微分电路对输入信号中的快速变化分量比较敏感，所以它对输入信号中的高频干扰和噪声十分灵敏，使电路性能变差。在实际应用中，通常在电容前面串联一个小电阻，以限制输入电流。

### 3.5.3 信号处理

1. 电压比较电路

比较器是用来比较两个或多个模拟信号量的大小的电路。电路输出的高低电平可表示比较的结果。它在测量技术、自动控制、波形变换、越限报警等电路中有着较广泛的应用。

集成运放用作比较器时工作在开环状态，由于开环电压放大倍数很高，即使输入端有一个非常微小的差值信号，也会使输出电压达到饱和值，接近 $+U_{CC}$ 或 $-U_{CC}$，所以运算放大器已工作在非线性区，也称为集成运放的非线性运用。

（1）基本电压比较器。图 3.5.12（a）是一种最简单的电压比较器的电路，它是将一个模拟量的电压信号 $u_i$ 和一个参考电压量 $U_R$ 进行比较。图 3.5.12（b）为比较后的输出信号波形，称为电路的传输特性。

根据运放的特性可知：

当 $u_i < U_R$ 时，$u_o \approx +U_{CC}$；

当 $u_i > U_R$ 时，$u_o \approx -U_{CC}$。

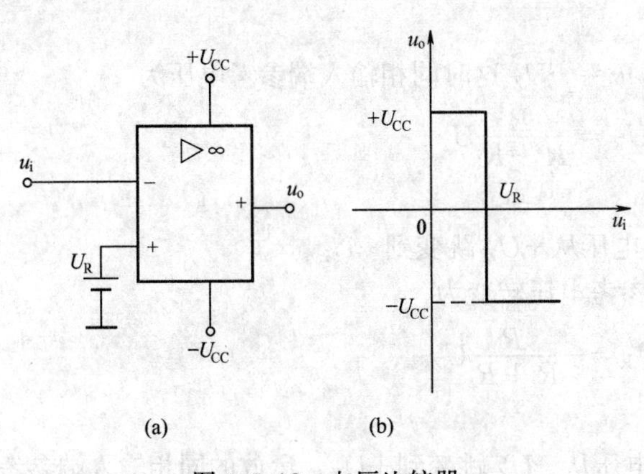


图 3.5.12　电压比较器

(a) 基本电压比较器电路；(b) 电压传输特性

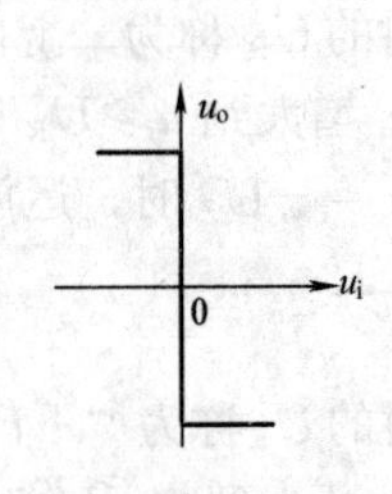


图 3.5.13　过零比较器电压传输特性

当 $U_R = 0$ 时，输入信号与零进行电压比较，此时的电路称为过零比较器，其传输特性如图 3.5.13 所示。

当 $u_i$ 为正弦波电压时，则输出 $u_o$ 为方波电压，其波形如图 3.5.14，方波频率与正弦波频率相同。这是一种波形变换电路，广泛应用于模拟—数字转换电路中。

为了将输出电压限制在某一特定值，可在比较器的输出端接稳压管，构成有限幅的电压比较器，具体电路和电压传输特性如图 3.5.15 所示。图中，VZ 为双向稳压管，其稳定电压为 $\pm U_Z$。

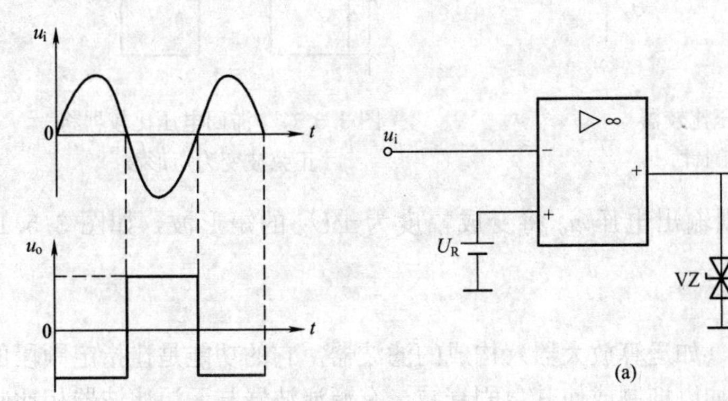


图 3.5.14　过零比较器将正弦波电压变换为方波电压

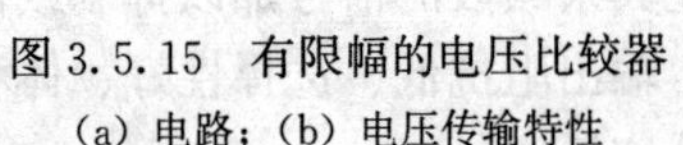

图 3.5.15　有限幅的电压比较器

(a) 电路；(b) 电压传输特性

当 $u_i < U_R$ 时　　　　$u_o = +U_Z$

当 $u_i > U_R$ 时　　　　$u_o = -U_Z$

(2) 滞回比较器。基本电压比较器电路简单，但抗干扰能力差。当输入信号的值在接近参考电压值的附近时，由于干扰信号的作用，就会引起电路输出的频繁变化，致使电路的执行元件产生误动作。为了解决这一问题，一般采用具有正反馈的滞回电压比较器。

滞回比较器又称施密特触发器，它是在过零或非零比较器电路中引入正反馈而构成的。图 3.5.16 (a) 所示是一种由过零比较器构成的滞回电压比较器。输入信号 $u_i$ 从反相端输入，同相端的参考电压 $U_R$ 是由输出电压经正反馈取得的，输出电压 $u_o$ 在 $\pm U_Z$ 之间变化时，$U_R$ 也跟着变化。

在某一瞬间，运放输出为高电平，$u_o=+U_Z$ 这时同相输入端参考电压为

$$U_R=\frac{R}{R+R_f}U_Z$$

这时的 $U_R$ 称为“上门限电平”。

当 $u_i$ 增大到 $u_i \geqslant U_R$ 时，运放输出电压从 $+U_Z$ 跳变到 $-U_Z$。

在 $u_o=-U_Z$ 时，运放同相输入端参考电压转变为

$$U'_R=-\frac{R}{R+R_f}U_Z$$

这时的 $U'_R$ 称为“下门限电平”。

当 $u_i$ 减小到 $u_i \leqslant U'_R$ 时，运放输出电压从 $-U_Z$ 跳变到 $+U_Z$，运放的同相输入端参考电压又变为 $U_R$。滞回电压比较器的电压传输特性曲线如图 3.5.16（b）所示。

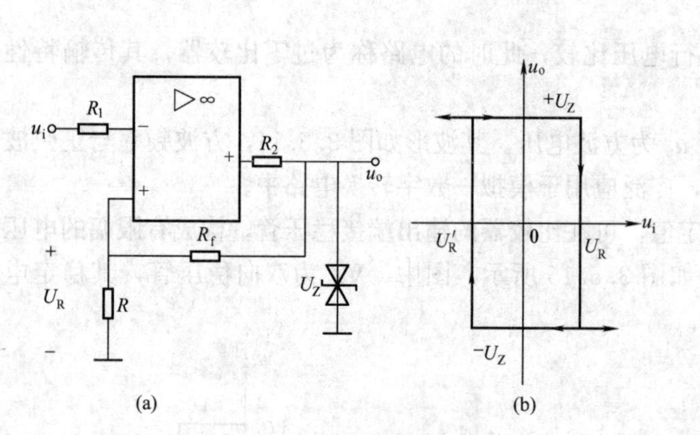


图 3.5.16 滞回电压比较器
（a）电路；（b）传输特性

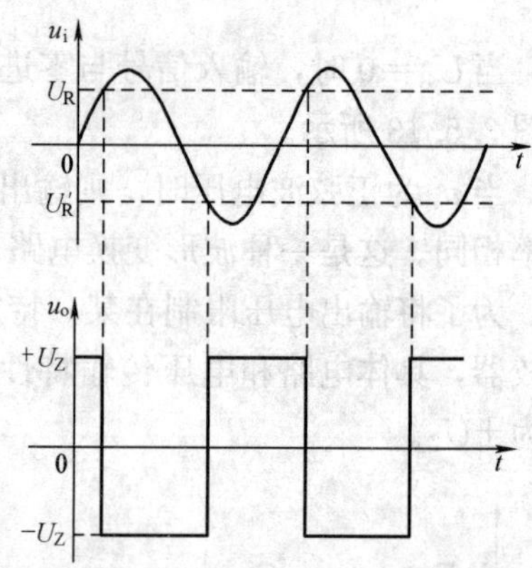


图 3.5.17 滞回电压比较器将正弦波变为矩形波

如果输入电压为正弦波，则输出电压 $u_o$ 将变成幅度为 $\pm U_Z$ 的矩形波，如图 3.5.17 所示。

2. 有源滤波器

有源滤波器是指用有源器件（如运算放大器）构成的滤波器。它的功能是让指定频段的信号通过，而让其余频段的信号加以抑制或使其急剧衰减。有源滤波器与无源滤波器相比具有输入阻抗高、输出阻抗低、选择性好、体积小、质量轻等优点，在通信、测量及控制系统等领域应用十分广泛。

根据通过信号的频率范围，有源滤波器可以分为低通、高通、带通以及带阻等不同类型。其理想的幅频特性如图 3.5.18 所示。

图 3.5.19（a）是一个一阶有源低通滤波器电路。它的功能是使频率低于某一数值（如 $f_0$）的信号能通过，而高于 $f_0$ 的信号衰减。经计算可得出滤波器增益或电压传输系数为

$$A_f=-\frac{R_f}{R_1} \tag{3.5.13}$$

截止频率为

$$f_0=\frac{1}{2\pi R_f C} \tag{3.5.14}$$

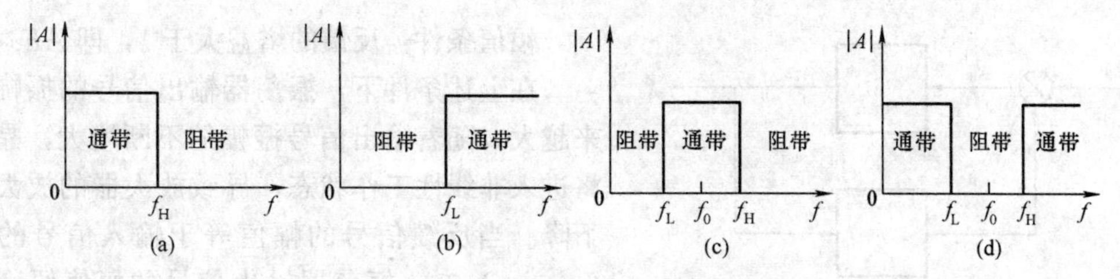


图 3.5.18　滤波电路的理想幅频特性

(a) 低通；(b) 高通；(c) 带通；(d) 带阻

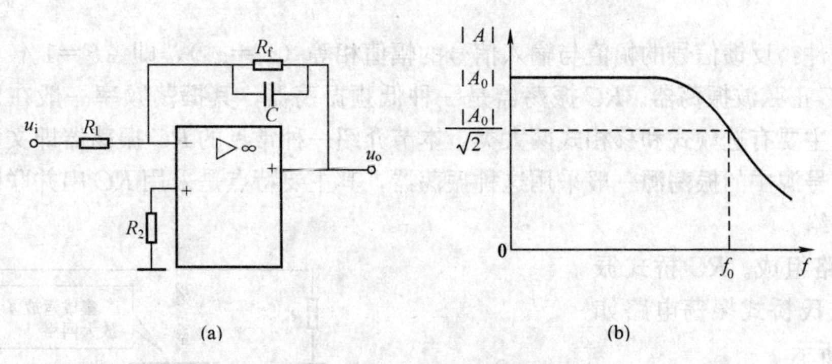


图 3.5.19　有源低通滤波器

(a) 一阶有源低通滤波器；(b) 低通滤波器频率特性曲线

对应的频率特性曲线如图 3.5.19 (b) 所示。

在参数选上，由于 $R_f$ 的大小不受限制，因此，电容 $C$ 的数值可以是很小的。此外，这种滤波器的输出电压不但不会衰减，还可以放大，即传输系数可以做到大于 1，因此，有源滤波器具有较好的性能。

### 3.5.4　信号产生

1. 正弦波振荡电路

(1) 正弦波振荡电路的基本概念。正弦波振荡电路是一种应用广泛的模拟电子电路，是一种不需要外加输入信号，通过电路产生自激振荡，自行将直流电源能量转换成一定频率和幅值的正弦波信号输出的电路，故称之为正弦波振荡器或正弦波发生器。

振荡器一般由放大电路、正反馈电路、选频电路和稳幅电路四部分组成。

常见的振荡电路有 $RC$ 正弦波振荡电路、$LC$ 正弦波振荡电路和石英晶体振荡电路等。本书只简单介绍 $RC$ 正弦波振荡电路。

(2) 产生自激振荡的条件。正弦波振荡电路本身是一个正反馈电路，是利用正反馈来产生自激振荡的。正反馈方框图如图 3.5.20 所示。

1) 起始输入信号。电路接通电源的瞬间，由于电路内部的噪声和放大电路中直流电位的扰动，相当于给放大电路输入了一个微弱的信号，该信号包含多种频率，经过环路的选频网络，将某一特定频率 $f_0$ 的信号挑选出来（其余信号加以抑制），经过反馈电路送回到输入端，即成为最初的输入信号。

2) 自激振荡的条件。电路自激振荡的条件可分为起振条件和维持振荡的条件。起振条件如下：

相位条件：反馈信号与输入信号同相，即满足正反馈。

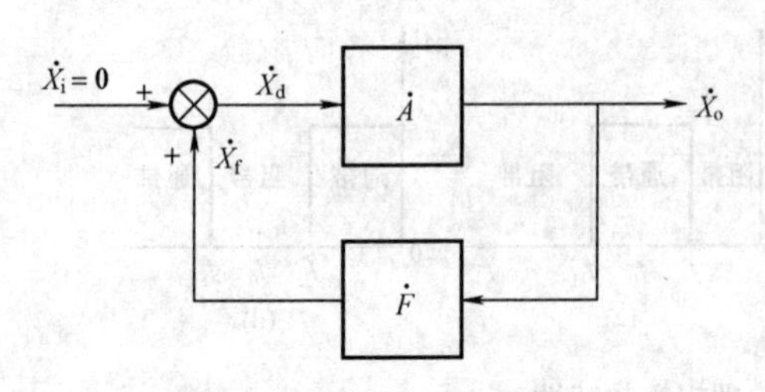


图 3.5.20 正反馈方框图

幅值条件：反馈的增益大于1，即 $AF>1$。

在上述条件下，振荡器输出信号的振幅会越来越大，随着输出信号振幅的不断增大，晶体管将进入非线性工作状态，导致放大器的放大倍数下降。当反馈信号的幅值等于输入信号的幅值（$x_f=x_d$）时，振荡器输出信号的幅值便稳定下来，形成等幅振荡。因此，维持自激振荡的平衡条件如下：

幅值条件：反馈信号的幅值与输入信号的幅值相等（$x_f=x_d$），即 $AF=1$。

（3）$RC$ 正弦波振荡器。$RC$ 振荡器是一种低频振荡器，其振荡频率一般在几赫到几百千赫之间，主要有选频式和移相式两大类。本节介绍一种常见的 $RC$ 振荡器即文氏桥式振荡器，低频信号源中的振荡源一般采用这种振荡器，其主要特点是采用 $RC$ 串并联网络作为选频和反馈网络。

1）电路组成。$RC$ 桥式振荡电路即文氏桥式振荡电路如图 3.5.21 所示。

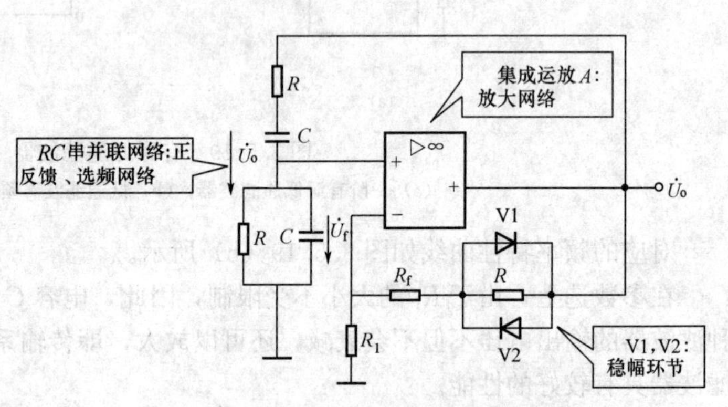


图 3.5.21 $RC$ 桥式正弦波振荡电路

由图 3.5.21 可见，$RC$ 桥式正弦波振荡电路由两部分构成，即集成运算放大器与电阻 $R_f$ 和 $R_1$ 构成同相输入比例运算电路，$RC$ 串并联网络构成选频反馈网络。

在电路中，集成运算放大器的输出电压 $\dot{U}_o$ 作为 $RC$ 串并联网络的输入电压，而将 $RC$ 串并联网络中 $RC$ 并联电路的电压 $\dot{U}_f$ 作为输出电压送回到放大器的同相输入端，构成正反馈电路。

2）振荡条件。$RC$ 串并联网络的选频频率为 $f_0=\dfrac{1}{2\pi RC}$，当输入信号的频率 $f=f_0$ 时，$RC$ 串并联网络的输入与输出信号同相位，即 $\dot{U}_f$ 与 $\dot{U}_o$ 同相，放大器为同相放大器，电路的总相位移为零，满足相位平衡条件。当输入信号的频率偏离该频率时，$RC$ 串并联网络的相位移不为零，不满足相位平衡条件。

通过分析可知，当输入信号的频率 $f=f_0$ 时，$U_f=\dfrac{1}{3}U_o$，则 $RC$ 串并联网络的反馈系数 $F=\dfrac{U_f}{U_o}=\dfrac{1}{3}$，因振荡器维持自激振荡的幅值条件为 $AF=1$，故同相比例运算放大器的放大倍数应为

$$A=\frac{1}{F}=\frac{R_f+R_1}{R_1}=1+\frac{R_f}{R_1}=3 \tag{3.5.15}$$

即 RC 桥式正弦波振荡电路维持自激振荡的幅值条件是

$$\frac{R_f}{R_1}=2 \tag{3.5.16}$$

由前面的分析可知，振荡器起振时必须满足 $AF>1$ 的条件，因此电阻 $R_1$、$R_f$ 的大小也必须自动满足$\frac{R_f}{R_1}>2$ 的条件。在实际电路中，反馈电阻 $R_f$ 一般采用具有负温度系数的热敏电阻，即温度升高时，电阻值下降。电路接通电源的瞬间，输入信号较弱，通过 $R_f$ 中的电流比较小，其温度相对较低，电阻值较大，满足$\frac{R_f}{R_1}>2$ 的条件，从而使电路容易起振。起振后，通过 $R_f$ 中的电流增大，其温度升高，电阻值下降，自动调节电路的放大倍数使电路产生稳定的振荡波形。

2. 方波发生器

在电子电路中，有时要用到一些非正弦波信号，例如在数字电路中经常用到上升沿和下降沿都很陡峭的方波或矩形波；在电视扫描电路中要用到锯齿波等，我们通常把正弦波以外的这些波形统称为非正弦波。图 3.5.22 是一种能产生方波的电路，称为方波发生器或矩形波发生器。

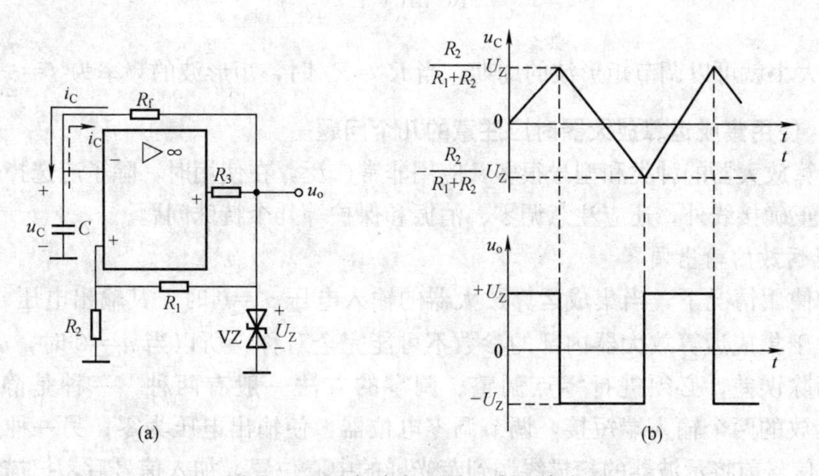

图 3.5.22　方波发生器电路及其波形

(a) 基本电路；(b) 电路波形

(1) 电路组成。显然，由图 3.5.22 (a) 分析可知，方波发生器的电路是在滞回比较器的基础上，增加一条 $RC$ 充、放电负反馈支路构成的。图中电阻 $R_1$、$R_2$ 构成正反馈；电阻 $R_3$ 及双向稳压管 VZ 构成硅稳压管稳压电路，用来限制输出电压的幅值。电路的输出电压 $u_o$ 的大小由同相端电压和反相端电压比较决定。

(2) 电路的工作原理。电容 $C$ 上的电压加在集成运放的反相输入端。假设电容电压的初始值为零，则有 $u_-=0$。当电路刚接通电源时，由于电路中的电流由零突然增大，产生了冲击，在电容 $C$ 上的电压不能突变，但同相端 $u_+$ 端将在瞬间获得一个最初的输入电压，此时 $u_-<u_+$。由于电路中引入了正反馈，运放输出电压迅速达到最大值 $+U_Z$，此时同相端电压也随之变为

$$u_+=\frac{R_2}{R_1+R_2}\times U_Z$$

与此同时，电容 $C$ 开始经 $R_f$ 充电，$u_C$ 逐渐上升。当 $u_C$ 电压升至

$$u_C = \frac{R_2}{R_1 + R_2} \times U_Z$$

时，由于运放输入端电压 $u_- \geqslant u_+$，于是电路发生跳变，输出电压由 $+U_Z$ 变为 $-U_Z$，此时 $u_+$ 端电压变为

$$u'_+ = -\frac{R_2}{R_1 + R_2} \times U_Z$$

同时，由于输出端电压 $u_o$ 为 $-U_Z$，电容 $C$ 开始通过 $R_f$ 放电，$u_C$ 逐渐下降。当 $u_C$ 下降到

$$u'_C = -\frac{R_2}{R_1 + R_2} \times U_Z$$

时，运放输入端电压 $u_- \leqslant u_+$，于是电路又发生跳变，输出电压又由 $-U_Z$ 变为 $+U_Z$。如此周而复始，在运放输出端将产生稳定的方波电压，如图 3.5.22（b）所示。电路中，$RC$ 的乘积决定充放电时间的长短，$RC$ 乘积越大充放电时间就越长，方波的周期就越长。经分析可知方波信号的周期为

$$T = 2RC\ln\left(1 + 2\frac{R_2}{R_1}\right) \tag{3.5.17}$$

改变 $RC$ 的大小就可以调节矩形波的周期。当 $R_1 = R_2$ 时，矩形波的频率为 $f = \frac{1}{2.2RC}$。

### 3.5.5 使用集成运算放大器时应注意的几个问题

集成运算放大器的种类和型号很多，应用非常广泛，在使用时，除了应选择合适型号的集成运放及正确接线外，还应注意调零、消振和保护等几个特殊问题。

1. 集成运放的输出调零

在正常使用情况下，当集成运算放大器的输入电压 $u_i = 0$ 时，其输出电压 $u_o$ 也应等于零。但是由于集成运算放大器内部的参数不可能完全对称，所以当 $u_i = 0$ 时，$u_o$ 可能不为零。为了消除误差，必须进行零点调整。调零的方法一般有两种，一种是静态调零法，即将集成运放的两个输入端短接，调节调零电位器，使输出电压为零；另一种是动态调零法，即加入信号前将示波器的扫描线调到荧光屏的中心位置，加入信号后，扫描线的位置发生偏离，调节集成运放的调零电路，使波形再回到对称于荧光屏中心的位置，即调零成功。

2. 集成运放自激振荡的消除

集成运算放大器的开环放大倍数很大，而且在使用时经常加有反馈环节，由于集成运算放大器内部晶体管的极间电容和其他寄生参数的影响，很容易在某一较高的频率上产生自激振荡，影响集成运放的正常工作。所以，在实际使用中，经常要加入相应的相位补偿电路即消振环节以破坏自激振荡的相位条件。常用的方法是外接 $RC$ 消振电路，利用 $RC$ 电路对信号的移相作用来破坏产生自激振荡的条件，达到消振的目的，如图 3.5.23 所示是一种常见的消振电路。电路在 $R_f$ 两端并联了一个电容 $C$，或者在输入端并联一个 $RC$ 支路。这两个环节都属于超前校正的性质，它们产生的相位超前作用可抵消接线到地或接线之间的杂散电容（图中 $C_1$、$C_2$、$C_3$）所起的相位滞后作用，从而使运算放大电路工作稳定。

3. 集成运放的保护

如果集成运放的电源极性接反、输入电压过高或者输出端短路都可能损坏集成运放。因

此一般要设置电源保护、输入端保护和输出端保护等。集成运放的保护电路的原理图如图 3.5.24 所示。

(1) 电源极性保护。集成运放的电源极性保护主要是为了防止因电源接反而损坏集成运放。在图 3.5.24 中，V3、V4 构成电源极性反接保护电路，当电源极性接反时，V3、V4 因承受反向电压而截止，相当于将电源断开，故起到保护集成运放的作用。

(2) 输入端保护。二极管 V1、V2 构成输入端保护。因为当输入端所加的差模或共模电压过高时会损坏输入级的晶体管，在输入端接入反向并联的二极管后，能将输入电压限制在二极管的正向导通电压内，从而起到保护作用。

(3) 输出端保护。集成运放如果在较高电压和较大电流下使用，可能会导致永久性地失效，因此需要采取相应的保护措施。在图 3.5.24 中，稳压管 VZ1、VZ2 为输出端电压过高保护，因为 VZ1、VZ2 两个稳压管反向串联后能将输出电压限制在稳压管的稳压值范围内。

$R$ 是输出端对地短路保护，即过流保护电阻。

实际中的保护电路形式很多，应根据具体情况通过综合技术评价选择合适的保护电路。

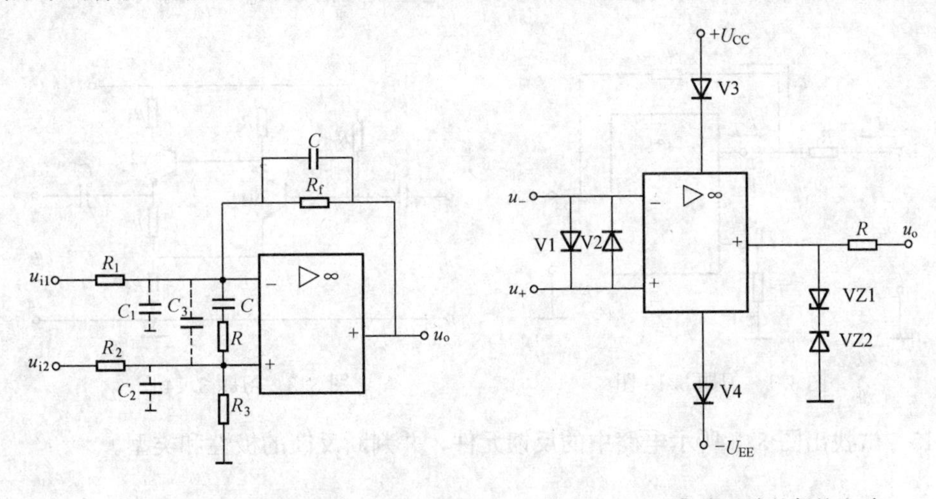


图 3.5.23　消振电路　　图 3.5.24　集成运放的保护电路

## 习　题

3.1　阻容耦合放大电路与直接耦合放大电路各有什么特点？在什么情况下放大电路可以采用阻容耦合方式？在什么情况下可以采用直接耦合方式？

3.2　直接耦合放大电路有哪两个特殊问题，应如何解决？

3.3　在直接耦合放大电路中，为什么用二极管或稳压管代替射极电阻可以避免电压放大倍数下降？

3.4　什么是零点漂移？什么是温度漂移？为什么要将放大电路的零点漂移折算到输入端？

3.5　什么是共模信号、差模信号、共模放大倍数、差模放大倍数、共模抑制比？

3.6　差动放大电路在结构上有什么特点？是怎样放大差模信号的？

3.7　差动放大器是如何抑制零点漂移的？

3.8　带恒流源的差动放大器是如何提高共模抑制比的？

3.9　在甲、乙两个直接耦合放大电路中，甲电路的放大倍数为 500，输出电压漂移了 10V；乙电路的放大倍数为 50，输出电压漂移了 10V。把它们折合到输入端的等效漂移电压分别为多少？哪一个的零漂小一些？

3.10　什么是集成电路？它与分立元件电路相比有何优点？

3.11　集成运放由哪几个大单元电路组成？试分析各自的作用。

3.12　什么是虚短、虚断、虚地？同相输入电路是否存在虚地？

3.13　在图 3.1 中，$u_N$ 为“虚地”，若将 N 点真正接地，其 $A_f=\frac{R_f}{R_1}$ 是否成立？为什么？若将 $R_1$ 一端开路，电路是否还能工作？为什么？

3.14　反馈放大电路如图 3.2 所示。

(1) 试判断图中的级间反馈的极性、类型；

(2) 假定满足深度负反馈条件，试估算闭环电压放大倍数 $A_{uf}=\frac{u_o}{u_i}$ 的大小。

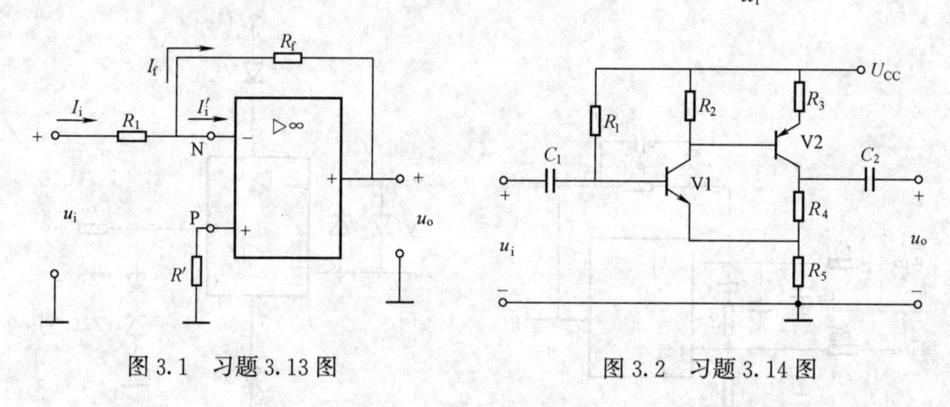


图 3.1　习题 3.13 图　　　　　　图 3.2　习题 3.14 图

3.15　试找出图 3.3 所示电路中的反馈元件，并判断反馈的极性和类型。

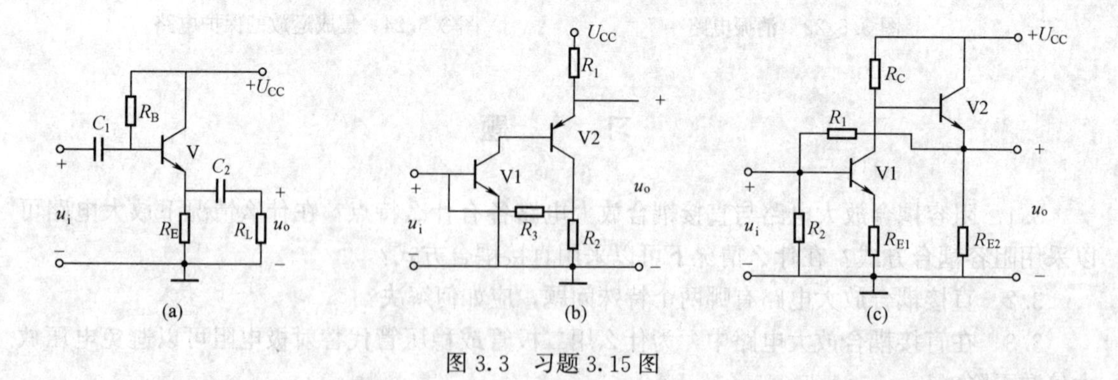


图 3.3　习题 3.15 图

3.16　如图 3.4 所示各电路，试判断电路中引入了什么类型的负反馈，并指出反馈元件。

3.17　一个串联电压负反馈放大器，已知其开环电压放大倍数为 2000，电压反馈系数为0.049 5，如果输出电压为 2V，试求输入电压、反馈电压及净输入电压的大小。

3.18　一个电压串联负反馈放大器，当输入电压为 1V 时，输出电压为 2V；去掉反馈

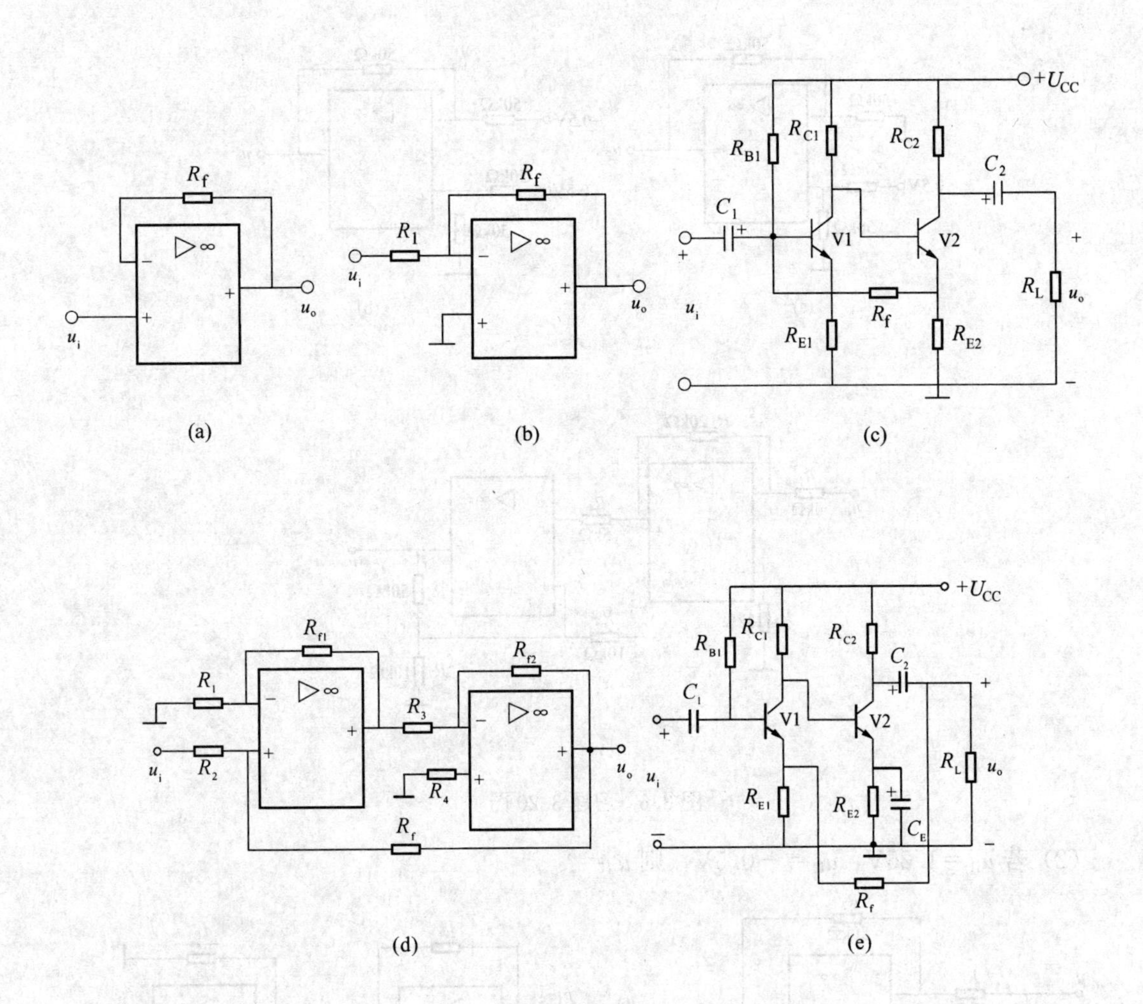


图 3.4　习题 3.16 图

后，输入为 0.1V 时，输出电压为 4V，试计算反馈系数。

3.19　指出图 3.5 所示电路属于什么电路，并计算 $R_f$ 的阻值（$R_1=5.1\text{k}\Omega$，$u_i=0.2\text{V}$，$u_o=-3\text{V}$）。

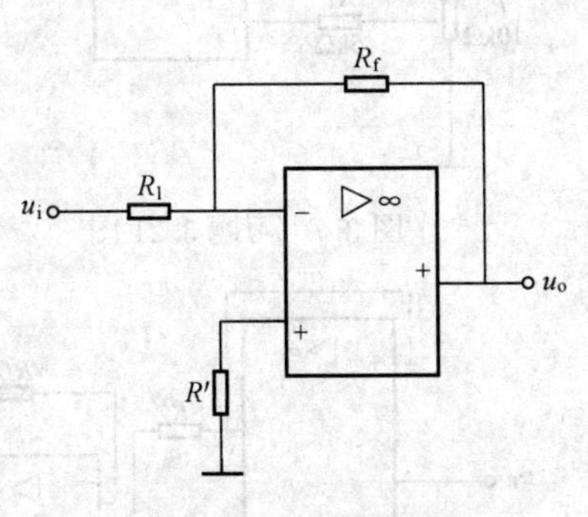


图 3.5　习题 3.19 图

3.20　理想运放电路如图 3.6 所示，试计算其输出电压 $u_o$。

3.21　理想运放电路如图 3.7 所示。设可调电阻可动触头到地端的电阻为 $kR_P$，$0\leqslant k\leqslant 1$。试求电压增益 $\dot{A}_u=\dfrac{u_o}{u_i}$的调节范围。

3.22　有一个电压电流转换电路如图 3.8 所示，设 A1、A2 为理想运放，试求输出电流 $i_L$ 与输入电压 $u_{id}$之间的关系。

3.23　电路如图 3.9 所示，试完成：

（1）写出 $u_o$ 与 $u_{i1}$、$u_{i2}$的函数关系；

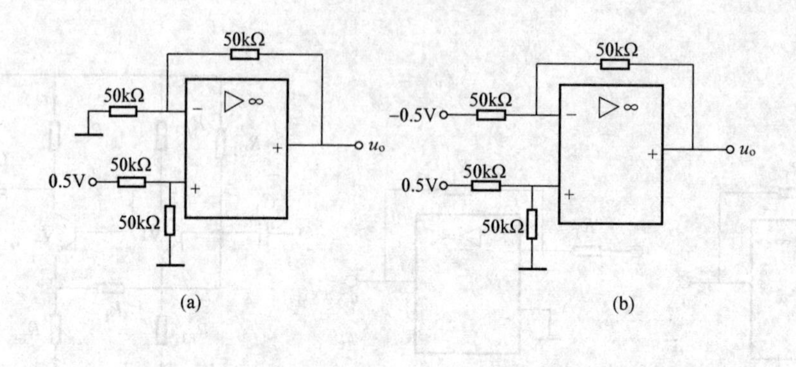


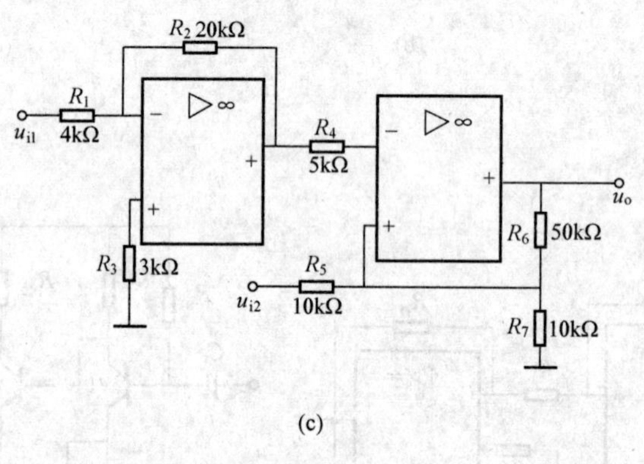


图 3.6　习题 3.20 图

（2）若 $u_{i1}=1.25\text{V}$，$u_{i2}=-0.5\text{V}$，则 $u_o=$？

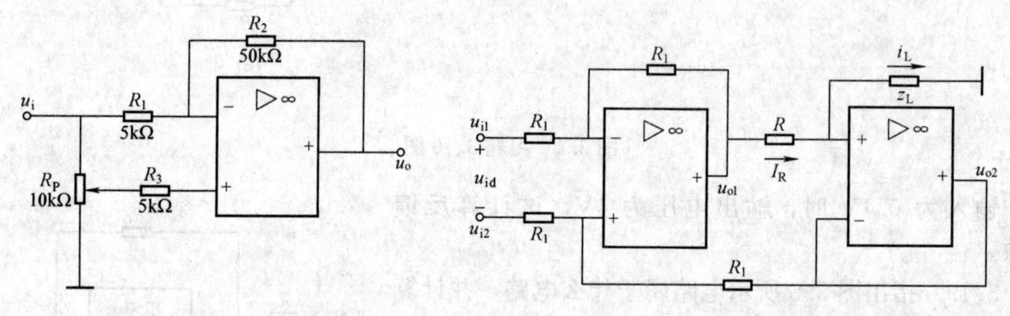


图 3.7　习题 3.21 图

图 3.8　习题 3.22 图

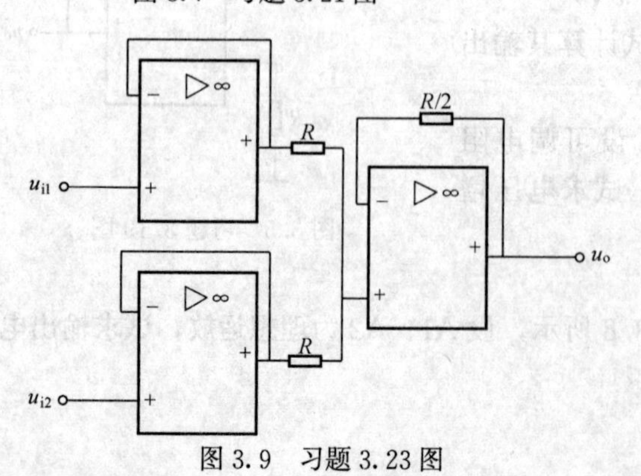


图 3.9　习题 3.23 图

3.24　设运算放大电路的开环电压放大倍数足够大，输出端接满量程为 5V 的电压表，满偏电流为 500$\mu$A，用它制成测量电压、电流和电阻的三用表，其等效电路如图 3.10 所示。

（1）测量电压的原理电路如图 3.10（a）所示，如果想要得到 25V、15V、10V、1V、0.5V 五种不同量程，试求电阻 $R_{i1}$、$R_{i2}$、$R_{i3}$、$R_{i4}$、$R_{i5}$ 的值。

(2) 测量电流的原理电路如图 3.10 (b) 所示，如果想要得到 5mA、1mA、0.5mA、0.1mA、50$\mu$A 的电流时都能使输出端 5V 电压表达到满量程，电阻 $R_{F1}$、$R_{F2}$、$R_{F3}$、$R_{F4}$、$R_{F5}$的阻值各为多少？

(3) 测量电阻的原理电路如图 3.10 (c) 所示，若输出电压表指针分别指示 5V、1V、0.5V，被测电阻 $R_{X1}$、$R_{X2}$、$R_{X3}$的阻值各为多少？

3.25　试用集成运放实现下列求和运算：

(1) $u_o = -(u_{i1} + 10u_{i2})$；

(2) $u_o = 1.5u_{i1} - 5u_{i2}$。

要求对应于各个输入信号来说，电路的输入电阻不小于 2kΩ，请选择电路的结构形式并确定电路参数。

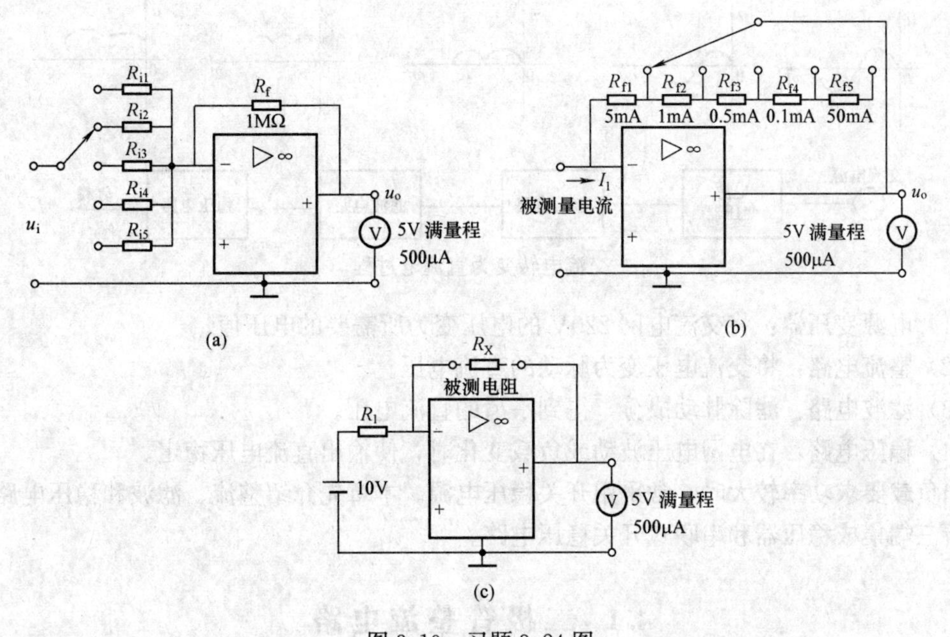


图 3.10　习题 3.24 图

(a) 测量电压的电路；(b) 测量电流的电路；(c) 测量电阻的电路

# 第 4 章

# 直 流 电 源

在电子电路中，通常都需要电压稳定的直流电源供电。如电镀、蓄电池充电、直流电动机运转等，在电子设备和自动控制装置中，对提供的直流电压稳定性要求更高。直流电源的获取，除了利用直流发电机等设备直接产生外，还可以利用半导体直流电源把交流电变成平滑而稳定的直流电。小功率的直流稳压电源由电源变压器、整流、滤波、稳压电路组成，如下图所示。各部分的功能如下。

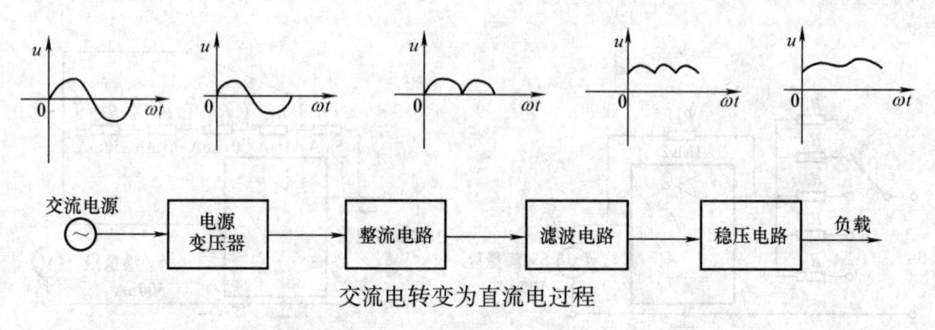

交流电转变为直流电过程

(1) 电源变压器：将交流电网 220V 的电压变为所需要的电压值。

(2) 整流电路：将交流电压变为脉动的直流电压。

(3) 滤波电路：滤除脉动成分，得到平滑的直流电压。

(4) 稳压电路：在电网电压波动或负载变化时，使输出直流电压稳定。

当负载要求功率较大时，常采用开关稳压电源。本章先介绍整流、滤波和稳压电路，然后分析三端集成稳压器和串联式开关稳压电路。

## 4.1 二极管整流电路

将交流电变为直流电称为整流。二极管整流就是利用二极管的单向导电性把电网供给的大小、方向都随时间变化的交流电变换成大小随时间变化而方向不变的脉动直流电。单相整流电路可分为半波整流、全波整流、桥式整流等类型。下面介绍半波和桥式整流电路，并简单介绍三相桥式整流电路。

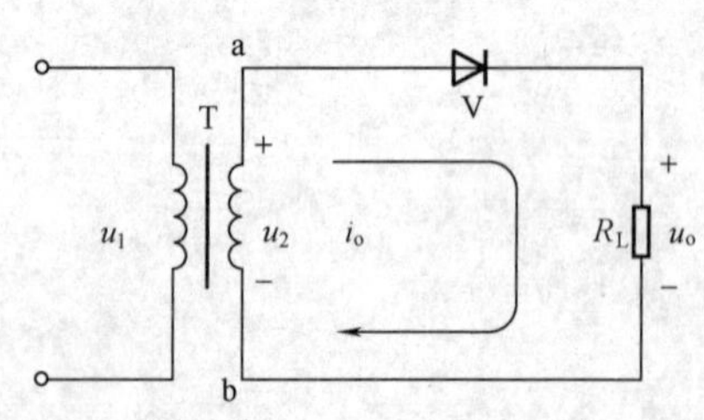

图 4.1.1　单相半波整流电路

### 4.1.1　单相半波整流电路

单相半波整流电路如图 4.1.1 所示。它由整流变压器 T、整流元件二极管 V 及负载电阻 $R_L$ 组成。变压器将电网交流电压变换成整流电路所需的交流电压，设整流变压器的二次侧电压为

$$u_2 = \sqrt{2}U_2 \sin\omega t$$

为讨论方便，可认为变压器和二极管是理想器件，即变压器的输出电压稳定，二极管的

正向导通压降忽略不计，正向电阻为零，反向电阻无穷大。

由于二极管 V 的单向导电性，在 $u_2$ 的正半周，其极性是上正下负，即 a 点的电位高于 b 点，二极管因承受正向电压而导通。这时负载电阻 $R_L$ 和二极管上通过的电流都为 $i_o$，负载两端的电压有 $u_o=u_2$。在 $u_2$ 的负半周，其极性是上负下正，即 a 点的电位低于 b 点，二极管承受反向电压而截止，即 $u_V=u_2$，$i_V=i_o=0$。负载电阻 $R_L$ 上没有电压，即 $u_o=0$。由于在正弦电压的一个周期内，$R_L$ 上只有半个周期内有电流和电压，所以这种电路称为半波整流电路。负载电阻 $R_L$ 及二极管 V 对应于变压器副边电压的波形如图 4.1.2 所示。

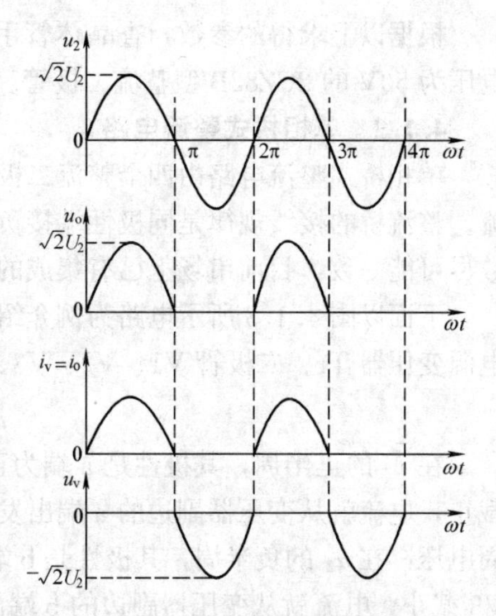

图 4.1.2 单相半波整流电路电压和电流的波形

半波整流电路输出电压的平均值 $U_o$ 为

$$U_o=\frac{1}{2\pi}\int_0^{2\pi}\sqrt{2}U_2\sin\omega t\,d(\omega t)=\frac{\sqrt{2}}{\pi}U_2=0.45U_2 \tag{4.1.1}$$

可见，单相半波整流电路输出的直流电压只有变压器次级电压有效值的 45%，如果负载较小，考虑到二极管的正向电阻和变压器的内阻，转换效率还要更低。

流过负载和二极管的平均电流为

$$I_o=I_V=\frac{U_o}{R_L}=0.45\frac{U_2}{R_L} \tag{4.1.2}$$

二极管承受的反向峰值电压 $U_{RM}$ 为

$$U_{RM}=\sqrt{2}U_2 \tag{4.1.3}$$

整流电路输出电压的脉动系数 $S$ 定义为输出电压基波的最大值与其平均值的比值。脉动系数 $S$ 为

$$S=\frac{U_{o1M}}{U_o}=\frac{\frac{\sqrt{2}}{2}U_2}{\frac{\sqrt{2}}{\pi}U_2}=1.57 \tag{4.1.4}$$

可见单相半波整流电路虽然结构简单，所用元件少，但输出电压脉动大，整流效果差，只适用于要求不高的场合。

**【例 4.1.1】** 某直流负载，电阻为 1kΩ，要求工作电流为 15mA，如果采用半波整流电路，试求变压器二次侧的电压值，并选择合适的整流二极管。

**解** 由于

$$\begin{aligned}U_o&=R_LI_o\\&=1\times10^3\times15\times10^{-3}=15(\text{V})\end{aligned}$$

故

$$U_2=\frac{1}{0.45}U_o=\frac{15}{0.45}=33(\text{V})$$

流过二极管的平均电流为

$$I_V=I_o=15(\text{mA})$$

二极管承受的反向电压为

$$U_{RM}=\sqrt{2}U_2=1.41\times33\approx47(V)$$

根据以上求得的参数，查晶体管手册，可选用一只额定整流电流为100mA，最高反向电压为50V的2CZ82B型整流二极管。

**4.1.2 单相桥式整流电路**

单相桥式整流电路由四个整流二极管接成桥型，所以称桥式整流电路，它是一种全波整流。整流桥的接线规律是同极性端接负载，异极性端接电源。一般要求四个二极管的性能参数尽可能一致，目前市场上已有集成的整流桥（俗称桥堆），性能参数比较好。

下面以图4.1.3所示电路为例介绍单相桥式整流电路的工作原理。单相桥式整流电路由电源变压器Tr、二极管V1、V2、V3、V4和负载电阻$R_L$组成。设变压器二次侧电压为

$$u_2=\sqrt{2}U_2\sin\omega t$$

在$u_2$的正半周，其极性是a端为正，b端为负，则整流元件V1和V3导通，V2和V4截止，电流就从变压器副边的a端出发，流经负载$R_L$而由b端返回。$R_L$上得到$u_2$的正半周电压。在$u_2$的负半周，其极性是b端为正、a端为负，则整流元件V2和V4导通，V1和V3截止，电流就从变压器副边的b端出发，流经负载$R_L$而由a端返回。$R_L$上得到与正半周方向一致的$u_2$电压。

由此可见，当电源电压$u_2$交变一周时，整流元件在正半周和负半周轮流导通。通过负载的电流和整流输出电压的波形如图4.1.4所示。

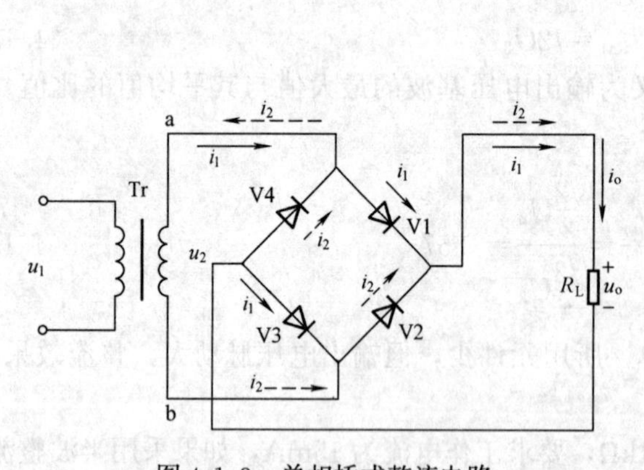

图4.1.3 单相桥式整流电路

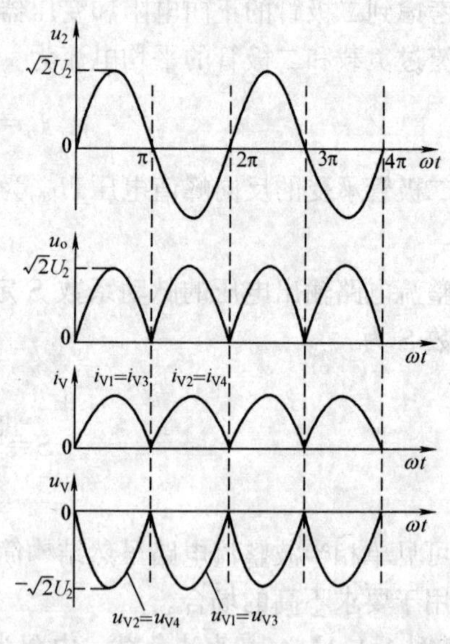

图4.1.4 单相桥式整流电路波形

与半波整流相比，桥式整流后输出的电压平均值是半波整流时的2倍，转换效率也高了。即

$$U_o=0.45U_2\times2=0.9U_2 \tag{4.1.5}$$

通过负载的电流的平均值为

$$I_o=\frac{U_o}{R_L}=0.9\frac{U_2}{R_L} \tag{4.1.6}$$

由于每个二极管只有半个周期导通，所以各个二极管的电流平均值是负载电流的一

半，即

$$I_V = \frac{1}{2} I_o = 0.45 \frac{U_2}{R_L} \tag{4.1.7}$$

当二极管截止时，它所承受的最高反向工作电压为

$$U_{RM} = \sqrt{2} U_2 \tag{4.1.8}$$

二极管最高反向电压就是变压器二次侧电压的最大值。二极管正常工作时，其最高反向工作电压应大于这个电压。

脉动系数 $S$ 为

$$S = \frac{\frac{4\sqrt{2}}{3\pi} U_2}{\frac{2\sqrt{2}}{\pi} U_2} = 0.67 \tag{4.1.9}$$

可见，桥式整流电路的脉动成分比半波整流电路有所下降，但数值仍较高。

**【例 4.1.2】**　图 4.1.3 所示的桥式整流电路中，其负载要求电压 $U_o = 36\text{V}$，电流为 $I_o = 10\text{A}$，当采用单相桥式整流电路时，试求：

(1) 整流元件所通过的电流和能承受的最大反向工作电压；

(2) 若 V2 因故损坏开路，$U_o$ 和 $I_o$ 为多少？

(3) 若 V2 短路，会出现什么情况？

**解**　(1) 整流元件通过的电流为

$$I_V = \frac{1}{2} I_o = \frac{1}{2} \times 10 = 5(\text{A})$$

变压器副边电压有效值为

$$U_2 = \frac{U_o}{0.9} = \frac{36}{0.9} = 40(\text{V})$$

整流元件所承受的最大反向工作电压为

$$U_{RM} = \sqrt{2} U_2 = 1.4 \times 40 = 56(\text{V})$$

(2) 当 V2 开路时，$u_2$ 在正半周导通，但在负半周因 V2 开路而截止，所以电路相当于半波整流电路，输出电压、电流只有全波整流的一半。有

$$U'_o = 0.45 U_2 = 0.45 \times 40 = 18(\text{V})$$

由电路正常工作时得到，负载电阻

$$R_L = \frac{U_o}{I_o} = \frac{36}{10} = 3.6(\Omega)$$

此时 V2 开路

$$I'_o = \frac{U_o}{R_L} = \frac{18}{3.6} = 5(\text{A})$$

(3) 当 V2 短路时，在 $u_2$ 正半周电流将只通过二极管 V1 构成回路，由于二极管的导通电压只有 0.7V，因此变压器二次侧短路，电流过大易烧毁变压器和二极管。

### 4.1.3　三相桥式整流电路

前面讨论的单相整流电路，输出功率一般不超过几千瓦，不适宜大功率负载，易造成电网三相负荷不平衡。因为三相整流电路具有输出电压脉动小，输出功率大，变压器利用率高

并能使三相电网的负荷平衡等优点，所以具有广泛的应用。

图 4.1.5 所示为应用最多的三相桥式整流电路，通常变压器的初级绕组接成三角形，次级绕组接成星型。次级绕组的相电压是三相对称电压并按正弦规律变化，彼此相位相差 120°，电压波形如图 4.1.6（a）所示。由六个二极管 V1～V6 组成桥式整流电路，负载 $R_L$ 接在 E、F 两点。为了分析方便，将变压器的次级绕组相电压的一个周期的时间从 $t_1$～$t_7$ 分成六等分，在每个六分之一周期时间内，相电压 $u_{2U}$、$u_{2V}$、$u_{2W}$ 中总有一个是最大的，一个是最小的。对于共阴极连接的二极管，哪一只的正极电位最高，则这只二极管就处于导通状态；对于共阳极连接的二极管，哪一只的负极电位最低，则这只二极管就处于导通状态。

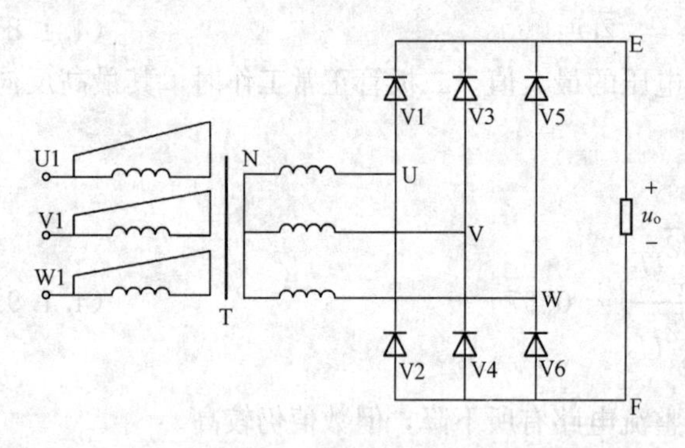


图 4.1.5 三相桥式整流电路

在 $t_1$～$t_2$ 时间内：V1、V3、V5 的负极电位相同，而 U、V、W 三点中 U 相电压最高，所以共阴极组连接的二极管中 V1 优先导通，使 E 点电位等于 U 点，这样 V3、V5 承受反向电压而截止。再看 V2、V4、V6，它们的正端电位相同，而 U、V、W 三点中 V 相电压最低，所以共阳极连接的二极管中 V4 优先导通，使 F 点电位等于 V 点，使 V2、V6 也反偏而截止。在这段时间中，V1 与 V4 串联导通，电流通路为：U→V1→$R_L$→V4→V→N。输出电压近似等于变压器次级线电压 $u_{UV}$。

在 $t_2$～$t_3$ 时间内：U 相电压仍然最高，而 W 相电压变得最低，因此 V1 与 V6 串联导通。其余二极管反偏截止，电流通路为 U→V1→$R_L$→V6→W→N。输出电压近似等于变压器次级线电压 $u_{UW}$。

在 $t_3$～$t_4$ 时间内：V 相电压变得最高，而 W 相电压仍然最低，因此 V3 与 V6 串联导通，其余二极管反偏截止，电流通路为 V→V3→$R_L$→V6→W→N。输出电压近似等于变压器次级线电压 $u_{VW}$。依此类推，循环往复。因而不难得出如下结论：在任一瞬时，共阴极组和共阳极组中各有一个二极管导通，每个二极管在一个周期内的导通角都为 120°，导通顺序如图 4.1.6（b）所示。负载上获得的脉动直流电压 $u_o$ 波形如图 4.1.6（c）所示，它是线电压 $u_{UV}$、$u_{UW}$、$u_{VW}$、$u_{VU}$、$u_{WU}$、$u_{WV}$ 的波顶包络线，在一个周期内出现六个波头。如果将它与单相整流电路的输出电压波形相比，显然三相桥式整流电路的输出电压波形平滑得多，脉动更小。

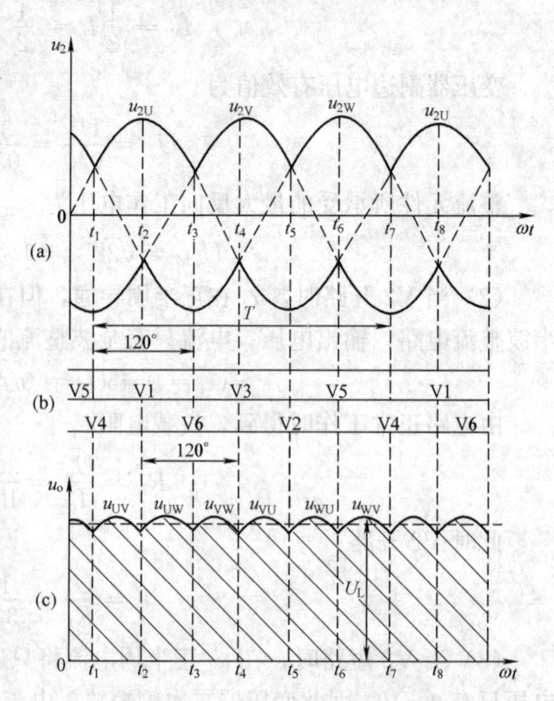


图 4.1.6 三相桥式整流电路电压波形

根据数学推导和实验证明，负载 $R_L$ 上的脉动直流电压平均值 $U_o$ 与变压器二次侧相电

压有效值$U_2$的关系是

$$U_o \approx 2.34U_2 \tag{4.1.10}$$

或

$$U_2 \approx 0.43U_o \tag{4.1.11}$$

整流输出电流为

$$I_o = U_o/R_L \approx 2.34U_2/R_L \tag{4.1.12}$$

每个整流二极管上承受的最大反向电压是变压器二次侧线电压的峰值，线电压的有效值是相电压的有效值的$\sqrt{3}$倍，所以

$$U_{RM} = \sqrt{2} \times \sqrt{3}U_2 \approx 2.45U_2 \approx 1.05U_o \tag{4.1.13}$$

每个整流二极管在一个周期内连续导通1/3周期，所以流过的电流平均值为

$$I_F = \frac{1}{3}I_o \approx \frac{2.34U_2}{3R_L} = 0.78\frac{U_2}{R_L} \tag{4.1.14}$$

**【例4.1.3】**　一直流电源，采用三相桥式整流，负载电压和电流分别为60V和450A，求整流二极管的实际工作电流和最高反向工作电压各为多少？

**解**　根据式（4.1.14）可得整流二极管的工作电流为

$$I_F = \frac{1}{3}I_o = \frac{450}{3} = 150(\text{A})$$

二极管承受的最高反向工作电压为

$$U_{RM} = 1.05U_o = 1.05 \times 60 = 63(\text{V})$$

三相桥式整流电路的特点是：变压器的利用率较高，输出电压脉动小，广泛应用于要求输出电压高，脉动小的电气设备中。

## 4.2　滤 波 电 路

前面讨论的几种整流电路，虽然都可以把交流电变换为直流电，但输出的都是脉动直流电压，含有较大的交流成分，不够平滑。滤波就是滤除整流输出后直流电压中的交流脉动成分，从而获得平直的直流电压和电流。常用电容和电感等储能元件构成滤波电路。

### 4.2.1　电容滤波电路

图4.2.1所示的电路中，滤波电容$C$接在桥式整流电路输出端，并联在负载电阻$R_L$两端构成电容滤波器。

在输入电压$u_2$正半周，整流电流分为两路，一路经二极管V1、V3导通向负载提供电流，另一路向电容充电，因此电容上的电压按正弦规律上升，如图4.2.2中oa段所示。a点以后，$u_2$开始下降，此时$u_2 < u_C$，四个二极管都因承受反向电压而截止，电容器$C$开始向负载电阻$R_L$放电，因为放电速度缓慢，波形变得平缓，如图4.2.2中ab段所示。

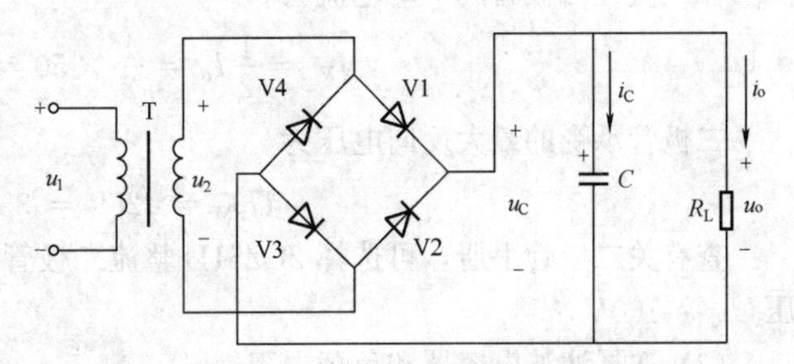

图4.2.1　具有电容滤波器的单相桥式整流电路

在输入电压$u_2$负半周时间段，只有$u_2$上升到大于$u_C$，时，二极管V2、V4才因承受正

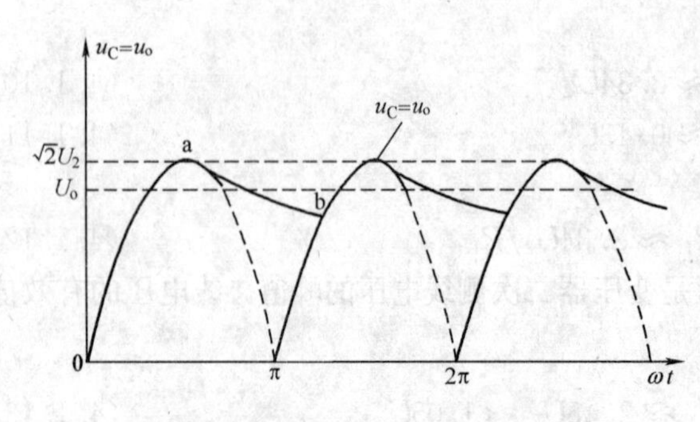


图 4.2.2 电容滤波电路波形图

向电压而导通，同时整流电流再次向电容器充电到最大值，当 $u_2$ 开始下降，此时 $u_2<u_C$，四个二极管又因承受反向电压而截止，电容器 $C$ 重新开始向负载电阻 $R_L$ 放电，如此重复进行，负载上就得到近似于锯齿波的输出电压。

在具有电容滤波的整流电路中，输出电压在工程上一般采用估算公式

$$U_o=(1.1\sim1.2)U_2 \quad (4.2.1)$$

为了取得较好的滤波效果，滤波电容 $C$ 的容量应足够大，使电容的放电时间常数 $R_LC$ 加大，应用上式的条件是

$$\tau=R_LC\geqslant(3\sim5)\frac{T}{2} \quad (4.2.2)$$

式中：$T$ 为交流电源电压的周期。

接入滤波电容后，由于电源接通的瞬间，电容相当于短路，有一个很大的冲击电流，所以为保证安全可靠工作，在选择整流管的最大整流电流时应留有充分裕量，一般大于平均电流 $I_V=\frac{1}{2}I_o$ 的 2～3 倍。流过二极管的电流可能很大，必要时可在电容滤波前串联几欧到几十欧的电阻，来限制电流保护二极管。

一般滤波电容是采用容量几十微法的电解电容器，使用时极性不能接反。电容的耐压应大于$\sqrt{2}U_2$。

总之，电容滤波电路简单，负载直流电压较高，纹波也较小，它的缺点是输出特性较差，所以适合于负载电压较高，负载变动不大的场合。

**【例 4.2.1】** 单相桥式整流，加电容滤波电路如图 4.2.1 所示。已知 220V 交流电源频率为 $f=50$Hz，要求直流输出电压 $U_o=30$V，负载电流 $I_o=50$mA。试求电源变压器二次侧电压 $U_2$ 的有效值，选择整流二极管及滤波电容器。

**解** (1) 变压器二次侧电压有效值由式（4.2.1）得：$U_o=1.2U_2$，则

$$U_2=\frac{30}{1.2}=25(\text{V})$$

(2) 流经二极管的平均电流为

$$I_V=\frac{1}{2}I_o=\frac{1}{2}\times50=25(\text{mA})$$

二极管承受的最大反向电压为

$$U_{RM}=\sqrt{2}U_2=35(\text{V})$$

查有关二极管手册，可选择 2CZ51D 整流二极管。其最大电流 $I_F=50$mA，最大反向电压 $U_{RM}=100$V。

(3) 选择滤波电容器和负载电阻

$$R_L=\frac{U_o}{I_o}=\frac{30}{50}=0.6(\text{k}\Omega)$$

由式（4.2.2）有

$$\tau = R_L C \geqslant (3 \sim 5)\frac{T}{2}$$

取 $$R_L C = 4 \times \frac{T}{2} = 2T = 2 \times \frac{1}{50} = 0.04(\text{s})$$

所以滤波电容为

$$C = \frac{0.04\text{s}}{R_L} = \frac{0.04\text{s}}{600\Omega} = 66.6(\mu\text{F})$$

考虑到电网电压波动±10%，则电容器承受的最高电压为

$$U_{CM} = \sqrt{2}U_2 \times 1.1 = 1.4 \times 25 \times 1.1 = 38.5(\text{V})$$

可选用标称值为68μF/50V的电容器。

### 4.2.2 电感滤波电路

在大电流工作电路中，电容滤波效果较差，往往采用电感滤波电路，即在整流输出电路中串联一带铁心的电感线圈，如图4.2.3（a）所示。

根据电磁感应原理，当电感线圈通过变化的电流时，它的两端将产生自感电动势阻碍电流的变化。当负载电流增加时，自感电动势会阻碍电流的增加，同时把一部分能量存储在线圈的磁场中；当负载电流减小时，自感电动势会阻碍电流的变小，同时释放出存储的能量，这样就使得整流电流变得平缓，滤除了电路中的脉动成分，其输出电压比电容滤波效果要好。一般来说，电感越大滤波效果越好，但考虑到成本及增大的线圈直流电阻会使输出电流、电压下降，所以滤波电感常取几亨到几十亨。电感滤波的波形如图4.2.3（b）所示。

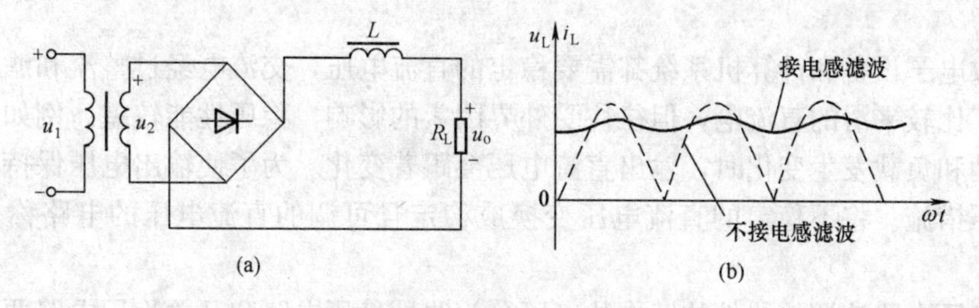


图4.2.3 电感滤波及波形

（a）电路；（b）滤波波形

电感的直流电阻很小，整流电路输出的电压中的直流分量几乎全部加到了负载上，$U_o = 0.9U_2$。而电感线圈对交流的阻抗很大，所以交流分量大部分降落在线圈上。电感滤波的特点是，峰值电流很小，输出特性较平坦。其缺点是由于铁心的存在，笨重，体积大，易引起电磁干扰。这种电路一般适合于大电流，低电压的场合。

### 4.2.3 复式滤波电路

如果要进一步提高滤波质量，减少输出电压的脉动成分，可以采用复式滤波电路。复式滤波电路是将电容滤波、电感滤波及电阻组合而成，通常有LC型、LCπ型、RCπ型几种。它的滤波效果比单一的滤波电路要好，所以应用广泛。

（1）LC型滤波器。如图4.2.4（a）所示是由电感和电容滤波组成。脉动成分经双重滤波作用，交流分量大部分被电感滤除，剩余部分再经过电容滤波，使输出电压更加平缓。

（2）LCπ型滤波器。如图4.2.4（b）所示可以看成是电容滤波和LC型滤波器组合而成，因此滤波效果更好，在负载上的电压更平滑。

（3）RCπ 型滤波器。如图 4.2.4（c）所示。当负载上的电流很小，为降低成本可以用电阻 $R$ 代替电感 $L$。$R$ 的阻值越大，在电阻上的直流压降也越大。当使用一级复式滤波电路达不到负载的要求时，也可以考虑增加级数，构成多级 RC 复式滤波电路。

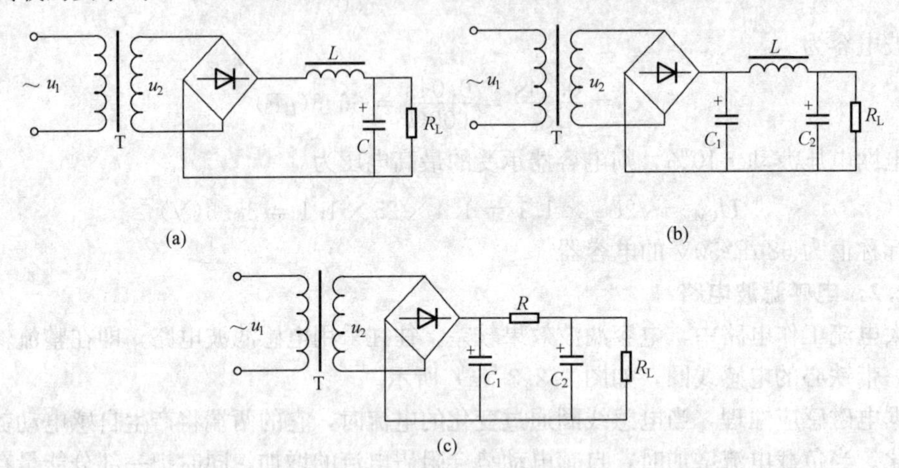


图 4.2.4 复式滤波电路

（a）LC 型滤波电路；（b）LCπ 型滤波电路；（c）RCπ 型滤波电路

## 4.3 直流稳压电路

大多数电子设备和计算机系统都需要稳定的直流电压，交流电经过整流和滤波电路后虽然变换成了比较平滑的直流电，但往往受外界因素的影响，稳压性能较差。例如，当电网电压发生波动和负载发生变化时，输出直流电压会跟着变化。为了使输出电压保持稳定，还需要采取稳压措施。将不稳定的直流电压变换成稳定且可调的直流电压的电路称为直流稳压电路。

直流稳压电路按调整器件的工作状态可分为线性稳压电路和开关稳压电路两大类。本节讨论线性稳压电路，它分为并联型和串联型稳压电路。

### 4.3.1 稳压管并联型稳压电路

硅稳压二极管是组成并联型稳压电路的最基本的元件，它有稳定电压的作用，所以又简称稳压管。稳压管可长期工作在反向击穿区，利用其反向电流可大范围变化而反向电压基本不变的特征来稳压。稳压管并联型稳压电路如图 4.3.1 所示。

经过桥式整流和滤波电路得到的电压 $U_i$，再经过限流电阻 $R$ 和硅稳压二极管 VZ 构成的稳压电路接到负载 $R_L$ 上。由图可知

$$U_o = U_i - IR = U_Z, \qquad I = I_Z + I_o$$

其稳压原理如下：设负载电阻不变，当输入电压 $U_i$ 增大时，输出电压将上升，使稳压管的反向电压略有增加。根据稳压管反向击穿特性，如图 4.3.1（b）所示，稳压管的反向电流将大大增加。于是流过电阻的电流 $I$ 也将增加很多，所以限流电阻上的电压也增加，使得 $U_i$ 增量的绝大部分降落在 $R$ 上，从而使输出电压 $U_o$ 基本保持不变，反之亦然。其工作过程如下

$$U_i \uparrow \rightarrow U_o \uparrow \rightarrow I_Z \uparrow \rightarrow I \uparrow \rightarrow U_R \uparrow \rightarrow U_o \downarrow$$

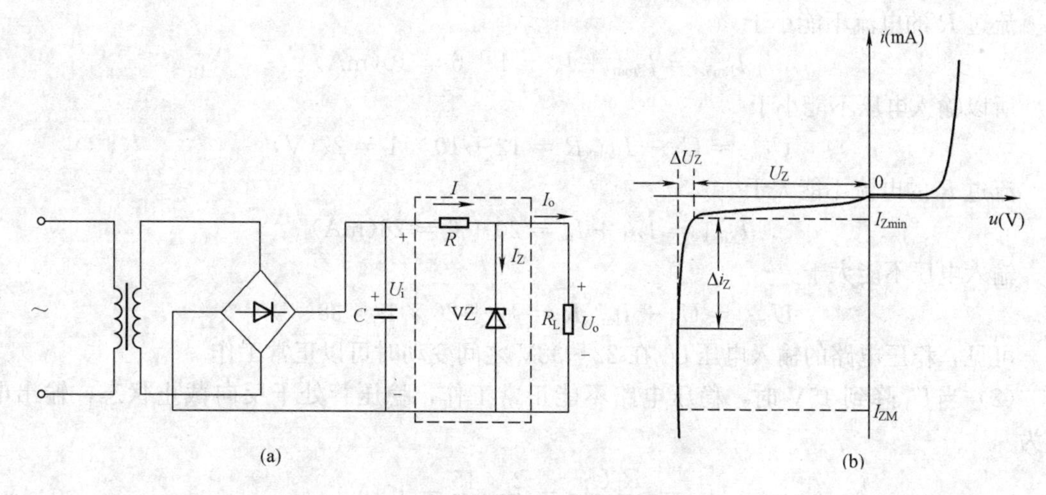


图 4.3.1　稳压管并联型稳压电路

（a）电路；（b）稳压管反向击穿特性

设输入电压 $U_i$ 不变，当负载电阻 $R_L$ 减小时，流过负载的电流 $I_o$ 将增大，导致限流电阻上的总电流 $I$ 增大，则电阻上的压降增大。因输入电压不变，所以使输出电压下降，即稳压管上的电压下降，其反向电流 $I_Z$ 立即减小，保证了限流电阻上的总电流 $I$ 基本不变，输出电压也不变。如果 $R_L$ 增大，则变化过程相反。工作过程如下

$$R_L \downarrow \rightarrow I_o \uparrow \rightarrow I \uparrow \rightarrow U_R \uparrow \rightarrow U_o \downarrow \rightarrow I_Z \downarrow \rightarrow I \downarrow$$

若一个稳压管的稳压值不够，可用多个稳压管串联使用。

由此可见，稳压管的电流调节作用是稳压的关键，并通过限流电阻的调压作用达到稳压的目的。限流电阻 $R$ 一方面保证稳压管的工作电流不超过最大稳定电流 $I_{ZM}$，另一方面还起到电压补偿作用。这种电路结构简单，调试方便，但稳定性能较差，输出电压不易调整。一般适用于负载电流较小，稳压要求不高的场合。

选择稳压管时，一般取

$$U_Z = U_o$$

$$I_{ZM} = (1.5 \sim 3) I_{omax}$$

$$U_i = (2 \sim 3) U_o$$

式中：$I_{omax}$ 为负载电流 $I_o$ 的最大值。

稳压电路的性能指标分为两大类：一类为特性指标，用来规定稳压电源的适用范围，有输入电压、输出功率或输出直流电压和输出电流的范围；另一类为质量指标，用来衡量稳压电源的性能优劣，有稳压系数、纹波电压、电压调整率、输出电阻等。稳压电路的性能指标的定义及测试方法参见第 7 章（7.4.5）内容。

**【例 4.3.1】**　稳压电路如图 4.3.1 所示。要求 $U_o$=12V，已知 $R_L$=2kΩ，$R$=1kΩ，稳压管的 $U_Z$=12V，$I_{ZM}$=20mA，保证稳压管击穿的最小稳定电流 $I_{Zmin}$=4mA。问：

（1）要使稳压管有稳压作用，直流输入电压 $U_i$ 的最小值和最大值各是多少？（2）当 $U_i$=15V 时，稳压电路能否正常工作？此时 $U_o$ 是多少？

**解**　（1）正常工作时，必须满足 $I_{Zmin} \leqslant I_Z \leqslant I_{ZM}$。

$$I_o = \frac{U_o}{R_L} = \frac{12}{2} = 6(\text{mA})$$

流过 $R$ 的电流不能小于

$$I_{Rmin}=I_{Zmin}+I_{o}=4+6=10(\text{mA})$$

所以输入电压不能小于

$$U_{imin}=U_{o}+I_{Rmax}R=12+10\times1=22(\text{V})$$

流过 $R$ 的电流不能大于

$$I_{Rmax}=I_{ZM}+I_{o}=20+6=26(\text{mA})$$

输入电压不能大于

$$U_{imax}=U_{o}+I_{Rmax}R=12+26\times1=38(\text{V})$$

可见，稳压电路的输入电压 $U_i$ 在 22～38V 之间变动时可以正常工作。

(2) 当 $U_i$ 降到 15V 时，稳压电路不能正常工作，稳压管处于反向截止状态，输出电压为

$$U_{o}=\frac{R_{L}U_{i}}{R+R_{L}}=\frac{2\times15}{2+1}=10(\text{V})$$

### 4.3.2 晶体管串联型稳压电路

稳压管稳压电路是利用并联于负载两端的稳压管 VZ 上电流的变化，在限流电阻上产生压降来补偿输出电压的变化。如果在负载电阻上串联一个可调电压的器件，当负载变化和电源变化时，通过改变调整器件两端电压的大小，保证输出电压基本不变，这就是串联型稳压电路的原理。

通常我们采用晶体三极管作为电压调整器件，这个三极管也称调整管，用它的集电极—发射极间的电压 $U_{CE}$的变化来调整输出电压。简单的串联型稳压电路如图 4.3.2 所示。

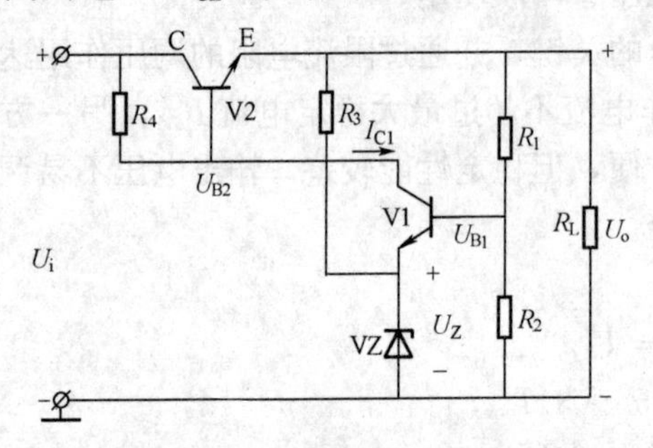


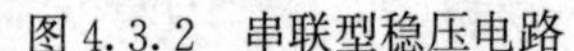
图 4.3.2 串联型稳压电路

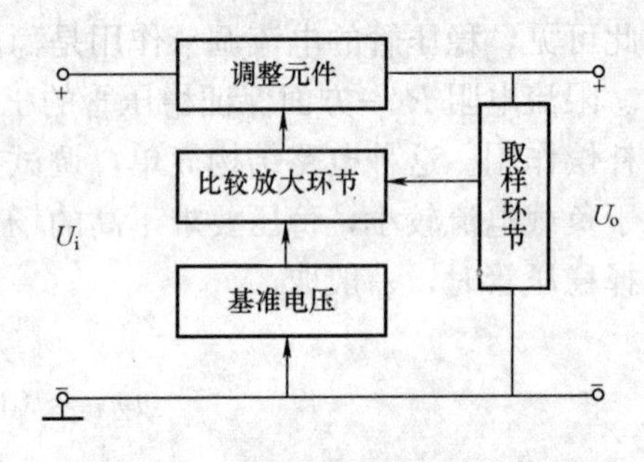


图 4.3.3 串联型稳压电路方框图

晶体管 V2 的 CE 极间电压 $U_{CE}$随集电极电流 $I_{C2}$的变化而变化，改变其基极电流 $I_{B2}$就可以控制集电极电流，从而改变 $U_{CE}$达到稳压的目的。V2 作为调整元件是和负载串联的，故称串联型稳压电路。按上图可分为四部分：取样环节、基准电压、比较放大、调整环节。方框图如图 4.3.3 所示。

(1) 取样环节：由 $R_1$ 和 $R_2$ 组成分压（取样）电路。从输出电压 $U_o$中取出变化的信号电压，使 $U_{B1}=\frac{R_2}{R_2+R_1}U_o$。

(2) 基准电压：由 $R_3$ 和稳压管 VZ 组成，使 V1 管的发射极电位是稳定的稳压管电压 $U_Z$。

(3) 比较放大环节：主要由 V1 管构成。直流放大管 V1 的基极和发射极间电压 $U_{BE1}$为 $U_{B1}$和 $U_Z$ 之差。即 $U_{BE1}=U_{B1}-U_Z$。

（4）调整环节：由工作在放大区的三极管 V2 组成。$R_4$ 是放大管 V1 的集电极负载电阻，又是调整管 V2 的基极偏置电阻。取样电压和基准电压比较后的电压值 $U_{BE1}$ 经放大管 V1 放大后，加到调整管 V2 的基极上，使 V2 自动调整管压降 $U_{CE2}$ 的大小，以保证输出电压的稳定。调整管压降 $U_{CE2}$ 与输出电压关系式为

$$U_i = U_{CE2} + U_o$$

该电路的稳压过程如下：如果输入电压 $U_i$ 增大，或负载电阻增大，则输出电压也跟着增大。通过取样电路将这个变化加在了 V1 管的基极上，与基准电压比较后，电压 $U_{B1}$ 增大，导致 $I_{B1}$ 和 $I_{C1}$ 增大，$R_4$ 上的电压降增大，因此使三极管 V2 上的基极电压 $U_{B2}$ 减小，基极电流减小，集电极电流减小，使调整管的 $U_{CE2}$ 增大，导致输出电压下降，二者抵消，从而使输出电压保持不变。反之亦然。这一自动稳压过程可表示为

$$U_i\uparrow \rightarrow U_o\uparrow \rightarrow U_{B1}(\text{取样})\uparrow \rightarrow I_{B1}\uparrow \rightarrow I_{C1}\uparrow \rightarrow U_{C1}(U_{B2})\downarrow \rightarrow I_{B2}\downarrow \rightarrow U_{CE2}\uparrow \rightarrow U_o\downarrow$$

同理，当 $U_i$ 或 $I_o$ 变化引起输出电压 $U_o$ 降低时，调整过程相反，最后的 $U_{CE2}$ 减小，使 $U_o$ 保持基本不变。

晶体管串联型稳压电路中的比较放大环节也可以采用集成运算放大器，如图 4.3.4 所示。

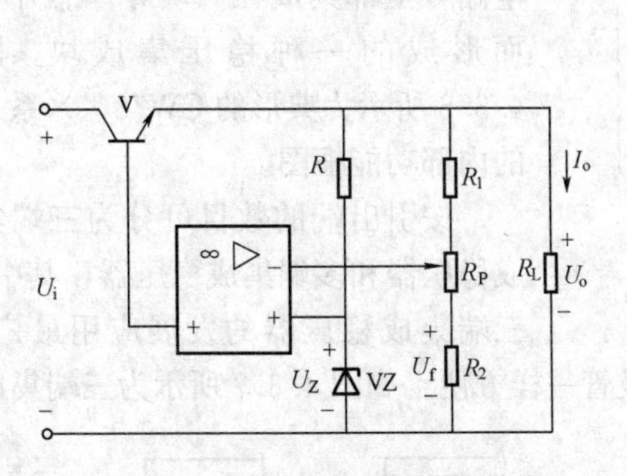


图 4.3.4　比较环节采用集成运算放大器的串联型稳压电路

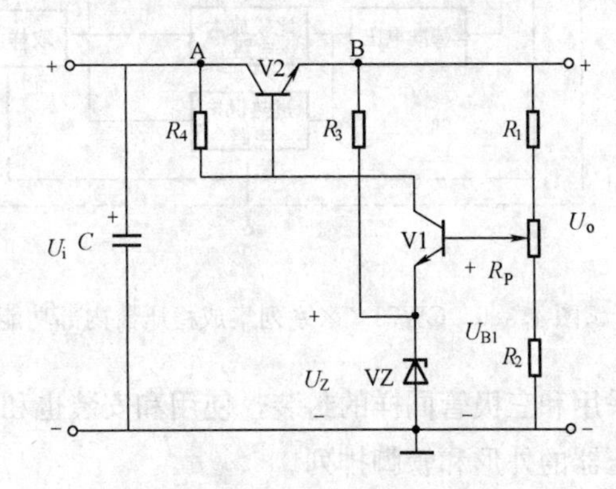


图 4.3.5　［例 4.3.2］图

**【例 4.3.2】**　串联型稳压电路如图 4.3.5 所示，其中 $U_Z=2\text{V}$，$R_1=R_2=2\text{k}\Omega$，$R_P=10\text{k}\Omega$。试求：

（1）输出电压的最大值、最小值为多少？

（2）如果把接到 $U_i$ 上的 V2 管集电极电阻 $R_4$ 改接到较稳定的输出电压上，电路能否正常工作？为什么？

**解**　（1）$U_{B1}=U_{BE1}+U_Z\approx U_Z$

忽略 V1 的管压降，$U_{BE1}\approx 0, I_{B1}\approx 0$，当 $R_P$ 调到最上端时，有

$$\frac{U_Z}{R_P+R_2}=\frac{U_o}{R_1+R_P+R_2}$$

此时 $U_o$ 取最小值，即

$$U_{omin}=\frac{R_1+R_P+R_2}{R_P+R_2}U_Z=\frac{2+10+2}{10+2}\times 2=2.4(\text{V})$$

当 $R_P$ 调到最下端时，$U_o$ 取最大值

$$\frac{U_Z}{R_2}=\frac{U_o}{R_1+R_P+R_2}$$

$$U_{omax}=\frac{R_1+R_P+R_2}{R_2}U_Z=\frac{2+10+2}{2}\times 2=14(\text{V})$$

通过分析，此电路加了可调电阻 $R_P$ 后，使输出电压有了可调范围，电路输出可稳定在 2.4～14V 之间的任一值。

(2) 如果将 $R_4$ 的上端 A 点移至 B 点，串联型稳压电源不能正常工作。因为在这种接法下，如果 V1 管导通，将使调整管 V2 的发射极电位大于集电极的电位，使发射结反偏，故调整管不能正常工作，致使 V1 管也不能获得工作所需要的电压。

### 4.3.3 三端集成稳压电路

利用分立元件组装的稳压电路，输出功率大、安装灵活、适应性广。但体积大、焊点多、调试麻烦且可靠性差。随着电子电路集成化的发展和功率集成技术的提高，出现了各种各样的集成稳压器。集成稳压器是指将调整管、取样放大、基准电压、启动和保护电路等全部集成在一块导体芯片上而形成的一种稳压集成块。图 4.3.6 所示为典形的 CW78××系列的内部功能框图。

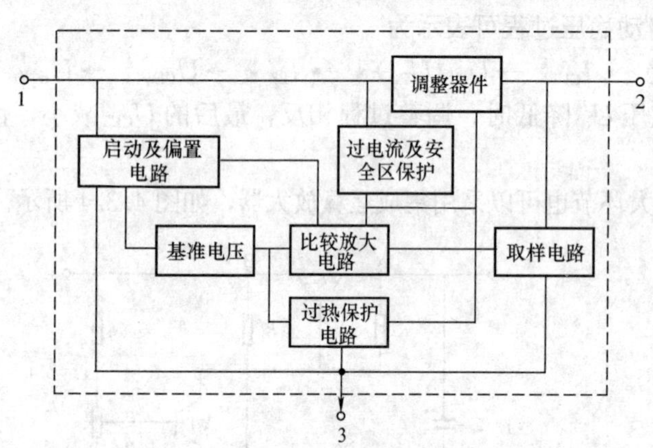


图 4.3.6 CW78××系列集成稳压器内部功能框图

按引出端的数目可分为三端集成稳压器和多端集成稳压器，其中，三端集成稳压器的发展应用最广，它采用和三极管同样的封装，使用和安装也和三极管一样方便。如图 4.3.7 所示为三端集成稳压器的外形和管脚排列。

三端集成稳压器可分为固定式和可调式两大类。下面主要介绍固定式三端集成稳压器的型号、性能和使用。

固定式三端集成稳压器所谓三端是指电压输入、电压输出、公共接地三端。此类稳压器输出电压有正、负之分。三端固定式集成稳压器的通用产品主要有 CW7800 系列（输出固定正电源）和 CW7900 系列（输出固定负电源）。输出电压由具体型号的后两位数字代表，有 5V，6V，9V，12V，15V，18V，24V 等。其额定输出电流以 78（79）后面的字母来区分。L 表示 0.1A，M 表示 0.5A，无字母表示 1.5A。如 CW7812 表示稳压输出 +12V 电压，额定输出电流为 1.5A。CW 固定式三端集成稳压器的主要性能参数有以下几种。

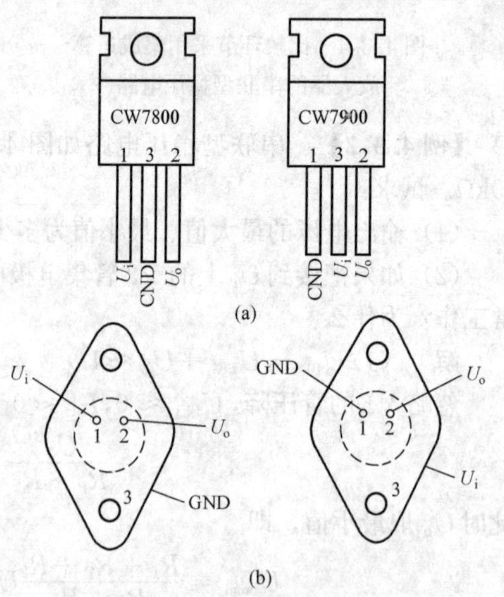


图 4.3.7 三端集成稳压器的外形和管脚排列

(a) 外形；(b) 管脚排列

(1) 最大输入电压 $U_{iM}$。它是指稳压器输入端允许加的最大电压。整流滤波后的最大直流电压不能超过此值，若超过此值，稳压器的输出电压将不能稳定在额定值。

(2) 最小输入输出电压差 $(U_i-U_o)_{min}$。此参数表示能保证稳压器正常工作所需要的输入电压和输出电压的最小差值。一般应大于2～3V，各输入电压过低，造成$U_i-U_o<(U_i-U_o)_{min}$，稳压器不能正常工作。

(3) 输出电压范围。是指稳压器参数符合指标要求时的输出电压范围。对固定式三端集成稳压器其电压偏差一般为±5%。

(4) 最大输出电流 $I_{oM}$。是指稳压器能够输出的最大电流值，使用中不允许超过此值。

三端集成稳压器内部电路设计完善，辅助电路齐全，具有过流、过压、过热保护。由它构成的稳压电路有多种，可以实现提高输出电压、扩展输出电流以及输出电压可调的功能。下面介绍最基本的输出固定电压的稳压电路和同时输出正、负电压的稳压电路。

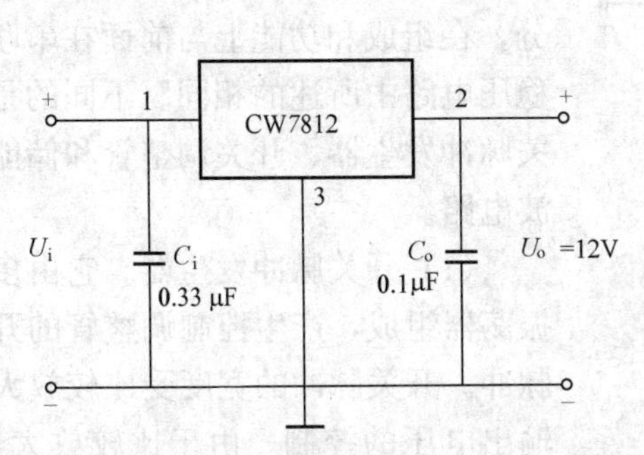


图 4.3.8 输出固定电压的稳压电路

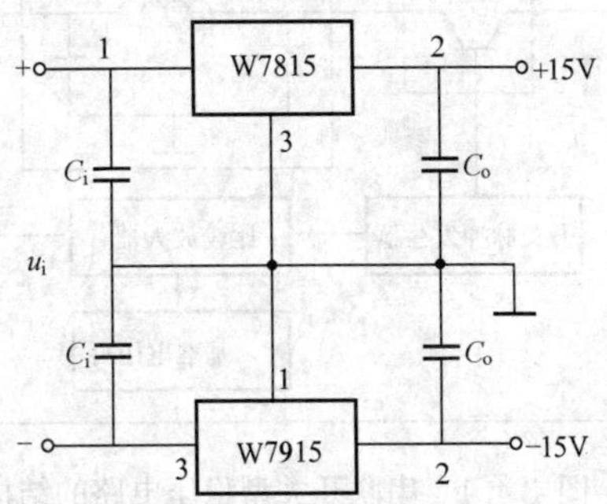


图 4.3.9 同时输出正、负电压的稳压电路

图 4.3.8 是用 CW7812 组成的输出 12V 固定电压的稳压电路。其中电容 $C_i$ 是在输入引线较长时抵消电感效应，防止自激。电容 $C_o$ 是用来减小脉动电压，改善负载的瞬态效应。电子电路中，使用时要防止公共端开路。

电子电路中，常常需要同时输出正、负电压的双向直流稳压电源，由集成稳压器组成的形式较多。图 4.3.9 是其中的一种，它由 CW7815 和 CW7915 系列集成稳压器以及共用的整流滤波电路组成，该电路具有共同的公共端，可以同时输出正、负两种电压。

上面我们介绍的只是一些三端集成稳压电路的常见应用电路，只要掌握了它的基本原理，可以演变成很多实用电路。选择和使用三端集成稳压器时，除关注它的如图 4.3.9 所示同时输出正、负电压的稳压电路输出电压和输出电流外，还应查阅产品手册，注意它的稳压性能和对输入电压的要求。集成稳压器功能全，指标高，体积小，重量轻，应用灵活，工作可靠且安装调试简便，在各类稳压设备中得到广泛应用。

## 4.4 开关型稳压电源简介

如前所述的串联型稳压电路，由于输出电压稳定、可调、有保护环节，更有多种型号规格的集成稳压器供应，所以它是目前应用最广的稳压电路。但是，串联型稳压电路中的调整管总是工作在放大状态，始终有电流流过，所以调整管的功耗较大，并且需要散热，因而这种电路对调整管的要求较高。另外，电路的效率不高，一般只能达到30%～50%，无法满足集成度日益增高，体积日益减小的电子设备，所以人们研制出了开关型稳压电路。

在开关型稳压电路中，调整管工作在开关状态，即管子交替地工作在饱和导通与截止两种状态。当管子饱和导通时，虽然流过管子的电流较大，但管子的压降很小；当管子截止时，虽然管子的压降较大，但流过的电流很小，所以管子本身的功耗很小。有时甚至不用散热器，故它可以做得体积小，质量轻。另外，开关型稳压电路的效率比串联型稳压电路高得多，可以达到80%以上。开关型稳压电路易于实现自动保护，所以在可靠性要求较高的电子设备，如电视机、计算机、航天电子设备中，开关型稳压电路得到了广泛的应用。

以图 4.4.1 串联开关型稳压电路为例，介绍其电路组成和工作原理。

### 4.4.1 电路的组成

图 4.4.1 所示为串联开关型稳压电路的结构方块图。

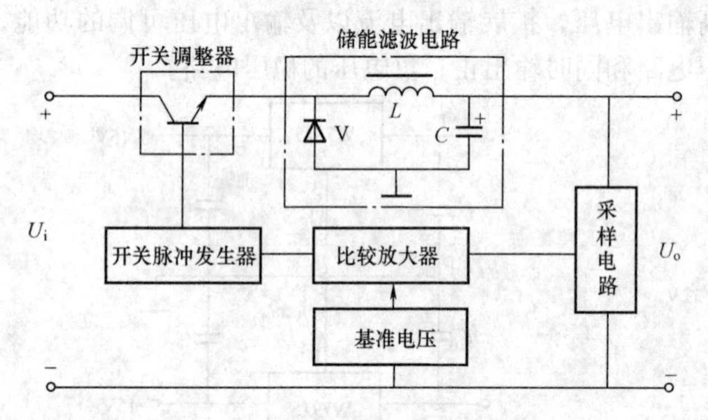

图 4.4.1 串联开关型稳压电路的结构方框图

该电路由六部分组成。其中采样电路、比较放大器和基准电压三部分，在组成和功能上与前面在串联型稳压电路中所述的相同。不同的是开关脉冲发生器、开关调整管和储能滤波电路。

(1) 开关脉冲发生器。它由多谐振荡器组成，产生控制调整管的开关脉冲。开关脉冲的宽度受比较放大器输出电压的控制。由于比较放大器、采样电路和基准电压构成负反馈系统，所以当输出电压$U_o$升高时，比较放大器的输出电压降低，使开关脉冲的宽度变窄；反之，开关脉冲增宽。

(2) 开关调整管。它由功率管组成，在开关脉冲的作用下它工作在开关状态，饱和导通或截止，输出断续的脉冲电压，把整流滤波后的直流电压变成脉冲电压。开关脉冲的宽窄控制着调整管导通与截止的时间的比例。当开关脉冲的宽度增加时，调整管导通时间加大，截止时间减少；当开关脉冲宽度减小时，调整管的导通时间减小，截止时间加大。

(3) 储能滤波电路。为了使负载能得到连续的能量供给，开关型稳压电路必须要有一套储能装置，即要有滤波电路，它由电感$L$、电容$C$和二极管V组成。在开关接通时电感$L$将能量储存起来，在开关断开时，储存在电感$L$中的能量通过二极管V释放给负载，把调整管输出的断续脉冲电压，变成连续的平滑直流电压。当调整管的导通时间长、截止时间短时，输出直流电压就高；反之，输出直流电压则低。

### 4.4.2 串联开关型稳压电路工作原理

调整管以一定的频率导通和关断，并在负载上输出脉冲电压。这样，输出电压就成为基本维持在一定数值上的平滑直流电压。它的数值等于输入电压$U_i$的平均值。即

$$U_o = \frac{t_d}{T} U_i \qquad (4.4.1)$$

式中：$T$为开关脉冲的周期；$t_d$为调整管导通时间。

由以上分析可知，调整管中的断续脉冲电流，通过储能滤波电路可以输出连续的、波动不大的直流电压。通过控制调整管导通时间的长短，可以调整输出电压的大小。在储能滤波电路中电感$L$起着储存和释放能量的作用；电容$C$除有储能作用外，还起着平滑滤波的作

用；二极管 V 为电感释放能量提供通路，所以称其为续流二极管。

图 4.4.2 是一个简单的串联开关型稳压电路。其中 V1 和 V2 组成复合管起开关调整管的作用。电感 $L$、二极管 V5 和电容 $C_2$ 组成储能滤波电路。三极管 V4、稳压管 V6 和电阻 $R_3$、$R_4$、$R_5$、$R_6$ 组成比较放大器、基准电压和采样电路。开关脉冲发生器由三极管 V3 和复合管 V1、V2 以及相关元件相成。它是一个多谐振荡电路，产生开关脉冲，从而控制调整管工作在开关状态。

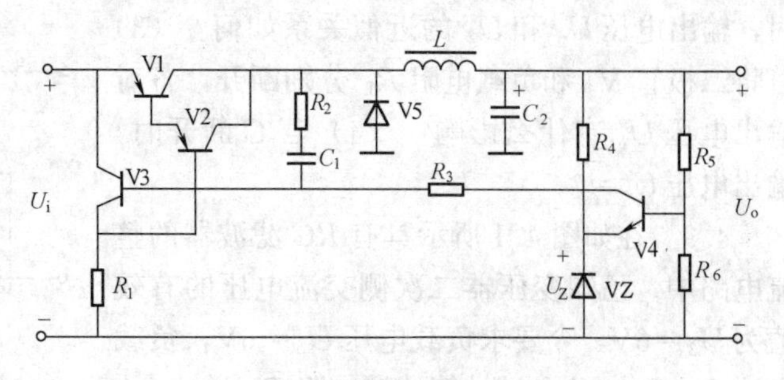

图 4.4.2 串联开关型稳压电路

稳压原理：根据式（4.4.1）可知，调整管的导通时间 $t_d$ 减小会使输出电压 $U_o$ 降低，反之则增高。由图 4.4.2 可以看出，当输出电压 $U_o$ 由于某种原因升高时，采样电阻 $R_5$、$R_6$ 会使 V4 基极电位升高，它与基准电压 $U_Z$ 比较，使 $U_{BE4}$ 增大，因而 V4 的集电极电流增大。因为 V4 的集电极电流就是电容 $C_1$ 的放电电流，所以，$C_1$ 放电加快，缩短了复合调整管的导通时间 $t_d$，使输出电压 $U_o$ 降低。其结果使输出电压 $U_o$ 保持基本稳定。当输出电压由于某种原因降低时，同理会使 $U_{BE4}$ 减小，V4 的集电极电流减小，$C_1$ 放电减慢，使复合调整管的导通时间加长，使输出电压升高。其结果使输出电压 $U_o$ 保持基本稳定。

## 习 题

4.1 直流电源通常由哪几部分组成？各部分的作用是什么？

4.2 对于如图 4.1.1 半波整流电路，二极管正向压降忽略不计，若 $U_2=12\text{V}$，$R_L=300\Omega$。试求：(1) $U_o$ 和 $I_o$；(2) $I_V$，$U_{VRM}$；(3) 画出 $u_2$, $u_o$，$u_V$ 的波形。

4.3 电路如图 4.1.3 所示。试分析该电路出现如下故障时，电路会出现什么现象？(1) 二极管 V1 的正负极性接反。(2) 二极管 V1 击穿短路。(3) 二极管 V1 开路。

4.4 一电阻负载单相桥式整流电路，交流电源频率为 50Hz，电压为 220V，整流电压为 70V，负载电阻为 100Ω，试计算输出电流的平均值，并求通过二极管电流的平均值和其所承受的最大反向电压。

4.5 三相桥式整流电路中，若变压器二次侧相电压的有效值为 120V，要求输出直流电流 30A。试求：(1) 输出直流电压平均值为多少？(2) 负载电阻应为多少？(3) 整流管的平均电流和最大反向工作电压为多少？

4.6 在三相桥式整流电路中，如果改变调压变压器使整流输出电压在 12～72V 连续可调，若负载功率为 4kW，且保持不变。试求变压器二次侧电压有效值的范围和整流管的电压电流参数。

4.7 什么是滤波？常用的滤波电路形式有哪些？

4.8 在图 4.2.1 桥式整流电容滤波电路中，变压器二次侧电压有效值 $U_2=20\text{V}$，(1) 电路中 $R_L$ 和 $C$ 增大时，输出电压 $U_o$ 是增大还是减少？为什么？(2) 在 $R_LC=(3\sim5)\dfrac{T}{2}$

时，输出电压 $U_o$ 和 $U_2$ 的近似关系如何？（3）若将二极管 V1 和负载电阻 $R_L$ 分别断开，各对输出电压 $U_o$ 有什么影响？（4）若 $C$ 断开时，输出电压 $U_o$＝?

4.9　在如图 4.1 所示具有 $RC$ 滤波器的整流电路中，已知变压器二次侧交流电压的有效值为 $U_2$＝6V，今要求负载电压 $U_o$＝6V，负载电流 $I_o$＝100mA，试计算滤波电阻 $R$。

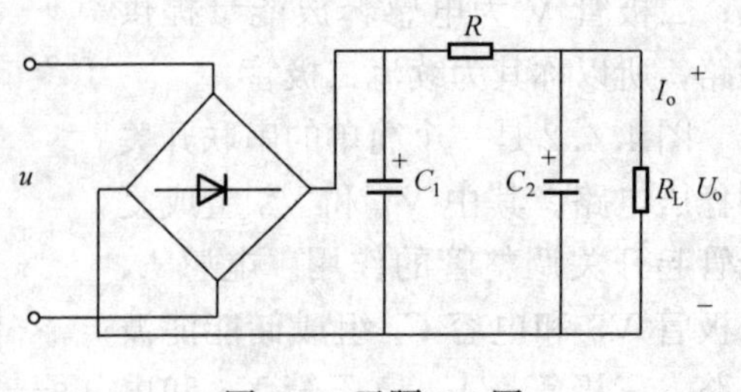


图 4.1　习题 4.9 图

4.10　有两只硅稳压管，稳压值分别为 8V 和 7.5V，如果把它们串联起来使用，可得到几种稳压值？能否将它们并联起来使用以增大电流定额？

4.11　如图 4.2 所示的电路能否起到稳压作用？若不能，应如何改正？

4.12　改正如图 4.3 所示单片固定式稳压电源中的错误。

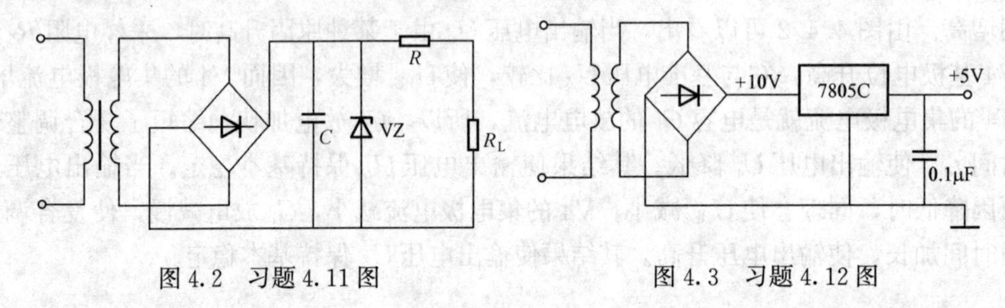


图 4.2　习题 4.11 图　　　　　　图 4.3　习题 4.12 图

4.13　串联型稳压电路主要由哪几部分组成？它实质上依靠什么原理来稳压？

4.14　串联型稳压电路为何采用复合管作为调整管？串联型稳压电路的特点是什么？它适用于何种场合？

# 选 用 模 块

## 第5章　场效应晶体管及其放大电路

### 5.1　场效应晶体管特性

场效应管是场效应晶体管的简称。具有体积小、重量轻、耗电省、寿命长等特点，特别是还具有输入阻抗高，噪声低，热稳定性好，抗辐射能力强和制造工艺简单等优点，因而在电工仪表、电气自动控制设备方面获得了广泛应用，由于它便于集成化，在大规模和超大规模集成电路中的应用更为广泛。

场效应管按结构不同，可分为两大类：结型场效应管和金属——氧化物——半导体场效应管（又称绝缘栅型场效应管）。

**5.1.1　结型场效应管**

1. 结构和符号

结型场效应管按导电沟道不同，可分为N沟道和P沟道。图5.1.1所示为N沟道结型场效应管示意图。

在一块N型半导体两边扩散出P区，形成两个PN结。将两侧P区用电极连接在一起构成栅极G，在N型区两侧各引出一个电极分别称为源极S和漏极D，三个电极分别相当于双极型三极管的基极、发射极E和集电极C。两个PN结中间的N区称为N型导电沟道，图形符号如图5.1.1（b）所示，箭头的方向表示栅结正偏时，栅极电流方向由P指向N。同理可制成P沟道结型场效应管。各部分半导体材料对应相反，图形符号箭头方向也相反。

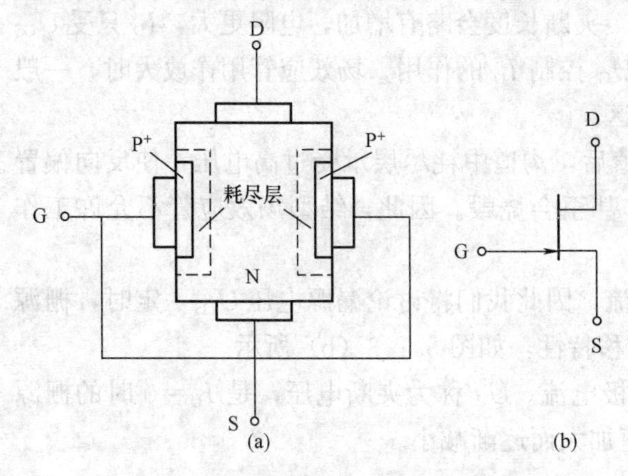


图5.1.1　N沟道结型场效应管示意图和符号
（a）结构；（b）符号

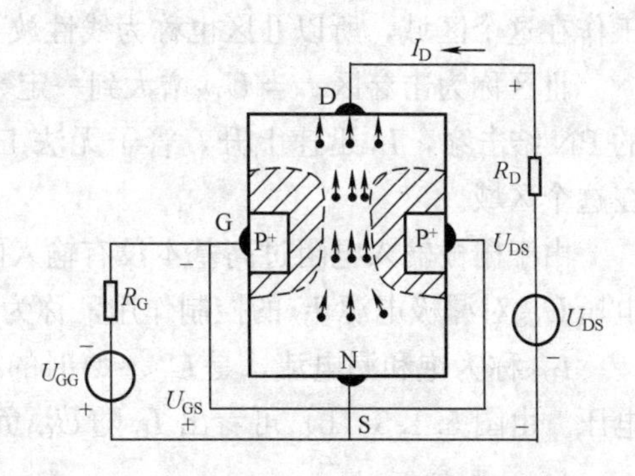


图5.1.2　N沟道结型场效应管工作原理图

2. 工作原理

以N沟道结型场效应管为例，如图5.1.2所示。

在栅极与源极间加一负电压$U_{GS}$，使两个PN结反偏。在$U_{DS}$保持不变的条件下，PN结的阻挡层随$U_{GS}$增大而变厚，从而改变两个PN结间的导电沟道，使沟道变窄电阻增大，漏极电流$I_D$变小。反之，反向电压越小，沟道越宽，$I_D$越大。显然，结型场效应管是利用负电压$U_{GS}$控制漏电流$I_D$。当$U_{GS}$足够大时，阻挡层增厚到相互连接起来，沟道被夹断，$I_D=$

0，所以，场效应管是利用输入电压来控制输出电流的电压型控制元件。

3. 特性曲线

在$U_{GS}$电压一定的情况下，漏极电流$I_D$和漏源电压$U_{DS}$之间的关系称为输出特性。由图5.1.3（a）可看出结型场效应管的输出特性曲线类似于三极管的输出特性曲线，也分为三个区域，现分别加以说明。

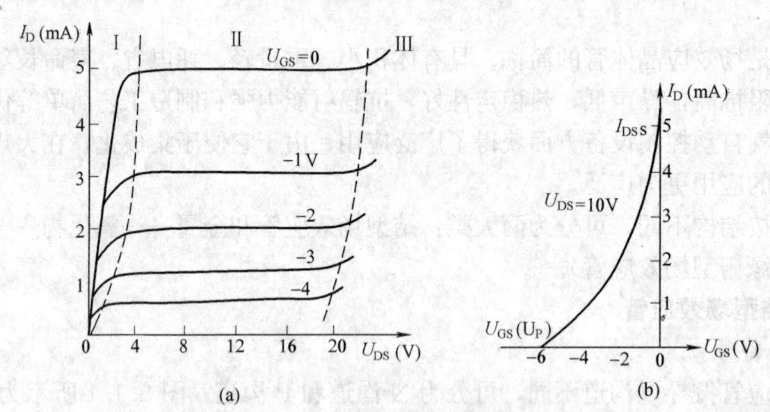


图 5.1.3 结型场效应管的输出特性曲线

（a）输出特性曲线；（b）转移特性曲线

在Ⅰ区内，栅源电压$U_{GS}$越负，沟道厚度越大，沟道电阻越大，结型场效应管可看作是一个变化的电阻，故称为可变电阻区。当$U_{GS}$不变时，$I_D$近似线性随$U_{DS}$（较低）增大。当场效应管作开关时，一般工作在这个区。

Ⅱ区称为饱和区或恒流区。当$U_{DS}$增大到一定程度，会使靠近漏极两边的耗尽层加宽直到相遇，这种现象称“预夹断”。$U_{DS}$再加大，夹断长度会略有增加，电阻更大，$I_D$只受$U_{GS}$控制，$U_{GS}$越负，$I_D$越小，体现了栅源电压$U_{GS}$控制$I_D$的作用。场效应管用作放大时，一般工作在这个区域，所以Ⅱ区也称为线性放大区。

Ⅲ区称为击穿区。当$U_{DS}$增大到一定数值后，沟道中耗尽层承受过高电压，使反向偏置的PN结击穿，$I_D$迅速上升，管子无法工作甚至会烧毁。因此，结型场效应管不允许工作在这个区域。

由于栅极输入电阻过高基本没有输入电流，因此我们将讨论漏源电压$U_{DS}$一定时，栅源电压$U_{GS}$对漏极电源$I_D$的控制作用，称为转移特性，如图5.1.3（b）所示。

$I_{DSS}$称为饱和漏电流，是$U_{GS}=0$时的漏极电流。$U_P$称为夹断电压，是$I_D=0$时的栅源电压。由图5.1.3（b）可看出$I_D$随$U_{GS}$负值加大而逐渐减小。

4. 主要参数

（1）夹断电压$U_P$。实际测试时，通常令$U_{DS}$为某一定值，使$I_D$减小到近似为零时的栅源电压$U_{GS}$。

（2）饱和漏电流$I_{DSS}$。在$U_{GS}=0$的条件下，当$U_{DS}>|U_P|$时的漏极电流称为饱和漏电流。它是管子所能输出的最大电流。

（3）最大漏源电压$U_{(BR)DS}$。是指管子发生雪崩击穿时，引起$I_D$急剧上升时的$U_{DS}$值。$U_{GS}$值越大，$U_{(BR)DS}$越小。

（4）最大栅源电压$U_{(BR)GS}$。是栅源极间的PN结发生反向击穿时的$U_{GS}$值，这时栅极电流急剧增加。

(5) 低频跨导 $g_m$。指在 $U_{DS}$ 为常数时，漏极电流的变化量与引起这个变化的栅源电压的变化量之比。

即
$$g_m=\frac{\Delta i_D}{\Delta U_{GS}} \tag{5.1.1}$$

跨导反映了栅源电压对漏极电流的控制作用，因此是表示场效应管放大能力的重要参数，单位为西门子（S），有时也用 mS 或 $\mu$S。跨导会随管子的工作特点不同而变化，也可以从转移特性曲线上求出，相当于转移特性曲线上工作点的斜率。

(6) 最大耗散功率 $P_{DM}$。结型场效应管的耗散功率为 $U_{DS}$ 与 $I_D$ 的乘积，即 $P_{DM}=U_{DS}I_D$ 是决定管子温升的参数。为了限制它的温度不要升的过高，就要使它的耗散功率不能超过最大的数值 $P_{DM}$。

### 5.1.2　绝缘栅型场效应管

1. 结构和符号

绝缘栅型场效应管简称 MOS 管，也有 N 沟道和 P 沟道两类，其中每一类又有增强型和耗尽型两种。所谓耗尽型是指 $U_{GS}=0$ 时，就有导电沟道，$I_D\neq0$。可见前面讲的结型场效应管属于耗尽型；而增强型是指 $U_{GS}=0$ 时，没有导电沟道，即 $I_D=0$。

N 沟道耗尽型场效应管如图 5.1.4 所示。

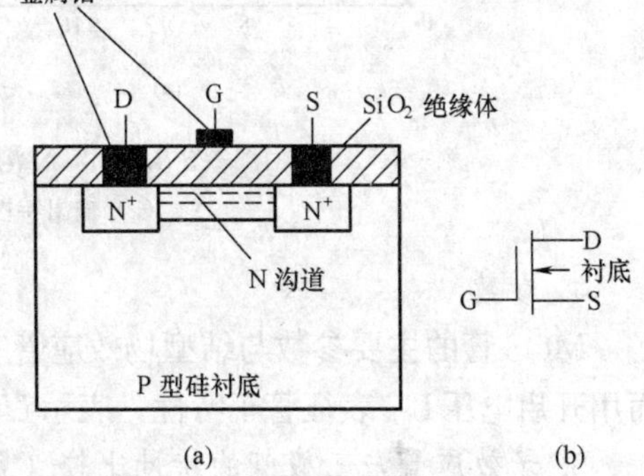


图 5.1.4　N 沟道耗尽型场效应管

(a) 结构；(b) 符号

它是以 P 型半导体做衬底，扩散出两个高掺杂的 $N^+$ 区，再引出两个铝电极称为漏极 D 和源极 S。然后在 P 型硅表面生成一层 $SiO_2$ 绝缘体，在绝缘体上制作另一个电极作栅极 G，由于栅极和其他电极及沟道无接触，故称作绝缘栅型场效应管，或按其材料构成称为金属—氧化物—半导体场效应管，符号如图 5.1.4 (b) 所示，箭头方向表示由 P（衬底）指向 N（沟道）。如为 P 沟道耗尽型场效应管，则材料与沟道对应相反。

2. 工作原理

以 N 沟道增强型场效应管为例，工作原理电路如图 5.1.5 (a) 所示，N 沟道增强型场效应管符号如图 5.1.5 (b) 所示。

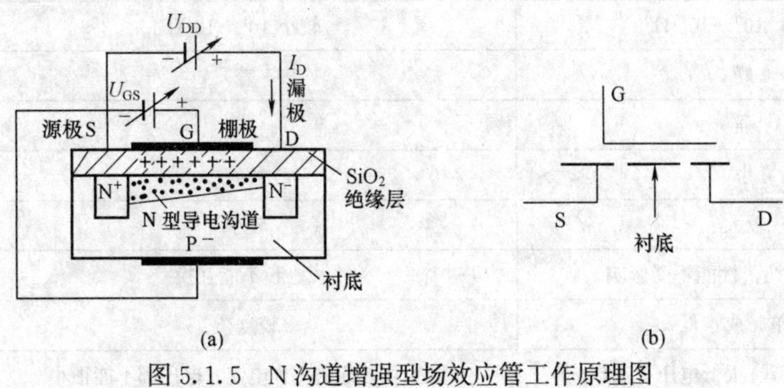


图 5.1.5　N 沟道增强型场效应管工作原理图

(a) 电路；(b) 符号

当 $U_{GS}=0$ 时，源极、漏极和 P 型衬底间形成了两个背靠的 PN 结，不论 D 极，S 极间加什么极性的电压，总有一个 PN 结是反偏的，因此无导电沟道，$I_D=0$。若在栅源间加一正向电压 $U_{GS}$，就能产生一个由栅极指向 P 型衬底的强电场，吸引电子在栅极附近的P型硅表面形成一个N型薄层，组成了连接源极和漏极间的N型导电沟道。显然，栅源电压越高，电场越强，吸引的电子就越多，形成的导电沟道越宽。此时，再加一正的漏极电源$U_{DD}$，将产生漏极电流$I_D$。

3. 特性曲线

和结型场效应管类似，N沟道增强型MOS管也具有转移特性和输出特性。图5.1.6（a）所示为输出特性曲线，同样分为三个不同的区域：Ⅰ区为可变电阻区；Ⅱ区是恒流区；Ⅲ区是击穿区，场效应管用作放大电路时工作在恒流区。在此区域，$I_D$几乎与$U_{DS}$无关，只受$U_{GS}$控制。转移特性曲线如图5.1.6（b）所示，此图可以更清楚地看出$U_{GS}$对$I_D$的控制作用。

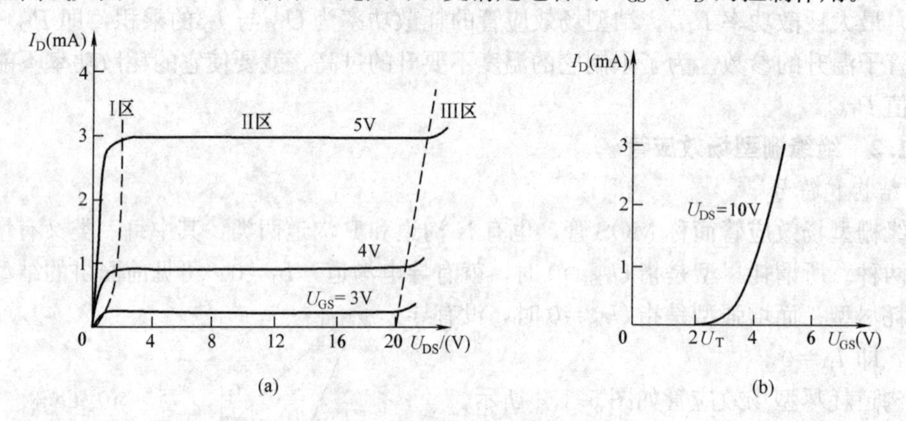


图5.1.6 N沟道增强型MOS管特性曲线

（a）输出特性曲线；（b）转移特性曲线

4. 参数

MOS管的主要参数与结型场效应管基本相同，只是增强型MOS管中不用夹断电压$U_P$，而用开启电压$U_T$表征管子特性，表示$U_{DS}$为一定值时，能产生$I_D$所需要的最小的$U_{GS}$值。

5. 场效应管与三极管的特性比较（见表5.1.1）

**表5.1.1 场效应管与三极管的特性比较**

| 项 目 | 场效应管 | 三极管 |
|---|---|---|
| 导电机构 | 只利用多数载流子工作（单极型） | 利用两种载流子同时工作（双极型） |
| 控制方式 | 电压控制 | 电流控制 |
| 放大倍数 | $g_m=\Delta I_D/\Delta U_{GS}=1\sim5$（ms） | $\beta=\Delta I_c/\Delta I_b=50\sim1000$ |
| 输入电阻 | 很大，$10^9\sim10^{15}\Omega$ | 较小$10^2\sim10^4\Omega$ |
| 热稳定性 | 好 | 差 |
| 抗辐射能力 | 强 | 弱 |
| 噪声 | 小 | 较大 |
| 结电容 | 较大 | 较小 |
| 电极互换性 | D、S可互换，性能不受影响 | C、E不能互换 |
| 制造工艺 | 简单，成本低 | 较复杂 |
| 工作条件 | 可在很小电流、很低电压下工作 | 相对场效应管工作电流、电压都不能很小 |

6. 各种场效应管使用注意事项

(1) 场效应管使用时，要注意电压、电流、耗散功率不能超过最大允许值。

(2) 场效应管中一般漏极和源极可互换使用，但有些 MOS 管将衬底引出和源极连在一起，此时漏极和源极不能互换。如将衬底引出（有四个管脚），P 衬底接低电位，N 衬底接高电位。

(3) 结型场效应管的栅源电压不能接反，但可在开路状态保存。而绝缘栅型场效应管由于输入阻抗太高，为防止感应电动势将栅极击穿，必须将三个电极短路保存。

(4) 同时 MOS 管为防止栅极击穿，一切测试仪器，电烙铁都必须有外接地线，以屏蔽交流电场。最好切断电源用余热焊接，先焊源极，再焊栅极。

## 5.2　场效应管放大电路

场效应管放大电路与晶体管三极管放大电路相似，也有共源极、共漏极、共栅极三种组态。分析时为防止非线性失真，也必须设置合适的静态工作点。在小信号放大的条件下，场效应也可用一个线性电路等效求解电压放大倍数、输入电阻和输出电阻。

### 5.2.1　结型场效应管的放大电路

1. 直流偏置电路

由于场效应管是电压控制元件，所以偏置电路不是用于确定偏流，而是用于确定栅极偏压，如图 5.2.1 所示为自偏压电路。

此电路和三极管的共射极放大电路类似，只适合于耗尽型场效应管。即 $U_{GS}=0$ 时也有 $I_D$ 流过 $R_S$，所以静态时栅源电压 $U_{GS}=-I_DR_S$。而增强型场效应管只有栅源电压先达到开启电压时才有漏极电流，所以不能用于自偏压电路。电容 $C_S$ 对 $R_S$ 仍起旁路作用。

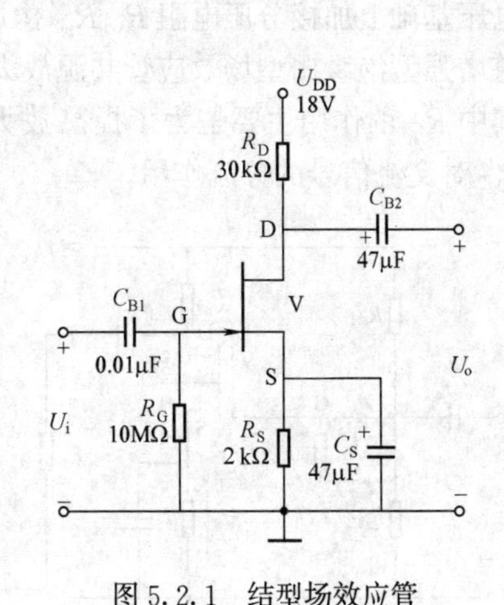

图 5.2.1　结型场效应管的自偏压电路

静态工作点确定。

和三极管分析方法类似，也可以采用图解法或公式法确定静态工作点 Q，下面将用公式法分析 Q 点

$$\begin{cases} I_D = I_{DSS}\left(1-\dfrac{U_{GS}}{U_P}\right)^2 \\ U_{GS} =- I_DR_S \end{cases} \tag{5.2.1}$$

由于栅源电阻极高，基本没有栅极电流。

$$U_{DS} = U_{DD} - I_D(R_D + R_S) \tag{5.2.2}$$

2. 微变等效电路动态分析法

当输入为小信号时，场效应管工作在线性放大区，可用等效电路来分析，如图 5.2.2 所示。

栅源间因输入电阻极高，可视为开路。因输出回路的恒流特性，漏源间的等效为一受 $\dot{U}_{gs}$ 电压控制的电流源。即 $\dot{I}_d=g_m\dot{U}_{gs}$。同分析共射极放大电路相同，可得到电压增益

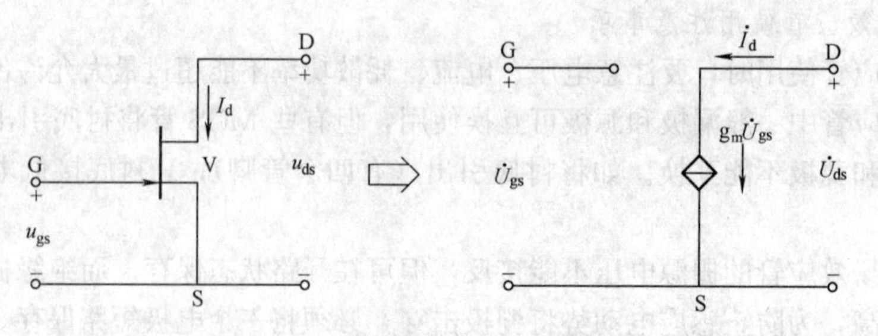


图 5.2.2 场效应管微变等效电路

$$\dot{A}_u = \frac{\dot{U}_o}{\dot{U}_i} = -\frac{g_m \dot{U}_{gs} R'_L}{\dot{U}_{gs}} = -g_m R'_L \quad (5.2.3)$$

输入电阻

$$R_i = R_G \quad (5.2.4)$$

输出电阻

$$R_o = R_D \quad (5.2.5)$$

### 5.2.2 绝缘栅型场效应管的放大电路

1. 分压式偏置电路

如图 5.2.3 (a) 所示，此电路适合结型、绝缘栅型场效应管（MOS 管）。是在自偏压电压基础上加接分压电阻 $R_{G1}R_{G2}$ 构成的。和三极管分压式共射极放大电路结构相似，N 沟道增强型绝缘栅型场效应管共源放大电路各部分元件作用也与共射放大电路中的基本相同，其中 $R_{G3}$ 的作用主要是为了提高放大器的输入电阻，同时因 $R_{G3}$ 的较高数值也有隔离 $R_{G1}$、$R_{G2}$ 对交流信号的分流作用。

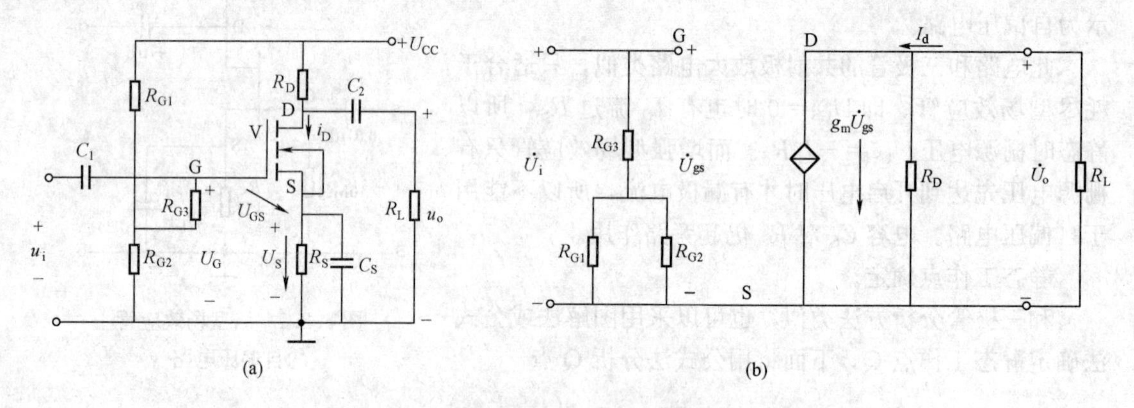


图 5.2.3 绝缘栅型场效应管的分压式偏置电路

(a) 电路；(b) 交流微变等效电路

静态时，$I_G=0$，漏极电源 $U_{DD}$ 经 $R_{G1}$、$R_{G2}$ 分压后通过 $R_{G3}$ 供给栅极电压

$$U_G = \frac{R_{G2}U_{DD}}{R_{G1}+R_{G2}} \quad (5.2.6)$$

同时漏极电流在源极电阻 $R_S$ 上也产生源极电位

$$U_S = I_D R_S \quad (5.2.7)$$

所以栅极电压为

$$U_{GS} = U_G - U_S = \frac{R_{G2}U_{DD}}{R_{G1}+R_{G2}} - I_D R_S \quad (5.2.8)$$

实践表明，在恒流区内，$I_D$ 可近似表示为

$$I_D = I_{DO}\left(1-\frac{U_{GS}}{U_T}\right)^2 \tag{5.2.9}$$

式中，$I_{DO}$是 $U_{GS}=2U_T$ 时的 $I_D$ 值。式（5.2.9）移为增强型 MOS 管的电流方程，反映了 $U_{GS}$对 $I_D$ 的控制作用。

联立式（5.2.8）、式（5.2.9）方程可求解 $I_D$ 及 $U_{GS}$，最后可得漏源电压

$$U_{DS}=U_{DD}-I_D\ (R_D+R_S) \tag{5.2.10}$$

2. 交流微变等效电路

如图 5.2.3（b）所示，不难求出 $A_i$、$R_i$、$R_o$。

电压放大倍数为

$$\dot{A}_u=\frac{\dot{U}_o}{\dot{U}_i}=\frac{-\dot{I}_d\ (R_D/\!/R_L)}{\dot{U}_{gs}}=-\frac{g_m\dot{U}_{gs}R'_L}{\dot{U}_{gs}}=-g_mR'_L \tag{5.2.11}$$

其中

$$R'_L=R_D/\!/R_L$$

输入电阻

$$R_i=R_{G3}+\ (R_{G1}/\!/R_{G2}) \tag{5.2.12}$$

输出电阻

$$R_o=R_D \tag{5.2.13}$$

**【例 5.2.1】**　在如图 5.2.3（a）所示电路中，已知各元件参数为 $R_{G1}=150\text{k}\Omega$，$R_{G2}=50\text{k}\Omega$，$R_{G3}=1\text{M}\Omega$，$R_L=30\text{k}\Omega$，$R_D=10\text{k}\Omega$，$R_S=5\text{k}\Omega$，$U_{DD}=20\text{V}$，管子的 $U_T=2\text{V}$，$I_{DD}=2\text{mA}$，$g_m=1\text{ms}$。试求：

（1）静态工作点 $U_{GS}$、$I_D$；

（2）电压放大倍数 $\dot{A}_u$、输入电阻 $R_i$ 和输出电阻 $R_o$。

**解**　（1）确定 $Q$ 点：根据式（5.2.8）、式（5.2.9）

$$\begin{cases} U_{GS}=\dfrac{R_{G2}U_{DD}}{R_{G1}+R_{G2}}-I_DR_S=\dfrac{50}{150+50}\times 20-5I_D=5-5I_D \\ I_D=I_{DD}\left(1-\dfrac{U_{GS}}{U_T}\right)^2=2\left(1-\dfrac{U_{GS}}{2}\right)^2 \end{cases}$$

联立求解得 $U_{GS}=2.91$（V），$I_D=0.42\text{mA}$

（2）$\dot{A}_u=-g_m\ (R_D/\!/R_L)\ =-7.5$

$R_i=R_{G3}+\ (R_{G1}/\!/R_{G2})\ =10^3+\ (150/\!/50)\ =1.038$（MΩ）

$R_o=R_D=10\text{k}\Omega$

## 习　题

5.1　场效应管分为哪几种类型？各有何特点？

5.2　为什么绝缘栅型场效应管的输入电阻要比结型场效应管高？

5.3　试画出 P 沟道结型自偏压场效应管共源放大电路，并说明为何自偏压不适合于增强型场效应管。

5.4　场效应管使用时应注意哪些问题？

5.5　说明图 5.1 所示两电路能否放大交流信号？为什么？

5.6　耗尽型 MOS 管放大电路如图 5.2 所示，已知 $U_{DD}=18\text{V}$，$R_D=20\text{k}\Omega$，$R_S=2\text{k}\Omega$，

$R_{G1}=2M\Omega$，$R_{G2}=30k\Omega$，$R_G=10M\Omega$，$U_{GS}=-2V$，$I_{DSS}=1mA$，$g_m=1.2ms$。

试求：(1) 计算静态工作点；

(2) 画出微变等效电路；

(3) 求 $\dot{A}_u$，$R_i$，$R_o$。

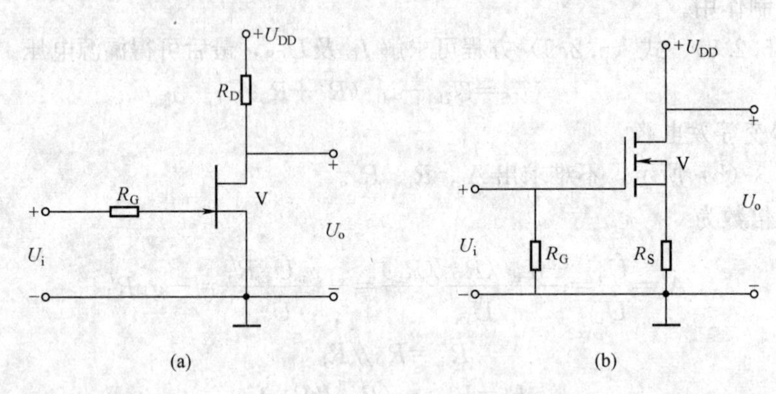


图 5.1 习题 5.5 图

5.7 源极输出器电路如图 5.3 所示，已知 $g_m=0.9ms$，其他参数如图所示。

试求：(1) 画出微变等效电路；

(2) 求 $\dot{A}_u$，$R_i$，$R_o$。

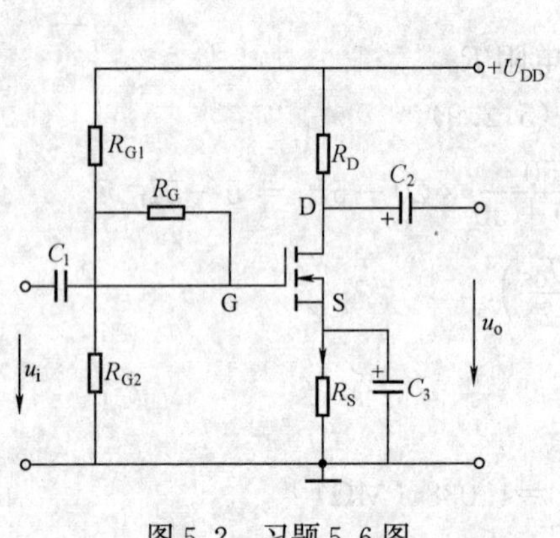


图 5.2 习题 5.6 图

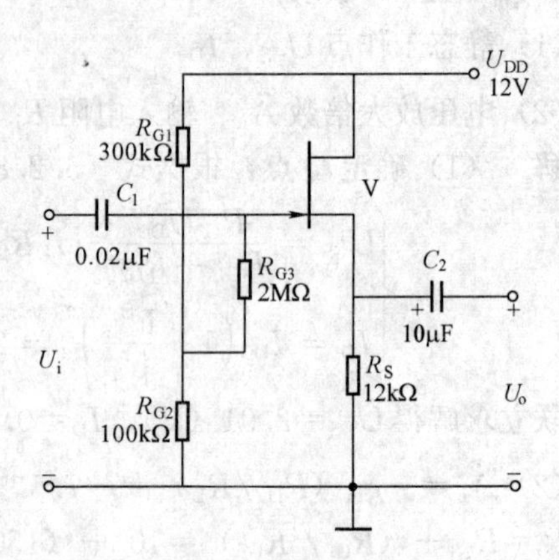


图 5.3 习题 5.7 图

# 第 6 章

# 晶闸管及其应用电路

晶闸管是一种既具有开关作用，又具有整流作用的大功率半导体器件。它是晶体闸流管的简称，俗称可控硅整流器，简称可控硅。主要应用于可控整流、变频、逆变及无触点开关等多种电路。它能以小功率信号去控制大功率系统，从而构成了弱电和强电领域的桥梁。晶闸管诞生以来，技术发展迅速，新兴的派生器件越来越多，功率越来越大，性能越来越好，已形成了一个晶闸管大家族。包括普通晶闸管、快速晶闸管、逆导晶闸管、双向晶闸管、可关断晶闸管和光控晶闸管。本章主要介绍普通晶闸管的基本结构、工作原理、特性曲线、主要参数、可控整流电路、晶闸管的触发电路，并简单介绍其他全控型电子器件，最后了解几种晶闸管应用电路。

## 6.1 晶闸管基本特性

### 6.1.1 晶闸管的结构和工作原理

1. 晶闸管的结构

晶闸管是一种大功率的半导体器件，可以将其看做是一个带有控制极的特殊整流管。应用它可以实现整流、变频等功能。目前常用的大功率晶闸管，外形有螺栓式和平板式两种。如图 6.1.1（a）所示。每种晶闸管都有三个电极，阳极 A、阴极 K 和控制极 G，如图 6.1.1（b）所示。

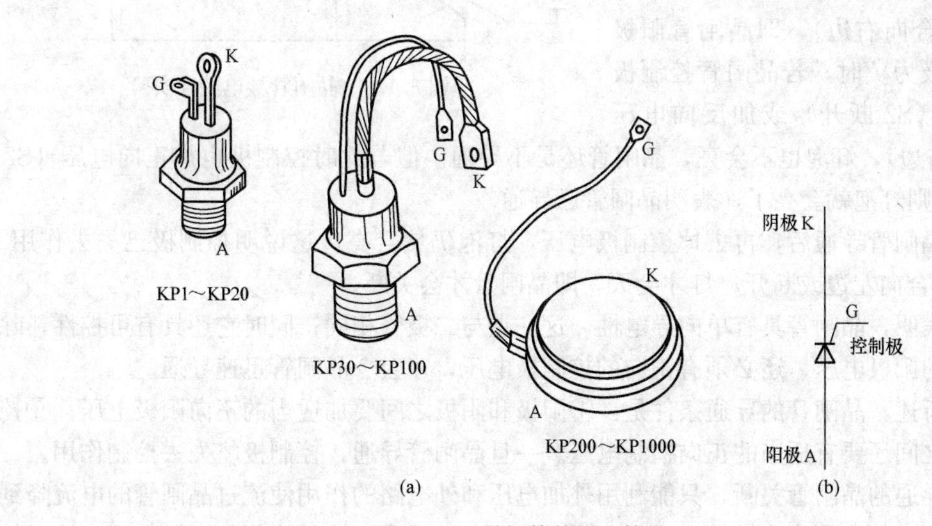


图 6.1.1　晶闸管外形和符号

（a）外形；（b）图形符号

螺栓式晶闸管的螺栓一端是阳极，粗辫子线是阴极，细辫子线是控制极。因螺栓式晶闸管的阳极是紧栓在散热器上的，所以安装和更换容易，但因为仅靠阳极散热器散热，散热效果较差，一般仅适用于额定电流小于200A的晶闸管。

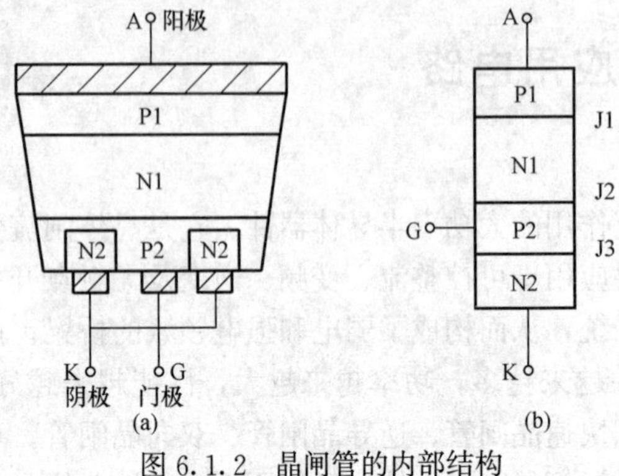

图6.1.2 晶闸管的内部结构
(a) 结构图；(b) 结构简图

平板式晶闸管又分为凹台形和凸台形。对于凹台形的晶闸管，夹在两台面中间的金属引出端为控制极，距离控制极近的台面为阴极，距离控制极远的台面为阳极。两个电极都带有散热器，所以散热效果好，但更换麻烦。一般用于额定电流为200A以上的晶闸管。

晶闸管的内部结构及符号如图6.1.2所示。它是具有三个PN结的四层半导体结构，分别标为P1、N1、P2、N2四个区，具有J1、J2、J3三个PN结。

2. 晶闸管的工作原理

为了弄清晶闸管是怎样进行工作的，可用如下的实验来说明。在图6.1.3中，由电源$E_A$、双掷开关S1、灯泡和晶闸管的阳极和阴极形成了主回路；而电源$E_G$、双掷开关S2经由晶闸管的控制极和阴极形成了晶闸管的触发电路。

当晶闸管的阳极、阴极加反向电压时（S1合向左边），即阳极为负、阴极为正时，不管控制极如何（断开、加负电压、加正电压），灯泡都不会亮，即晶闸管均不导通。

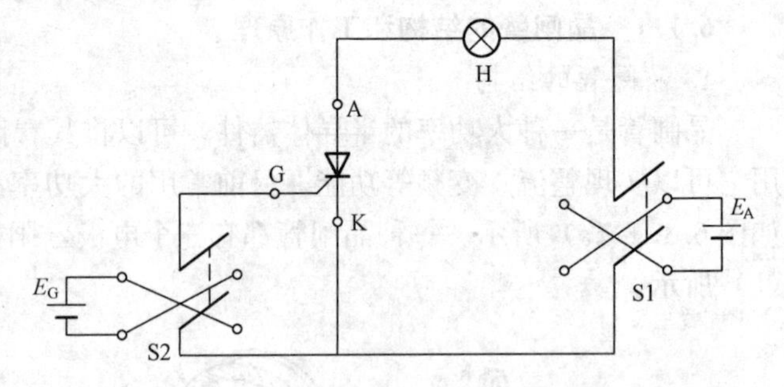

图6.1.3 晶闸管导电特性实验

当晶闸管的阳极、阴极加正向电压时（S1合向右边），即晶闸管阳极为正、阴极为负时，若晶闸管控制极不加电压（S2断开）或加反向电压（S2合向右边），灯泡也不会亮，晶闸管还是不导通。但若此时控制极也加正向电压（S2合向左边），则灯泡就会亮了，表明晶闸管已导通。

一旦晶闸管导通后，再去掉控制极电压，灯泡仍然会亮，这说明控制极已失去作用了。只有将S1合向左边或断开，灯才会灭，即晶闸管才会关断。

实验表明，晶闸管具有单向导电性，这一点与二极管相同；同时它还具有可控性，除了要有正向的阳极电压，还必须有正向的控制极电压，才会令晶闸管迅速导通。

综上所述，晶闸管的导通条件是：①阳极和阴极之间要加适当的正向阳极电压；②控制极和阴极之间还要有适当的正向控制电压。一旦晶闸管导通，控制极将失去控制作用。

要使导通的晶闸管关断，只能利用外加电压和外电路的作用使流过晶闸管的电流降到接近于零的某一数值（称为维持电流）以下，因此可以采取去掉晶闸管的阳极电压，或者给晶闸管阳极加反向电压，或者降低正向阳极电流等方式来使晶闸管关断。

晶闸管的导通为何具有以上特性呢？我们可以通过晶闸管的内部等效电路来解释，如图6.1.4所示。将晶闸管等效为一对互补的三极管。工作原理如下：

当在晶闸管的阳极和阴极间加反向电压时，由于PN结J1、J3均承受反向电压，无论有无控制电压，晶闸管都不会导通。

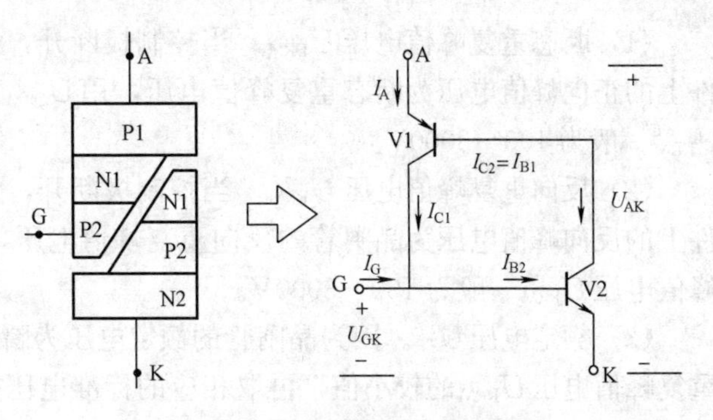

图 6.1.4　晶闸管的内部等效电路

当在阳极与阴极间加上正向电压 $U_{AK}$、控制极与阴极间加上正向电压 $U_{GK}$ 后，就产生了控制电流 $I_G$（即 $I_{B2}$）。经放大后得 $I_{C2}=\beta_2 I_{B2}$，$I_{C2}$ 同时又是 V1 的基极电流 $I_{B1}$，故 $I_{C1}=\beta_1 I_{B1}=\beta_2 I_{C2}=\beta_1\beta_2 I_{B2}$，此电流又作为 V2 的基极电流再进行放大。若 $\beta_1\beta_2>1$，上述过程就是一个强烈的正反馈过程，两只三极管迅速进入饱和导通状态。管子内部的正反馈作用足以维持这种导通状态，即使没有控制极电流 $I_G$，其导通状态也不会改变。

要想使晶闸管由导通变为阻断状态，必须减小阳极电流 $I_A$。当 $I_A$ 下降时，三极管 V1、V2 的集电极电流相应减小，$\beta_1\beta_2$ 变低。当 $\beta_1\beta_2<1$ 时，晶闸管内部正反馈过程不能维持，管子随即由导通状态变为阻断状态。

### 6.1.2　晶闸管的特性及主要参数

1. 晶闸管的阳极伏安特性

晶闸管的阳极伏安特性是指阳极和阴极之间的电压与阳极电流的关系，简称伏安特性，如图 6.1.5 所示。

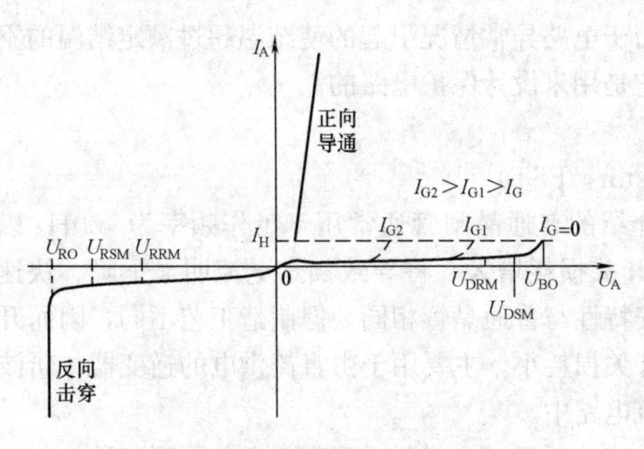

图 6.1.5　晶闸管的阳极伏安特性曲线

第Ⅰ象限为晶闸管的正向特性，第Ⅲ象限为晶闸管的反向特性。当控制极断开时电流为零，虽有正向阳极电压，但由于 PN 结 $J_2$ 反偏，晶闸管仍处于正向阻断状态，只有很小的正向漏电流。但当正向电压增大到一定程度到转折电压 $U_{BO}$ 时，漏电流急剧增大，晶闸管处于正向导通状态。

正常工作时，不允许把正向阳极电压加到正向转折电压 $U_{BO}$，而是给控制极加上正向电压，$I_G$ 越大，则元件的正向转折电压就会越低。

导通后的晶闸管其通态压降很小，在 1V 左右。若导通期间，阳极电流降至维持电流 $I_H$ 以下时，晶闸管就又回到正向阻断状态。

晶闸管加反向阳极电压（第Ⅲ象限特性）时，此时晶闸管的 J1、J3 均为反向偏置，处于反向阻断状态。阻断状态时的晶闸管特性和二极管的反向特性相似，只有很小的反向漏电流。但当反向电压增大到一定程度，漏电流的急剧增大会导致元件的发热损坏。

2. 晶闸管的主要参数

正确使用晶闸管，不仅要了解晶闸管的特性和工作原理，还要理解晶闸管的主要参数所代表的重要意义。

（1）断态重复峰值电压$U_{DRM}$。当控制极断开，元件处于额定结温时，允许重复加在器件上的正向峰值电压为断态重复峰值电压，用$U_{DRM}$表示。普通晶闸管的断态重复峰值电压$U_{DRM}$一般为100～3000V。

（2）反向重复峰值电压$U_{RRM}$。当控制极断开，元件处于额定结温时，允许重复加在器件上的反向峰值电压为晶闸管的反向重复峰值电压，用$U_{RRM}$表示。普通晶闸管的反向重复峰值电压$U_{RRM}$一般为100～3000V。

（3）额定电压$U_{Tn}$。因为晶闸管的额定电压为瞬时值，一般取正向峰值电压$U_{DRM}$和反向重复峰值电压$U_{RRM}$的较小值，再取相应的标准电压等级中偏小的电压值。为防止温度升高和异常电压的出现，在实际选用时额定电压要留有一定的裕量，一般为实际工作时，晶闸管承受的峰值电压的2～3倍。

（4）通态平均电流$I_{T(AV)}$。在环境温度为+40℃和规定的冷却条件下，晶闸管在电阻性负载的单相工频正弦半波、导通角不小于170°的电路中，且结温不超过额定结温和稳定时，晶闸管所允许通过的最大电流的平均值。其值一般为1～1000A。

（5）维持电流$I_H$。维持电流是指在室温下控制极断开时，晶闸管从较大的通态电流降至刚好能保持导通所必需的最小的阳极电流。一般为几十到几百毫安。维持电流与结温有关，结温越高，则维持电流$I_H$越小。

（6）擎住电流$I_L$。是指晶闸管加上触发电压，当元件从阻断状态刚转入通态就去除触发电压，此时要维持元件导通所需要的最小阳极电流。对同一晶闸管来说，通常$I_L$为$I_H$的2～4倍。

（7）浪涌电流$I_{TSM}$。浪涌电流是一种由于电路异常情况引起的使结温超过额定结温的不重复性最大正向过载电流，用峰值表示。它是用来设计保护电路的。

### 6.1.3 晶闸管的派生器件

1. 快速晶闸管（Fast Switching Thyristor，FST）

快速晶闸管的关断时间≤50μs。前面介绍的普通晶闸管通常用于工作频率为400Hz以下的场合，在工作频率达400Hz以上时，开关损耗增大，将导致额定电流明显下降。快速晶管闸的外形、电路符号、基本结构及伏安特性与普通晶管相同，但制造工艺不同，因而开通与关断时间短，允许的电流上升率高，开关损耗小。主要用于由直流供电的逆变器、斩波器以及较高频率（400Hz以上）的其他变流电路中。

根据不同的需要，快速晶闸管可分为快速关断型、快速开通型和两者兼顾型三种。

2. 双向晶闸管（Triode AC Switch，TRIAC）

双向晶闸管不论从结构还是从特点方面来说，都可把它看成一对反向并联的普通晶闸管，控制极使器件在主电极的正反两方向均可触发导通，所以在交流调压电路、固态继电器和交流电动机调速等领域应用较多。外形与普通晶闸管类似，有塑封式、螺栓式和平板式。

3. 逆导晶闸管（Reverse Conducting Thyristor，RCT）

逆导晶闸管是将晶闸管反并联一个整流二极管，制作在同一管芯上的功率集成器件，在制造工艺上阴极和阳极均采用特殊工艺，从而获得耐高电压，耐高温和开关速度快的特性。与普通晶闸管相比，逆导晶闸管具有正向压降小、关断时间短、高温特性好，额定结温高等优点。在线路中使用逆导晶闸管可使元件数目减少，配线简单，体积减小，重量减轻，成本降低。不足的是整流管区所产生的载流子在换相时会通过隔离区作用到晶闸管区，使晶闸管失去阻断能力，而导致误导通，即换流失败。逆导晶闸管的换相能力随结温升高而降低。

4. 光控晶闸管（Light Triggered Thyristor，LTT）

光控晶闸管又称光触发晶闸管，是利用一定波长的光照信号触发导通的晶闸管，小功率光控晶闸管带有光缆，光缆上装有作为触发光源的发光二极管或半导体激光器，保证了主电路与控制电路的绝缘，而且可以避免电磁干扰，所以光控晶闸管适合高压大功率场合，如高压直流输电和高压核聚变装置中占有重要地位。

以上介绍的四种晶闸管派生器件的符号与特点见表 6.1.1。

**表 6.1.1　晶闸管派生器件的符号与特点**

| 名称 | 型号 | 符号 | 特征 | 用途 |
| --- | --- | --- | --- | --- |
| 普通晶闸管 | KP | A G K | 反向阻断<br>正向门极正信号开通 | 整流器，逆变器<br>变频器 |
| 快速晶闸管 | KK | A G K | 反向阻断，正向门极正信号开通。关断时间短，开通速度快 | 中频冶炼电源，逆变器，高频控制设备，超声波电源等 |
| 双向晶闸管 | KS | $T_1$ G $T_2$ | 两个方向均可用门极信号开通（相当于两只普通晶闸管反并联） | 电子开关<br>直流可逆调速，调光器，调温器等 |
| 逆导晶闸管 | KN | A G K | 反向导通，正向门极正信号开通（相当硅整流管与普通晶闸管反并联） | 逆变器<br>斩波器 |
| 光控晶闸管 |  | A G K | 光控信号控制开通 | 高压直流输电<br>高压核聚变装置 |

## 6.2　晶闸管可控整流电路

### 6.2.1　单相半波可控整流电路

在生产实际中，有很多负载是电阻性的，如电炉、白炽灯等，如图 6.2.1（a）所示即为单相半波可控整流电路带电阻性负载时的电路。T 为变压器，用来将一次侧电网电压 $u_1$ 变换成与负载所需的二次侧电压 $u_2$。$R_d$ 为负载电阻，$u_d$，$i_d$ 分别为整流后输出电压、电流的瞬时值。V 为整流晶闸管，$u_V$ 为晶闸管两端电压的瞬时值。

参照图 6.2.1（b）波形图，我们分析晶闸管的工作原理。在 $u_2$ 正半周，电压 $u_2$ 通过负载电阻 $R_d$ 加到晶闸管的阳极和阴极两端，使晶闸管承受正向电压，但在 0～π 区间的 $\omega t_1$ 之前，因触发电路未向控制极送出触发脉冲，所以晶闸管仍保持阻断状态，无整流电压输出，晶闸管承受全部 $u_2$ 电压。在 $\omega t_1$ 时刻，触发电路向控制极送出触发电压 $u_g$，使晶闸管满足导通条件，在晶闸管上有电流通过，负载电阻 $R_d$ 两端的电压 $u_d$ 和变压器二次侧 $u_2$ 的波形类似。由于电路为串联的，所以 $i_d$ 波形也是 $i_t$ 和 $i_2$ 的波形，如图 6.2.1（b）所示。

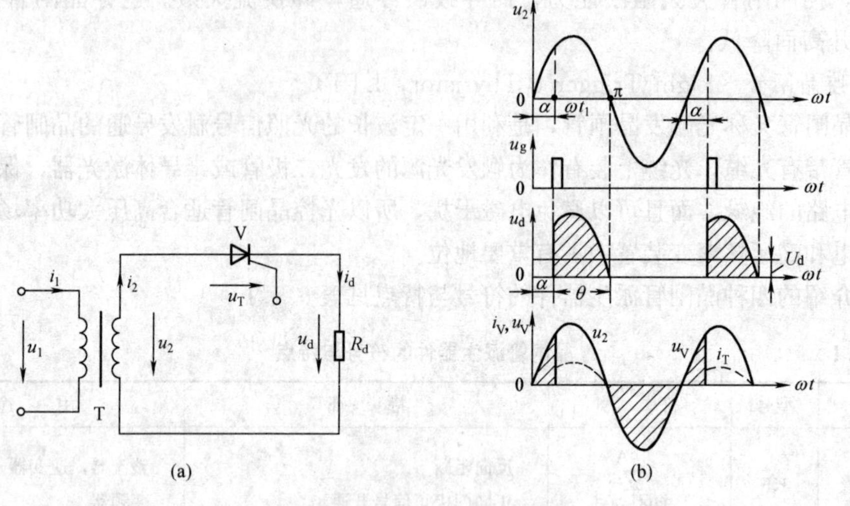


图 6.2.1 单相半波可控整流电路

（a）电路图；（b）波形图

在 $\omega t=\pi$ 时，$u_2$ 为零，晶闸管阳极无电压被关断。

在 $\omega t=\pi\sim2\pi$ 时，晶闸管因承受反向电压而处于反向阻断状态，负载两端 $u_d$ 为零，直到 $u_2$ 的下一周期重复上述过程。

由图可看出，负载上得到的是一单方向的直流电压，如果晶闸管触发时刻改变，则 $u_d$ 和 $i_d$ 的波形跟着改变，可得到幅值变化的脉动直流电压。因其波形只在电源的正半周出现，故称为单相半波可控整流电路。

在单相半波可控整流电路中，从晶闸管开始承受正向电压，到其上加上触发脉冲的这一段时间，所对应的电角度称为控制角（也叫移相角）用 $\alpha$ 表示。晶闸管在一个周期内导通的电角度称为导通角，用 $\theta_T$ 表示，二者关系为 $\alpha+\theta_T=\pi$。改变移相角的 $\alpha$ 大小，输出整流电压 $u_d$ 就随之改变，当 $\alpha=0°$时，$u_d$ 波形为一完整的正弦半波，此时输出直流电压平均值 $u_d$ 为最大。当 $\alpha=180°$时，$u_d=0$ 为最小。所以 $\alpha$ 角的移相角范围为 0°～180°。

各电量计算公式如下：

（1）直流输出电压平均值 $U_d$

$$U_d=\frac{1}{2\pi}\int_{\alpha}^{\pi}\sqrt{2}U_2\sin\omega t\,d(\omega t)=0.45U_2\frac{1+\cos\alpha}{2} \quad (6.2.1)$$

可见 $U_d$ 是 $\alpha$ 角的函数，只要控制触发脉冲送出的时刻，$U_d$ 就可以在 $0\sim0.45U_2$ 之间连续可调。

（2）直流输出电流的平均值 $I_d$ 为

$$I_d=\frac{U_d}{I_d}=0.45\frac{U_2}{R_d}\times\frac{1+\cos\alpha}{2} \quad (6.2.2)$$

（3）负载上得到的直流输出电压有效值，即均方根值 $U$ 为

$$U=\sqrt{\frac{1}{2\pi}\int_{\alpha}^{\pi}(\sqrt{2}U_2\sin\omega t)^2d(\omega t)}=U_2\sqrt{\frac{\pi-\alpha}{2\pi}+\frac{\sin2\alpha}{4\pi}} \quad (6.2.3)$$

电流有效值为

$$I = \frac{U}{R_d} \tag{6.2.4}$$

在计算选择变压器容量，晶闸管额定电流，熔断器以及负载电阻的有功功率时，均须按有效值计算。

(4) 晶闸管电流有效值 $I_V$ 及其两端可能承受的最大正反向电压 $U_{VM}$。因在单相可控整流电路中，晶闸管与负载电阻以及变压器二次侧绕组是串联的，所以流过负载的电流有效值也就是流过晶闸管电流的有效值，即

$$I_V = I = \frac{U}{R_d} = \frac{U_2}{R_d}\sqrt{\frac{\pi-\alpha}{2\pi}+\frac{\sin 2\alpha}{4\pi}} \tag{6.2.5}$$

根据图 6.2.1 (b) 中 $u_T$ 波形可知，晶闸管可能承受的正、反向峰值电压为

$$U_{VM} = \sqrt{2}U_2 \tag{6.2.6}$$

(5) 功率因数 $\cos\varphi$

$$\cos\varphi = \frac{P}{S} = \frac{UI}{U_2 I_2} = \sqrt{\frac{\pi-\alpha}{2\pi}+\frac{\sin 2\alpha}{4\pi}} \tag{6.2.7}$$

当 $\alpha=0°$时，$\cos\varphi$ 最大为 0.707 说明尽管是电阻性负载，电源的功率因素也达不到 1，而且 $\alpha$ 越大，$\cos\varphi$ 越小，设备利用率就越低。

**【例 6.2.1】**　分析单相半波可控整流电路直接由交流电网 220V 供电与整流变压器降至 60V 供电，哪一种方案更合理？（考虑 2 倍裕量）要求：直流电压 0～24V 连续可调，最大负载电流 $I_d=30A$。试从两种方案计算晶闸管的导通角、额定电压、额定电流以及电源和变压器二次侧的功率因数和对电源的容量要求等方面考虑。

**解**　(1) 采用 220V 电源直接供电，当 $\alpha=0°$时

$$U_{do} = 0.45U_2 = 0.45\times 220 = 99(V)$$

采用整流变压器降至 60V 供电，当 $\alpha=0°$时

$$U_{do} = 0.45U_2 = 0.45\times 60 = 27(V)$$

所以，只要调节 $\alpha$ 角，上述两种方案均能满足 0～24V 可调范围的要求。

(2) 采用 220V 电源直接供电，$U_d$ 最大为 24V，$U_2=220V$，利用式 (6.2.1) 计算

$$\cos\alpha = \frac{2U_d}{0.45U_2}-1 \qquad \alpha = 121°$$

$$\theta = 180° - 121° = 59°$$

晶闸管承受最大电压为 $U_{VM}=\sqrt{2}U_2=311$ (V)

考虑 2 倍裕量，晶闸管额定管电压 $U_{Tn}=2U_{VM}=622$ (V)

由式 (6.2.5) 计算流过晶闸管的电流有效值 $I$，其中 $\alpha=121°$，$R_d=\frac{U_d}{I_d}=0.8\Omega$

$$I_V = \frac{220}{0.8}\sqrt{\frac{180°-121°}{360°}+\frac{\sin 2\times 121°}{4\pi}} = 84(A)$$

考虑 2 倍裕量，则晶闸管额定电流由计算公式求得

$$I_{T(AV)} = \frac{2I_V}{1.57} = 107(A)$$

电源提供有功功率

$$P = I^2 R_d = 84^2\times 0.8 = 5644.8(W)$$

电源侧功率因数

$$\cos\varphi = \frac{P}{S} = \frac{5644.8}{220 \times 84} = 0.305$$

（3）采用整流变压器降至 60V 供电，已知 $U_2=60\text{V}$，$U_d=24\text{V}$，由式（6.2.1），可得

$$\alpha = 39^\circ, \theta = 180^\circ - 39^\circ = 141^\circ$$

晶闸管承受的最大电压 $U_{VM}=\sqrt{2}U_2=84.9$（V）

考虑 2 倍裕量，晶闸管额定电压

$$U_{Tn}=2U_{VM}=169.8\ (\text{V})$$

流过晶闸管最大电流有效值为

$$I_V = \frac{U_2}{R_d}\sqrt{\frac{\pi-\alpha}{2\pi}+\frac{\sin2\alpha}{4\pi}} = 51.4(\text{A})$$

考虑裕量，则晶闸管额定电流为

$$I_{T(AV)} = \frac{2I_V}{1.57} = 65.5(\text{A})$$

电源提供的有功功率

$$P = I^2R_d = 2113.6(\text{W})$$

变压器侧的功率因数

$$\cos\varphi = \frac{P}{S} = 0.685$$

结论：通过以上计算可知，增加了变压器后，使整流电路的控制角减小，所选晶闸管额定电压，额定电流都减小，而且对电源容量的要求减小，功率因数提高，所以采用整流变压器降压方案更合理。

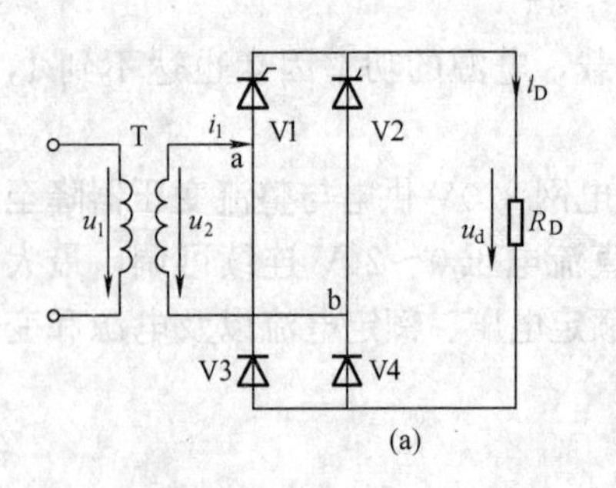


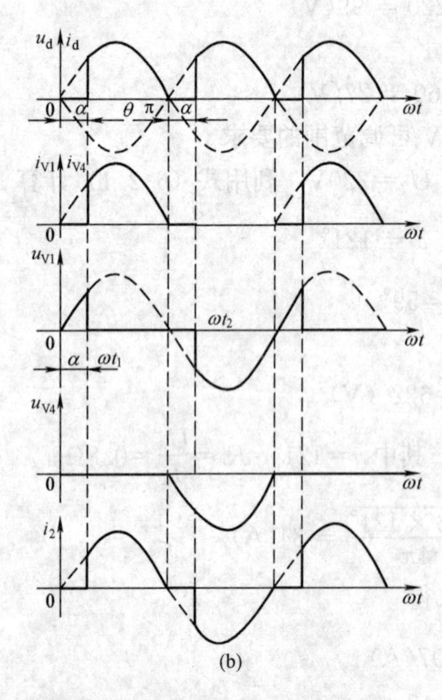


图 6.2.2 单相桥式半控整流电路

（a）电路；（b）桥式半控整流电路波形

### 6.2.2 单相桥式半控整流电路

单相半波可控整流电路虽然电路简单，投资少和调整方便，但整流输出直流电压脉动大，设备利用率低。为了使 $u_2$ 的另一半周期也能向负载输出同方向的直流电压，提高输出直流电压的平均值，就需要采用桥式半控整流电路。该电路在中小容量可控整流装置中广泛采用，图 6.2.2 所示为晶闸管共阴接法的带电阻性负载的单相桥式半控整流电路。图中，V1、V2 为共阴极的两个晶闸管，V3、V4 为二极管。

图 6.2.2（b）所示为桥式半控整流电路的波形图，在电源 $u_2$ 正半周时刻，触发电路向 V1 控制极送出正向触发脉冲，V1 和二极管 V4 正偏导通，电流由电源 a 端经 V1 和负载 $R_d$ 及 V4 流回电源 b 端，构成闭合通路。忽略两管的导通压降，负载上得到的直流输出电压就是电源电压 $u_2$。当电源电压 $u_2$ 处在负半周，在相同的控制角触发 V2，V2 和 V3 因承受正向电压而导通，电流由电源 b 端经

V2 和负载 $R_d$ 及 V3 流回电源 a 端，输出电压 $u_d$ 方向与前一半周 $u_2$ 相同。各晶闸管及二极管波形如图 6.2.2（b）所示。

可见负载上得到的直流输出电压 $u_d$ 的波形比半波时多了一倍，负载电流的 $i_d$ 波形与 $u_d$ 的波形相似。晶闸管的导通角 $\theta=\pi-\alpha$，晶闸管承受的最大反向电压为电源电压的峰值。由于二极管只承受负电压，波形如 $u_{V4}$ 较简单。在正负半周，电路均有一组管子轮流导通，所以其二次侧电流 $i_2$ 的波形是正负对称的缺角的正弦波，无直流分量，但存在奇次谐波电流，控制角 $\alpha=90°$时，谐波分量最大，对电网有不利影响，要尽量避免。

各电量计算公式如下。

直流输出电压的平均值 $U_d$ 为

$$U_d=\frac{1}{\pi}\int_{\alpha}^{\pi}\sqrt{2}U_2\sin\omega t\,d(\bar{\omega}t)=0.9U_2\,\frac{1+\cos\alpha}{2} \tag{6.2.8}$$

直流输出电流的平均值 $I_d$ 为

$$I_d=\frac{U_d}{R_d}=0.9\,\frac{U_2}{R_d}\times\frac{1+\cos\alpha}{2} \tag{6.2.9}$$

负载上得到的直流输出电压有效值 $U$ 和电流有效值 $I$ 为

$$U=U_2\sqrt{\frac{\pi-\alpha}{\pi}+\frac{\sin 2\alpha}{2\pi}} \tag{6.2.10}$$

$$I=\frac{U}{R_d}=\frac{U_2}{R_d}\sqrt{\frac{\pi-\alpha}{\pi}+\frac{\sin 2\alpha}{2\pi}} \tag{6.2.11}$$

它们都是半波时输出的$\sqrt{2}$倍。

因为电路中两组管子轮流导通，所以流过每只晶闸管和二极管的电流的平均值 $I_{dD}$ 和 $I_{DV}$ 为总输出电流 $I_d$ 的一半，其有效值 $I_V$、$I_d$ 为直流输出电流有效值 $I$ 的$\frac{1}{\sqrt{2}}$，即

$$I_{dD}=I_{DV}=0.45\,\frac{U_2}{R_d}\times\frac{1+\cos\alpha}{2} \tag{6.2.12}$$

$$I_V=I_d=\frac{U_2}{R_d}\sqrt{\frac{\pi-\alpha}{2\pi}+\frac{\sin 2\alpha}{4\pi}}=\frac{1}{\sqrt{2}}I \tag{6.2.13}$$

变压器二次侧电流有效值与负载上直流电流有效值 $I$ 相等。

$$I_2=I=\frac{U_2}{R_d}\sqrt{\frac{\pi-\alpha}{\pi}+\frac{\sin 2\alpha}{2\pi}} \tag{6.2.14}$$

不考虑变压器损耗，则变压器容量为

$$S=U_2I_2 \tag{6.2.15}$$

晶闸管所承受的最大正反向峰值电压和二极管所承受的最大反向电压的峰值均为$\sqrt{2}U_2$。

## 6.3　晶闸管简单触发电路

### 6.3.1　对触发电路的要求

晶闸管由关断状态转为导通状态，必须具备两个外部条件，即是阳极和阴极之间要承受正电压，同时在控制极与阴极之间加一适当的正向电压、电流（触发）信号。这个触发信号是由触发电路提供的。晶闸管装置的正常工作，与控制极触发电路正确和可靠的运行密切相

关，控制极触发电路必须按主电路的要求来设计。晶闸管装置主电路对控制极触发电路一般有如下要求。

（1）触发脉冲应有足够的功率。触发脉冲的电压和电流应大于晶闸管要求的数值，并留有一定的裕量。

（2）触发脉冲应满足要求的移相范围。

（3）触发脉冲与晶闸管主电路电源必须同步。要求各晶闸管的触发电压与其主电路电源之间有固定的相位关系，使每一周期都能在同样的相位上触发。

（4）触发脉冲的波形要符合要求。例如对电感性负载，脉冲应有足够的宽度，一般对应50Hz的脉宽18°。对于多个晶闸管做并联运用时，为改善均流和均压，脉冲前沿陡度应大于1A/μs。

### 6.3.2 简单触发电路介绍

这类触发电路所用元件少，仅采用几个电阻、电容和二极管，结构简单，调试方便。一般不用同步变压器，常用于控制精度要求不高的小功率负载电路。

1. 简易触发电路举例

如图6.3.1所示，是由可变电阻引入本相电压作为控制极触发电压的电路和波形。图中 $u_2$ 为交流电源电压，$R_d$ 为负载，晶闸管V为调压开关。在晶闸管承受正向电压时，电源电压通过控制极电阻 $R$ 产生控制极电流，当控制极电流上升到触发电流 $I_G$ 时，晶闸管触发导通，两端电压几乎为零。电源电压就加到了电阻 $R_d$ 上。改变控制极回路可变电阻 $R$ 的阻值，就改变了控制极电流的大小，即可改变晶闸管在一个周期中开始导通的时刻，从而调节 $R_d$ 上电压的大小。该电路移相范围小于90°。

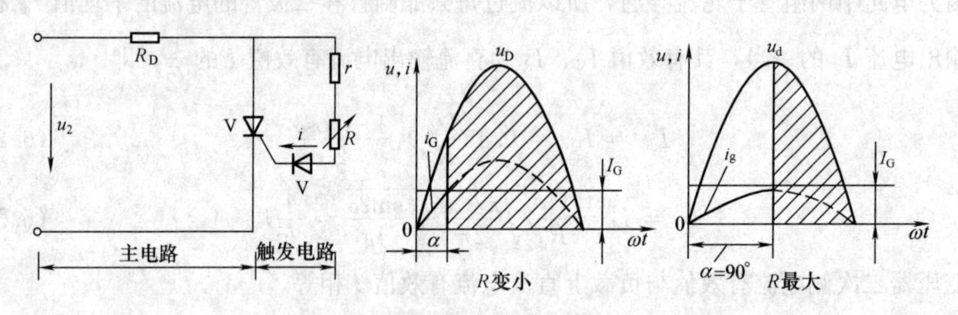


图6.3.1 引入本相电压作为触发信号的电路及波形

图6.3.2为阻容移相触发电路，电路是利用电容 $C$ 充电延时触发以达到控制移相的目的。当晶闸管阳极承受反向电压时，$u_2$ 通过二极管V2对电容 $C$ 充电，由于充电时间常数很小，故 $u_C$ 波形近似为 $u_2$ 波形。当 $u_2$ 过了负的最大值后，电容 $C$ 经 $R$、$R_d$ 和 $u_2$ 放电，随后被 $u_2$ 反充电，极性呈上正下负，当电容 $C$ 两端电压上升到晶闸管的触发电压 $U_G$ 时，晶闸管被触发导通。改变 $R$ 的阻值，则可改变电容 $C$ 反充电的速度，即改变电压 $u_C$ 到达 $U_G$ 的时间，从而实现移相触发。本电路移相范围可达20°～180°。

2. 应用举例

图6.3.3为用阻容移相触发的晶闸管点火电路，它可用于点燃煤气、天然气及其他可燃性气体的炉灶。当开关Q闭合时，220V交流电经桥式整流后给储能电容 $C_3$ 充电，同时还通过 $RP$、$R_1$、$R_2$ 对电容 $C_1$、$C_2$ 充电，延时时间可控制在0.2s以内，这样可保证 $C_3$ 充电

到电源电压时，使晶闸管被触发导通，以确保准确点火。如果电容 $C_3$ 未充电到电源电压而触发晶闸管，则点火率大大下降。

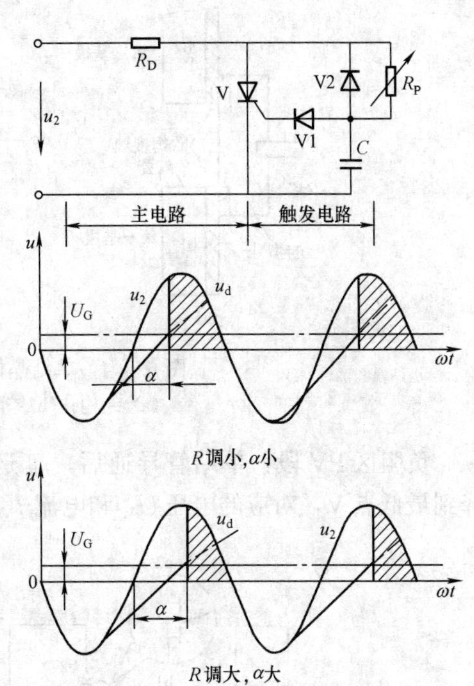


图 6.3.2　阻容电路组成的触发电路

### 6.3.3　单结晶体管触发电路

1. 单结晶体管

单结晶体管结构简单，由它组成的触发电路运行可靠，调试方便。特别适合于中小容量的晶闸管的可控整流装置中。

(1) 单结晶体管的结构。如图 6.3.4 所示为单结晶体管的结构、等效电路、符号和外形。

单结晶体管也有 3 个电极，和普通三极管的外形相似。在一块高电阻率的 N 型硅片上，制作两个电极：第一基极 b1、第二基极 b2。所以也称“双基极管”，在靠近 b2 处掺入 P 型杂质，形成一个 PN 结，由 P 区引出发射极 e。其中 $r_{b1}$、$r_{b2}$ 分别为两个基极之间的电阻，阻值约为 2～15kΩ。当 b1、b2 间加正向电压后，e、b1 间呈高阻特性。但当 e 的电位达到 b1、b2 间电压的某一比值时，e、b1 间立刻变成低电阻，这是单结晶体管的最基本特点。

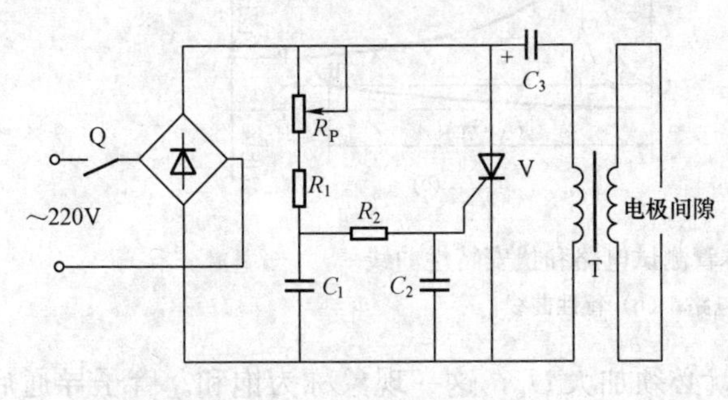


图 6.3.3　晶闸管点火电路

由于单结晶体管只有一个 PN 结，故称“单结管”。用万用表便可轻易判别管子的好坏：用万用表×1kΩ 欧姆挡测量，e 和 b1 或 b2 间的正向电阻小于反向电阻，一般 $r_{b1}>r_{b2}$，而 b1 和 b2 间的正反向电阻相等。

(2) 单结晶体管的伏安特性。在单结晶体管的基极间加一固定的直流电压 $U_{bb}$ 时，所测得的 $I_e$ 和 $U_e$ 间的关系曲线称为单结晶体管的伏安特性。测试电路和伏安特性曲线如图 6.3.5 所示。

当 $U_{bb}=0$ 时，曲线如图 6.3.5（b）ON 段曲线所示，和二极管伏安特性很相似。

$U_{bb}\neq0$ 时，$r_{b1}$ 和 $r_{b2}$ 分压，A 点电位为

$$U_A=\frac{r_{b1}}{r_{b1}+r_{b2}}U_{bb}=\eta U_{bb}$$

式中：$\eta$ 为分压比，一般为 0.3～0.9。

$U_e$ 从零逐渐增加，测出伏安特性曲线如图 6.3.5（b）所示。我们也将其分为三个区域来分析：

截止区 aP 段：当 $U_e$ 从零增加到 b 点前，PN 结反偏，仅有很小漏电流。直到增大到 $U_P=U_A+U_V=\eta U_{bb}+0.7$V 时，单结管开始导通，$U_P$ 称峰点电压。此时对应的电流称为峰点电流 $I_P$。

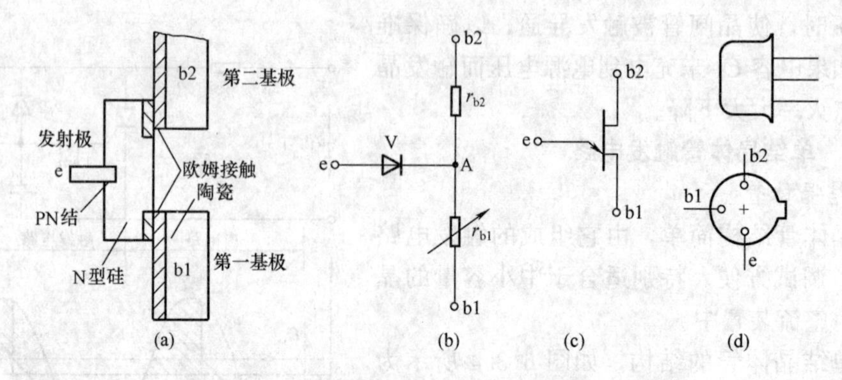


图 6.3.4　单结晶体管的结构、等效电路及符号

(a) 结构；(b) 等效电路；(c) 符号；(d) 外形

负阻区 PV 段：单结管导通后，$r_{b1}$ 迅速减小，$\eta$ 下降，$U_A$ 下降，因而 $U_e$ 也下降，$U_e$ 降到最低点 V，对应的电压 $U_V$ 和电流 $I_V$ 分别称为谷点电压和谷点电流。

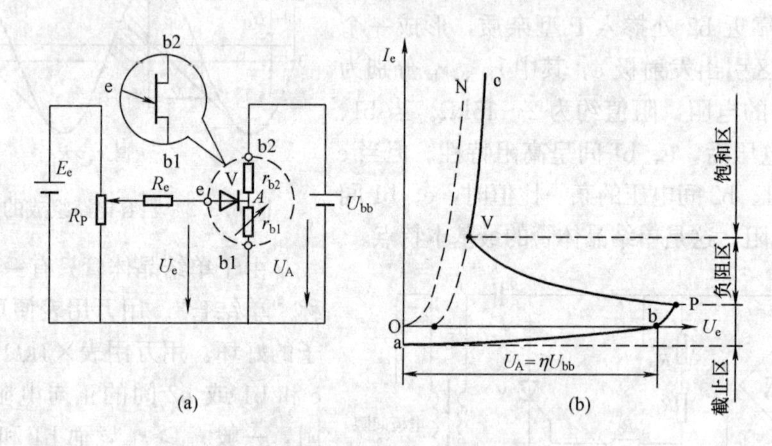


图 6.3.5　单结晶体管测试电路和伏安特性曲线

(a) 测试电路；(b) 特性曲线

饱和区 Vc 段：谷点以后，要提高 $I_e$ 就必须加大 $U_e$，这一现象称为饱和。管子导通后的稳定工作点是饱和区。

综上所述，单结晶体管的工作具有以下特点：

(1) 当发射极电压 $U_e$ 高于峰点电压 $U_P$ 时，单结晶体管真正导通；导通以后，只有在发射极电压小于 $U_V$ 和发射极电流小于 $I_V$ 时，单结晶体管才会截止。

(2) 由于 $U_P=\eta U_{bb}+U_{VD}$，单结晶体管的峰点电压 $U_P$ 与电源电压 $U_{bb}$ 和分压比 $\eta$ 都有关系。因此，电源电压 $U_{bb}$ 改变或不同的管子（参数 $\eta$ 不同），其峰点电压 $U_P$ 就会随之改变。

(3) 不同的单结晶体管的谷点电压 $U_V$ 和谷点电流 $I_V$ 都不会一样，谷点电压大约在 2～5V 之间。

2. 单结晶体管触发电路

(1) 单结晶体管振荡电路。利用单结晶体管的负阻特性和 $RC$ 电路的充放电特性，可以组成单结晶体管自激振荡电路，如图 6.3.6 所示。

设电源未接通时，电容 $C$ 上的电压为零。电源接通后，经 $R_E$ 对电容 $C$ 充电，$u_E=u_c$ 按

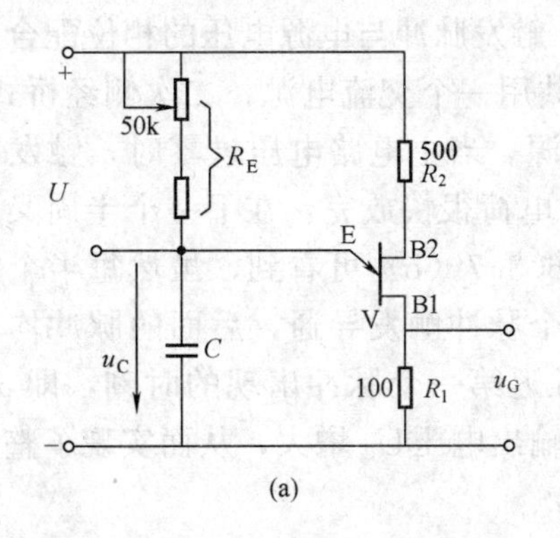


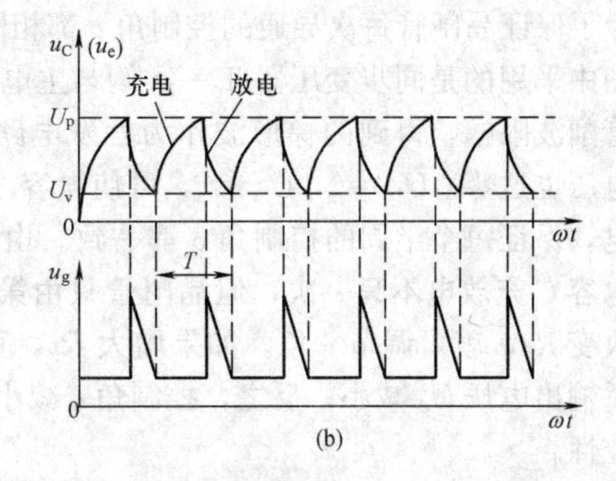


图 6.3.6　单结晶体管振荡电路和波形

(a) 电路；(b) 波形

指数规律曲线上升，当 $u_E$ 上升到峰点电压 $U_P$ 时，单结晶体管突然由截止变为导通，电容通过 e、b1 向电阻 $R_1$ 上放电。由于 $R_1$ 远小于 $R_e$，所以放电速度比充电速度快很多，在电阻 $R_1$ 上输出一个前沿很陡的尖脉冲电压。当 $u_c$ 放电到各点电压 $U_V$ 或更小时，单结晶体管由导通变为截止，这样电路完成一次振荡。

此后电容 $C$ 又开始充电，重复上一过程。调整 $R_e$，即可调节振荡频率。电容的放电时间常数决定了 $R_1$ 上尖脉冲 $u_g$ 的宽度。电路中 $R_2$ 是温度补偿电路，使 $U_P$ 基本不随温度而变。

(2) 单结晶体管同步触发电路。晶闸管由阻断转为导通，除了在阳极、阴极间加正向电压外，还须在控制极和阴极间加合适的触发电压。利用单结晶体管的负阻特性及 $RC$ 电路的充放电特性，可产生频率可调的正向触发电压。如图 6.3.7 (a) 为单结晶体管同步触发的单相半控桥式整流电路，上半部分为主电路，下半部分为提供触发信号的触发电路。各部分波形如图 6.3.7 (b) 所示。

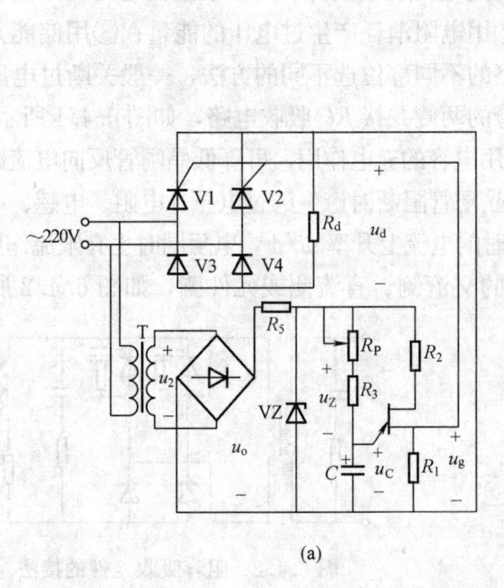


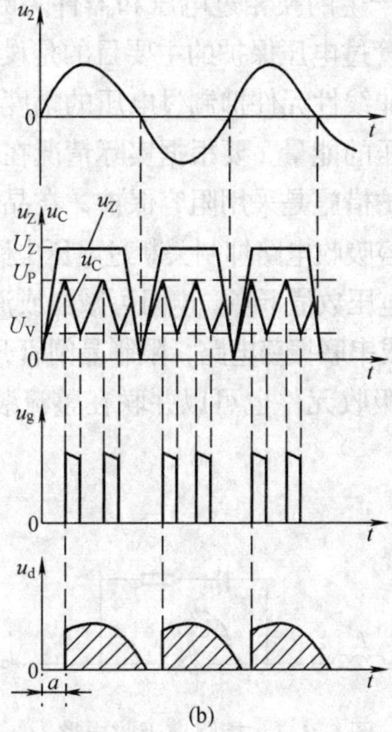


图 6.3.7　单结晶体管同步触发的单相半控桥式整流电路及波形

(a) 电路；(b) 波形

为了保证晶闸管每次导通的控制角 $\alpha$ 都相同，触发脉冲与电源电压的相位配合必须同步。图中采用的是同步变压器 T 一次侧与主电路共用一个交流电源，二次侧经桥式整流，稳压管削波限幅，得到的梯形波作为触发电路电源。当主电路电压过零时，触发电路的同步电压也过零。$U_{bb}=0$，$U_A=0$，可使电容上的电荷很快放完，在下一个半周又从零开始充电，保证每个半周的控制角 $\alpha$ 都一致。由图 6.3.7（b）可看到，虽然每半个电源周期内电容 $C$ 充放电不只一次，但晶闸管只由第一个脉冲触发导通，后面的脉冲均不起作用。改变 $R_P$，就可调节 $\alpha$ 角。如果增大 $R_P$，可推迟第一个脉冲出现的时刻，即 $\alpha$ 增大，整流桥输出电压 $U_d$ 减小；反之，控制角 $\alpha$ 减小，输出电压 $U_d$ 增大，从而实现了整流输出的可控性。

## 6.4 晶闸管的保护

在电力电子电路中，虽然晶闸管有很多优点，但它们的过载能力很差，使用时除了器件参数选择合适、驱动电路设计良好外，采用合适的过电压保护、过电流保护、$du/dt$ 保护和 $di/dt$ 保护是非常必要的。

1. 晶闸管的过电压保护

晶闸管在遭受电压大于击穿电压或转折电压时，会立即发生反向击穿或正向转折而损坏，所以必须采取措施消除晶闸管上的过电压。引起装置中过电压的原因主要是以下两方面。

（1）外因过电压。主要来自雷击和系统中的操作过程等外部原因，包括整流变压器合闸瞬间产生的静电感应过电压；分闸时的操作过电压；变流装置直流侧的快速开关及桥臂上快速熔断都会引起过电压。

（2）内因过电压。主要来自装置内部器件的开关过程，包括换相时电流突变在全控制型器件两端产生的换相过电压和器件关断时产生的关断过电压。

晶闸管过电压保护的主要目的是设法将过电压的幅值抑制到安全限度之内。方法主要有三种：①用非线性元件抑制过电压的幅度；②用电阻消耗产生过电压的能量；③用储能元件吸收产生过电压的能量。要根据实际情况在电路的不同部位选不同的方法，一般关断过电压保护最常用的保护措施是采用阻容保护，在晶闸管的两侧并接 $RC$ 吸收电路，如图 6.4.1 所示。

用阻容吸收电路抑制关断过电压电路利用电容的充电作用，可降低晶闸管反向电流减小的速度，使过电压数值下降，电阻可减弱或消除晶闸管阻断时产生的过电压。电阻、电感、电容与交流电源组成串联振荡电路，限制晶闸管开通时的电流上升率 $di/dt$，电阻同时也有限流作用。

阻容吸收元件也可以并联在整流装置的交流侧、直流侧或元件侧，如图 6.4.2 所示。

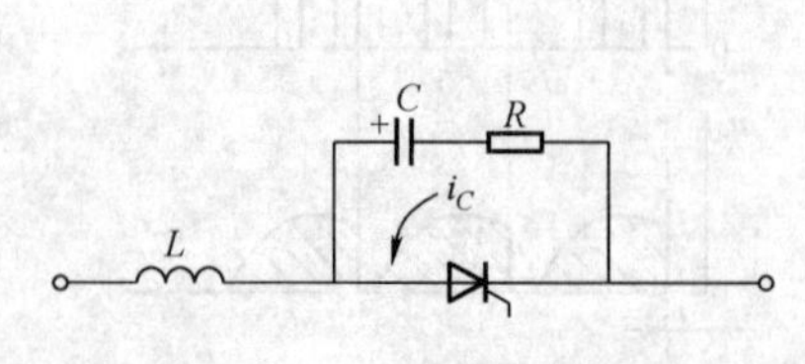


图 6.4.1 用阻容吸收电路抑制关断过电压

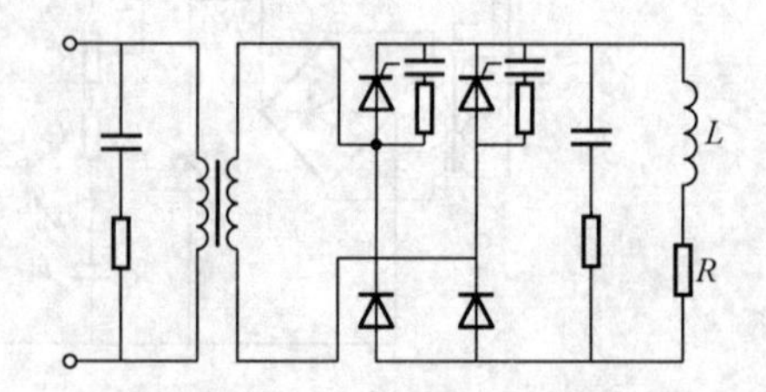


图 6.4.2 阻容吸收元件的接法

2. 晶闸管的过电流保护

电路中因过载或短路会使晶闸管的电流大大超过其工作电流，使其发热而烧毁。产生过电流的原因有直流侧短路、生产机械过载、可逆系统中产生环流或逆变失败、电路中管子误导通及管子击穿短路等。所以必须在发生以上过电流故障时，采取可靠的保护措施。图 6.4.3 给出了各种过电流保护措施及其配置位置。

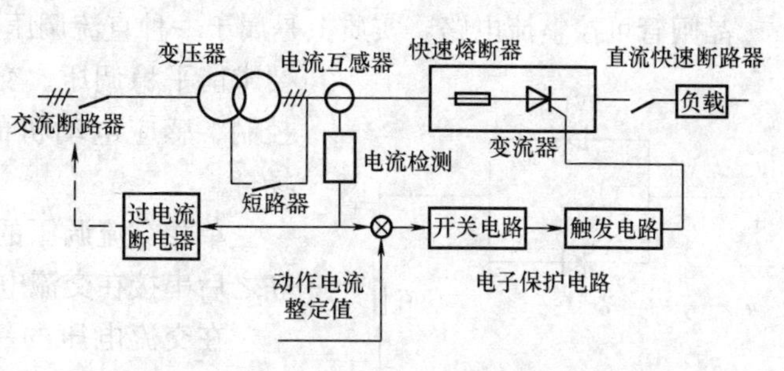


图 6.4.3　各种过电流保护措施及其配置位置

其中，采用快速熔断器（简称快熔）、过电流继电器和直流快速断路器是较为常用的措施。在选择保护措施时要注意相互协调。在一般的系统中，常采用过流信号控制触发脉冲以抑制过电流，即采用电子保护电路作为第一保护措施，再配合采用快熔保护。由于快熔价格高，更换不便，通常把它作为过流保护的最后一道保护措施。正常情况下，快速熔断器仅作为短路保护，总是先让其他过流保护措施动作。如直流快速熔断器整定在电子电路动作之后的实施保护，过电流继电器整定在过载时动作，尽量避免直接烧断快熔。在实际应用中，只有对于一些小功率装置或晶闸管使用裕量较大的变流装置，不论过载或短路均由快熔进行保护。一般系统装置中，均同时采用几种过电流保护措施，以提高保护的可靠性及合理性。

3. 电压上升率 $du/dt$ 与电流上升率 $di/dt$ 的限制

当晶闸管上的正向电压上升率较大时，会有较大的充电电流充当触发电流，使晶闸管误导通。晶闸管导通瞬间，电流集中在控制极附近，如果 $di/dt$ 太大，则可能引起控制极附近过热，造成晶闸管损坏。

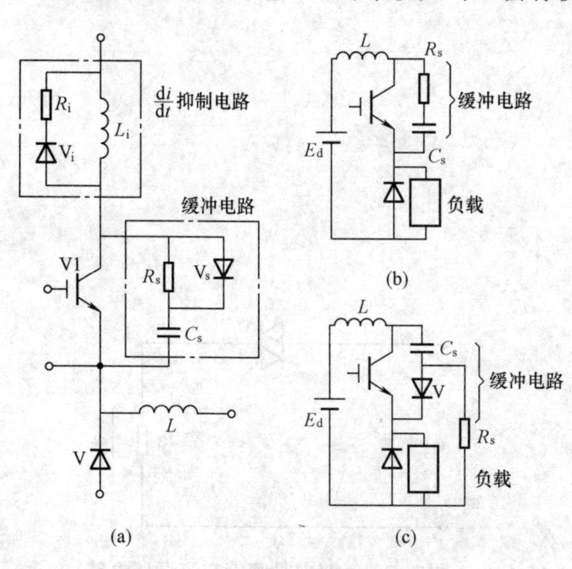


图 6.4.4　几种常用的缓冲电路

（a）充放电型 RCD 缓冲电路；（b）*RC* 吸收电路；（c）放电阻止型 RCD 缓冲电路

通常用缓冲电路抑制晶闸管电压上升率 $du/dt$ 或者过电流和电流上升率 $di/dt$。缓冲电路可分为关断缓冲电路和开通缓冲电路。关断缓冲电路又称为 $du/dt$ 抑制电路，用于吸收器件的关断过电压和换相过电压，减小关断损耗。开通缓冲电路又称为 $di/dt$ 抑制电路，可抑制瞬间的电流过大和 $di/dt$，减小器件的开通损耗。图 6.4.4 给出了几种常用的缓冲电路。图 6.4.4（a）所示的缓冲电路称为充放电型 RCD 缓冲电路，适用于中等容量的场合。图 6.4.4（b）为 *RC* 吸收电路，主要用于小容量器件，而图 6.4.4（c）为放电阻止型 RCD 的缓冲电路，用于大容量或中容量器件。

## 6.5 交 流 调 压

晶闸管可控整流电路，实质上是属于一种直流调压过程。但在生产实际中，交流电源也要求能平稳调压。交流调压广泛应用于工业加热、灯光控制、感应电动机的调速及电解电镀的交流侧调压等场合。

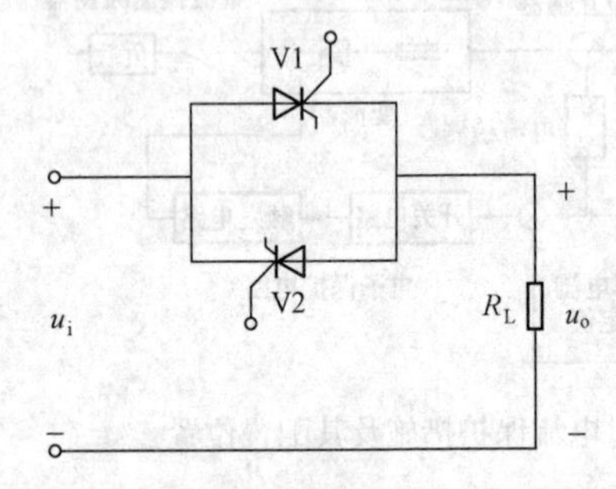


图 6.5.1　晶闸管交流调压电路

单相交流调压的电路可以用两只普通晶闸管反向并联之后串接在交流电路中，如图 6.5.1 所示。

在交流电压的一个周期内，两个晶闸管轮流导通，控制它们的正反向导通时间，就可实现交流调压的目的。输出负载电压 $u_o$ 波形如图 6.5.2 所示。

单相交流调压电路也可以用一只双向晶闸管构成，后者因线路简单、成本低，应用越来越广泛。双向晶闸管相当于上述两个晶闸管反向并联而成，只要在正负半周对称的相应时刻（$\omega t=\alpha$，$\omega t=\alpha+\pi$）给出触发脉冲，就得到同样的可调交流电压，电路如图 6.5.3 所示。

单相电阻性负载交流调压，输出交流电压有效值 $U_o$ 和电流有效值 $I_o$ 为

$$U_o=U_2\sqrt{\frac{1}{2\pi}\sin2\alpha+\frac{\pi-\alpha}{\pi}} \tag{6.5.1}$$

$$I_o=\frac{U_o}{R_L}=\frac{U_2}{R_L}\sqrt{\frac{1}{2\pi}\sin2\alpha+\frac{\pi-\alpha}{\pi}} \tag{6.5.2}$$

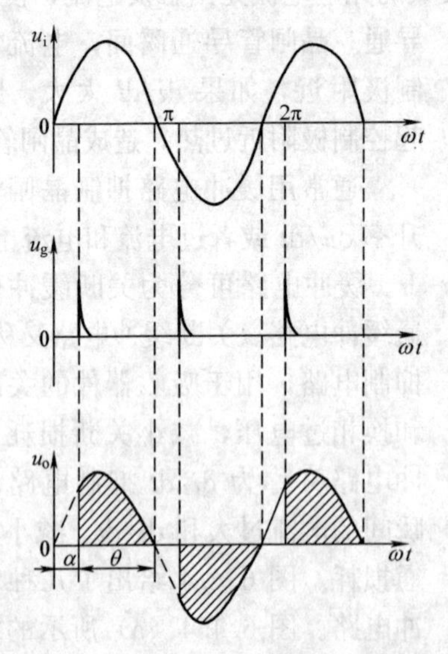


图 6.5.2　晶闸管交流调压输出波形

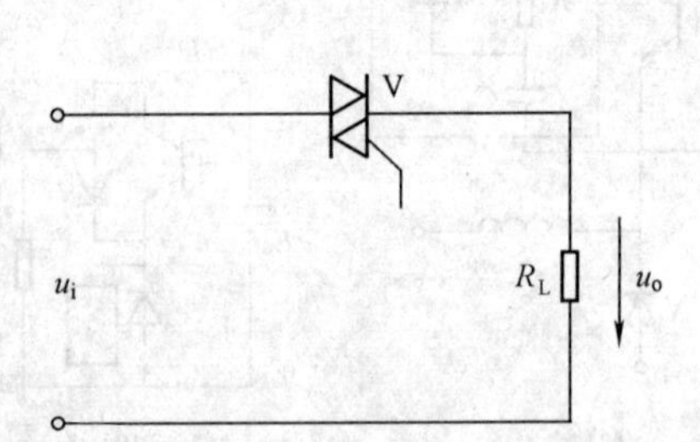


图 6.5.3　双向晶闸管交流调压电路

## 习　　题

6.1　晶闸管电路对触发电路有何要求？

6.2　晶闸管导通的条件是什么？如何使其关断？

6.3　温度升高时，晶闸管的触发电流、正反向漏电流、维持电流以及正向转折电压和反向击穿电压如何变化？

6.4　一电阻性负载，需要直流电压 60V，电流 30A，现采用单相半波可控整流电路，直接由 220V 电网供电，试计算晶闸管的导通角，电流的有效值。

6.5　如题 6.4 中采用单相半控桥式整流电路，导通角和电流有效值又为多少？

6.6　产生过电压的原因是什么？在一般线路中常用的过电压保护有哪几种？

6.7　产生过电流的原因是什么？常采用哪些保护措施，它们起保护作用的先后次序怎样？

6.8　晶闸管两端并联阻容元件，起哪些保护作用？

6.9　用分压比为 0.6 的单结晶体管组成的振荡电路，若 $U_{bb}=20V$，问峰值电压 $U_p$ 是多少？若管子的 b1 或 b2 脚虚焊，则充电电容两端的电压约为多少？

6.10　在单相半控桥式整流电路中，负载的阻值是 10Ω，输入交流电压 $U_2=220V$。负载需要的直流额定电压是 100V，求晶闸管的电流平均值和每只晶闸管承受的最大反向电压。

6.11　一台 220V，10kW 的电炉，采用单相晶闸管交流调压。现调节 $\alpha$ 使输出的电压 $U$ 降低，负载实际消耗功率为 5kW，试求电路的控制角 $\alpha$ 及工作电流。

# 第 7 章

## 模拟电子电路实训

电子技术课程的显著特征之一是它的实践性。要想很好地掌握电子技术，除了掌握基本器件的原理、电子电路的基本组成及分析方法外，还要掌握电子器件及基本电路的应用技术，通过实践掌握器件的性能、参数及电子电路的内在规律、各功能电路间的相互影响，从而验证理论并发现理论知识的局限性。通过实训了解电子电路设计、装配、调试的过程。

## 7.1 常用元器件简介

### 7.1.1 电阻

电阻在电路中主要用于限流、分压、负载等。电阻的标称阻值是按国家规定的阻值系列标注的，如表 7.1.1 所示。因此选用时应按国家规定的阻值范围去选用，使用时将表中的标称值乘以 $10^n$（$n$ 为整数）就可得到一系列阻值。例如表中电阻标称值为 $1.5\times10^n$ 的就有 1.5Ω、15Ω、150Ω、1.5kΩ 等。

**表 7.1.1** 电阻的标称阻值系列

<table>
<tr><th>阻值系列</th><th>允许误差</th><th>偏差等级</th><th colspan="12">电 阻 标 称 值</th></tr>
<tr><td rowspan="2">E24</td><td rowspan="2">±5%</td><td rowspan="2">Ⅰ</td><td>1.0</td><td>1.1</td><td>1.2</td><td>1.3</td><td>1.5</td><td>1.6</td><td>1.8</td><td>2.0</td><td>2.2</td><td>2.4</td><td>2.7</td><td>3.0</td></tr>
<tr><td>3.3</td><td>3.6</td><td>3.9</td><td>4.3</td><td>4.7</td><td>5.1</td><td>5.6</td><td>6.2</td><td>6.8</td><td>7.5</td><td>8.2</td><td>9.1</td></tr>
<tr><td rowspan="2">E12</td><td rowspan="2">±10%</td><td rowspan="2">Ⅱ</td><td colspan="2">1.0</td><td colspan="2">1.2</td><td colspan="2">1.5</td><td colspan="2">1.8</td><td colspan="2">2.2</td><td colspan="2">2.7</td></tr>
<tr><td colspan="2">3.3</td><td colspan="2">3.9</td><td colspan="2">4.7</td><td colspan="2">5.6</td><td colspan="2">6.8</td><td colspan="2">8.2</td></tr>
<tr><td>E6</td><td>±20%</td><td>Ⅲ</td><td colspan="2">1.0</td><td colspan="2"></td><td colspan="2">1.5</td><td colspan="2"></td><td colspan="2">2.2</td><td colspan="2"></td></tr>
</table>

电阻值的表示方法有直标法、文字符号法见表 7.1.2；电阻值的色标法见表 7.1.3。

**表 7.1.2** 电阻值的直标法、文字符号法

<table>
<tr><td colspan="2">直标法：在电阻的表面直接用数字、单位符号标出产品的标称阻值、允许误差（直接用百分数表示）</td><td colspan="2">文字符号法：在电阻的表面用文字、数字来表示阻值、允许误差（用代号表示）</td></tr>
<tr><td>商标 型号 功率<br>RJ 2W<br>4.7kΩ± 5%<br>阻值及允许误差</td><td>金属膜电阻、2W 功率、阻值 4.7kΩ、允许误差 ±5%</td><td>5.6kΩ Ⅰ<br>(a)<br>3MΩ Ⅱ<br>(b)</td><td>5.6kΩ、Ⅰ级精度（±5%）<br>3MΩ、Ⅱ级精度（±10%）</td></tr>
</table>

**注** 在一般电路中选用允许误差为±10%、±20%的即可。

**表 7.1.3　　　　　　　　　　　　电阻值的色标法**

色标法：在电阻体的一端开始标以彩色环表示数字和误差，电阻的色标是由左向右排列的

| 黑 | 棕 | 红 | 橙 | 黄 | 绿 | 蓝 | 紫 | 灰 | 白 | 金 | 银 | 无色 |
|---|---|---|---|---|---|---|---|---|---|---|---|---|
| 0 | 1 | 2 | 3 | 4 | 5 | 6 | 7 | 8 | 9 | | | |
| | ±1% | ±2% | | | ±0.5% | ±0.2% | ±0.1% | | +5%～−20% | ±5% | ±10% | ±20% |

| 普通电阻用四个色环标志法 | 精密度电阻器用五个色环标志法 |
|---|---|
| 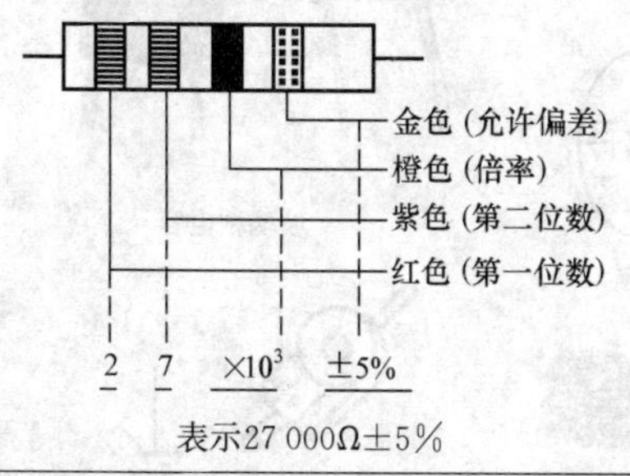  表示27 000Ω±5% | 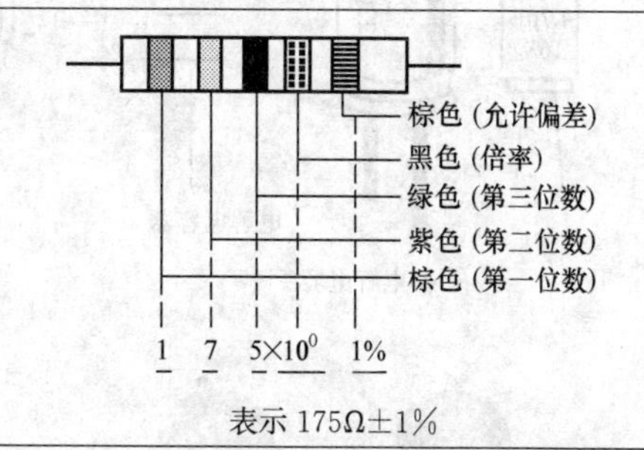  表示 175Ω±1% |
| 第 1、2 色环表示电阻的有效数字，第 3 色环表示乘倍率（$\times10^n$），第 4 色环表示容许偏差，上图电阻值为 27kΩ±5% | 第 1～3 色环表示电阻的有效数字，第 4 色环表示乘倍率（$\times10^n$），第 5 色环表示容许偏差，上图电阻值为 175Ω ±1% |

电阻接入电路后，通过电流时便会发热，当温度过高将会烧毁电阻，所以选用时不但要选择电阻阻值，还要正确选择电阻额定功率。电阻的额定功率一般有 1/8W、1/4W、1/2W、1.0W、2.0W、10W 等规格。功率越大其体积也越大。额定功率应大于实际消耗功率的 1.5～2 倍。

电阻使用时注意其额定工作电压与额定功率。额定工作电压是指电阻器长期工作不发生过热或电击穿损坏时的电压。如果电压超过规定值，电阻器内部产生火花，引起噪声，甚至损坏。

测量实际电阻值的方法：

(1) 将万用表的功能选择开关旋转到适当量程的电阻挡，先调整零点，然后再进行测量。并且在测量中每次变换量程，都必须重新调零后再使用。

(2) 按照图 7.1.1 所示的正确方法，将两表笔（不分正负）分别与电阻的两端相接即可测出实际电阻值。

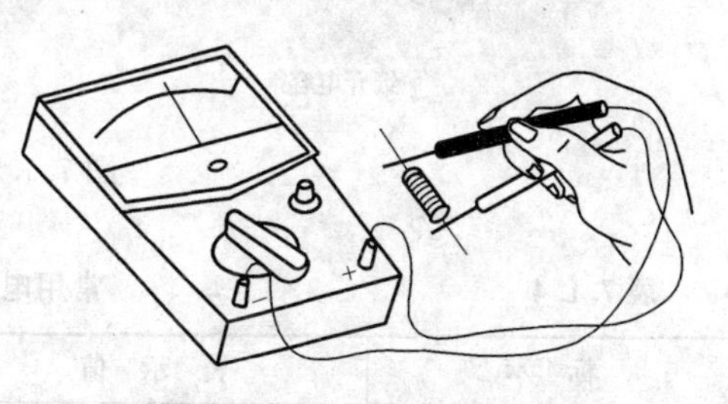

图 7.1.1　电阻的正确测法

测量操作的注意事项：

(1) 测试时，特别是在测几十千欧以上阻值的电阻时，手不要触及表笔和电阻的导电部分。

(2) 被检测的电阻必须从电路中焊下来，至少要焊开一个头，以免电路中的其他元件对测试产生影响，造成测量误差。

(3) 色环电阻的阻值虽然能以色环标志来确定，但在使用时最好还是用万用表测试一下其实际阻值。

### 7.1.2　电容

电容在电路中属储能元件，具有隔直通交的特点。因此常用于级间耦合、滤波、去耦、旁路及信号调谐等方面，电容的常用种类如图 7.1.2 所示。标称方法见表 7.1.4，允许误差等级表示方法见表 7.1.5。

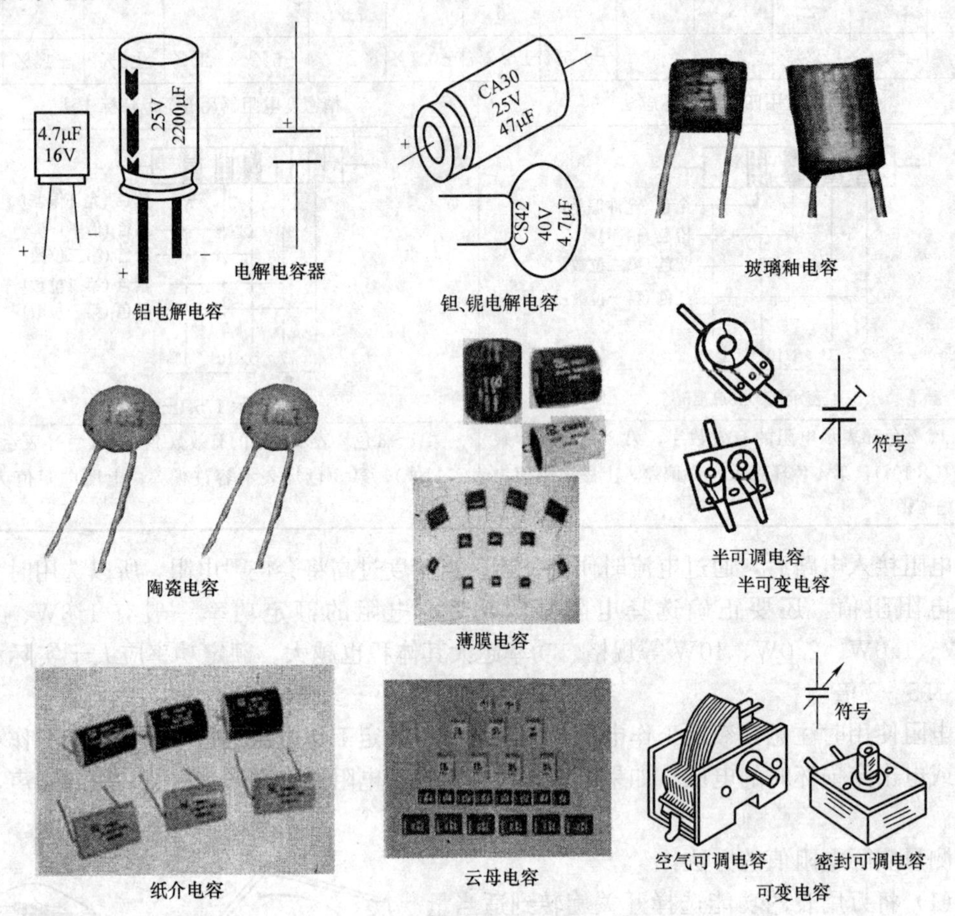


图 7.1.2　电容的常用种类

**表 7.1.4**　　常用电容的容量标注方法

<table>
<tr><th colspan="2">标　示</th><th>表 示 值</th><th colspan="2">标　示</th><th>表 示 值</th></tr>
<tr><td rowspan="2">直接标注法</td><td rowspan="2">2μF、3.3μF、22μF、5nF、4mF</td><td rowspan="2">2.7μF、3.3μF、22μF、$5.9\times10^3$pF、$4.7\times10^3$μF</td><td rowspan="5">数字标法</td><td>ABX</td><td>AB$\times10^x$pF 如 101、153 分别表示为：100pF、15 000pF</td></tr>
<tr><td>AB9</td><td>AB$\times10^{-1}$pF 如 339 为 3.3pF</td></tr>
<tr><td rowspan="3">色标法</td><td>棕 黑 黄</td><td>0.01μF</td><td>R33</td><td>0.33μF</td></tr>
<tr><td>橙 橙 橙</td><td>0.033μF</td><td>当用 1～4 位整数字表示时单位 pF 常省略</td><td>7、220、680、3300 分别表示为 7pF、220pF、680pF、3300pF</td></tr>
<tr><td>棕 绿 绿</td><td>1.5μF</td><td>＜1 时单位 μF 常省略</td><td>如 0.01、0.33 分别表示为：0.01μF、0.33μF 等</td></tr>
</table>

**注**　电容单位间的换算关系为：$1F=10^3mF=10^6\mu F=10^9nF=10^{12}pF$。

表 7.1.5 常用固定电容允许误差的等级

| 允许误差 | ±2% | ±5% | ±10% | ±20% | +20%～-30% | +50%～-20% | +100%～-10% |
|---|---|---|---|---|---|---|---|
| 级别 | 02 | Ⅰ | Ⅱ | Ⅲ | Ⅳ | Ⅴ | Ⅵ |

使用时注意其额定耐压值。在规定的工作温度范围内，能连续可靠地工作，它所能承受的最大直流电压就是电容的耐压。在交流电路中，要注意所加的交流电压最大值不能超过电容的直流工作电压值。常用的固定电容工作电压有 6.3、10、16、25、50、63、100、2500、400、500、630V 和 1000V。使用时绝对不允许超过这个电压值，否则电容就要损坏或被击穿。

### 7.1.3 电感和变压器

电感类元件也属储能元件，在电路中常用于分压、额流、耦合等。其符号、外形如图 7.1.3 所示。

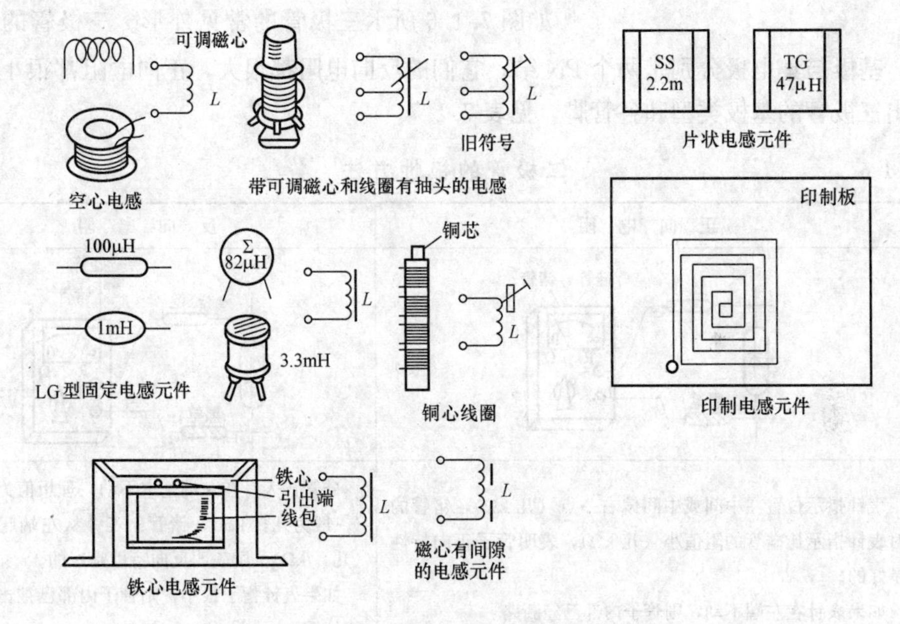


图 7.1.3 常用电感元件的外形图及电路符号

电子电路中常见变压器的外形及符号如图 7.1.4 所示。

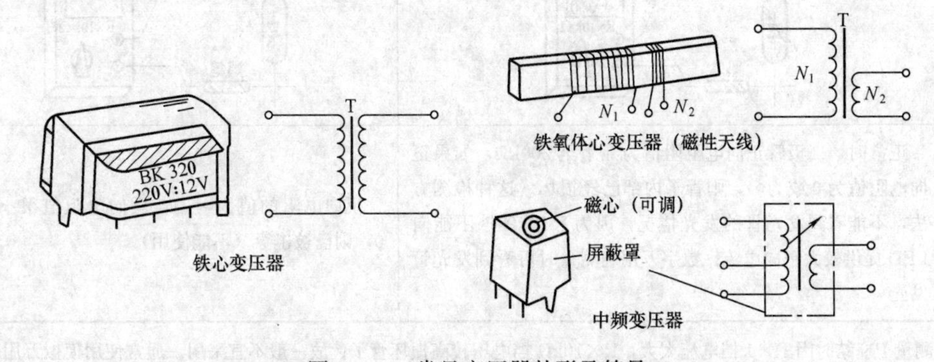


图 7.1.4 常见变压器外形及符号

在选择电感时首先要明确其使用频率范围和额定电流，铁心线圈只能用于低频，一般铁氧体线圈、空心线圈能用于高频。其次要弄清线圈的电感量。线圈是磁感应元件，它对周围的电感性元件有影响，一定要注意防止相互影响。而额定电流是指电感器正常工作时所能通过的最大电流。

### 7.1.4 晶体管的识别

1. 晶体二极管的识别

如图 7.1.5 所示是二极管的常见外形。根据二极管的不同用途，可分为检波二极管、整流二极管、稳压二极管、开关二极管等。二极管的极性通常在管壳上注有标记，如无标记，可用万用表电阻挡测量其正反向电阻来判断（一般用万用表 R×100 或×1kΩ 挡）具体方法如表 7.1.6。

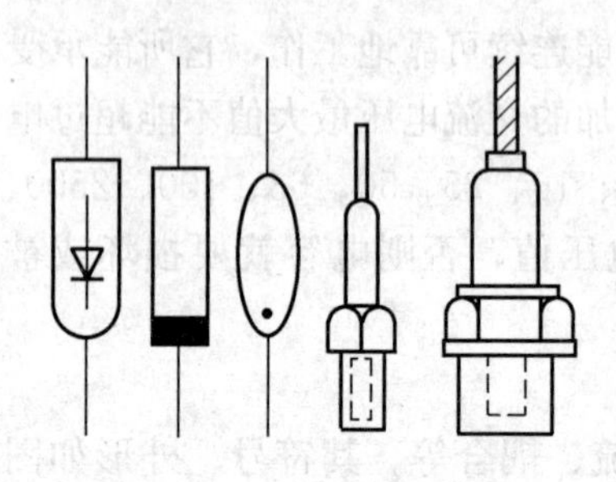

图 7.1.5 二极管的外形

2. 晶体三极管的识别

如图 7.1.6 所示三极管的常见外形。三极管的基极与发射极、基极与集电极分别是两个 PN 结，它们的反向电阻都很大，正向电阻都很小，据此可判断出三极管的基极类型和各管脚，见表 7.1.7。

表 7.1.6 二极管的极性方法

| 项目 | 正向电阻 | 反向电阻 |
|---|---|---|
| 普通二极管测试 | 红笔 硅管 锗管 ∞ 0 R×1kΩ + − 黑笔 | 硅管 锗管 红笔 ∞ 0 R×1kΩ + − 黑笔 |
| 测试情况 | 表针指示位置在中间或中间偏右一点（几 kΩ），锗管的时表针指示比硅管的阻值小（几 kΩ），表明管子正向特性是好的。<br>如果表针在左端不动，则管子内部已经断路 | 硅管：表针在左端基本不动，理想值为∞位置(一般为几百 kΩ)，锗管：表针从左端起动一点(几百 kΩ)，则表明反向特性是好的。<br>如果表针指示很小，则管子内部已被击穿，不能使用 |
| 普通发光管测试 | 红笔 ∞ 0 R×10kΩ + − 黑笔 | 红笔 ∞ 0 R×10kΩ + − 黑笔 |
| 测试情况 | 正常时，二极管正向电阻阻值为几十至 200kΩ，如果正向电阻值为 0 或为∞，则管子内部已经损坏。这种检测方法，不能看到发光管的发光情况，因为×10kΩ 挡不能向 LED 提供较大正向电流。数字万用表测量时可看到发光管发光 | 反向电阻的值为∞。若反向电阻值很小或为 0，则已被击穿（不能使用） |

注 测量 PN 结时因 R×1 挡电流太大，R×10kΩ 挡电压较高损坏管子，故一般不宜采用。通常使用模拟万用表欧姆挡 R×100 或 R×1kΩ 挡对 PN 结进行测量。

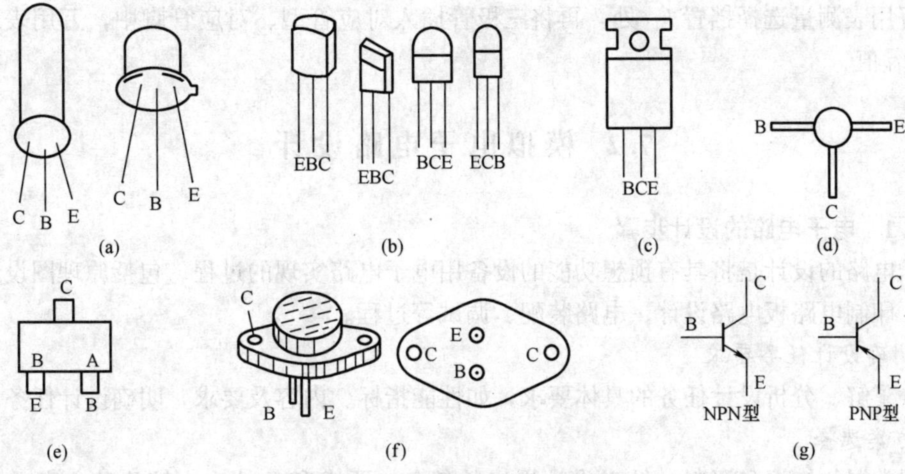


图 7.1.6　晶体管的符号及外形

（a）国产普通三极管；（b）塑封小功率三极管；（c）中功率三极管；（d）高频小功率三极管；
（e）片状三极管；（f）低频大功率三极管；（g）三极管电路符号

**表 7.1.7　　　　　　　　三极管管脚判别方法**

| 项目 | 基极 B 和管型的判断方法 | 集电极 C 和发射极 E 的判断方法 |
|---|---|---|
| 测试方法 | 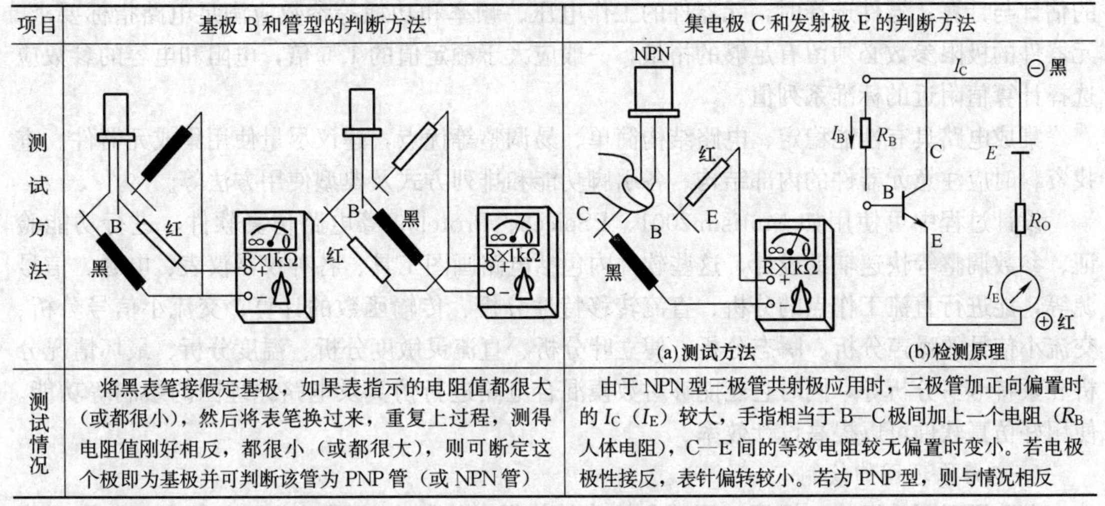 | (a) 测试方法　(b) 检测原理 |
| 测试情况 | 将黑表笔接假定基极，如果表指示的电阻值都很大（或都很小），然后将表笔换过来，重复上过程，测得电阻值刚好相反，都很小（或都很大），则可断定这个极即为基极并可判断该管为 PNP 管（或 NPN 管） | 由于 NPN 型三极管共射极应用时，三极管加正向偏置时的 $I_C$（$I_E$）较大，手指相当于 B—C 极间加上一个电阻（$R_B$ 人体电阻），C—E 间的等效电阻较无偏置时变小。若电极极性接反，表针偏转较小。若为 PNP 型，则与情况相反 |



**注**　硅管的正反向电阻值一般都比锗管大，如果用 R×100 挡测其正向电阻 500Ω～1kΩ 之间，则为锗管，若其正向电阻在几 kΩ 至几十 kΩ 之间，则为硅管。

用万用表测量三极管的 $h_{FE}$（$\beta$）值，操作如图 7.1.7 所示。

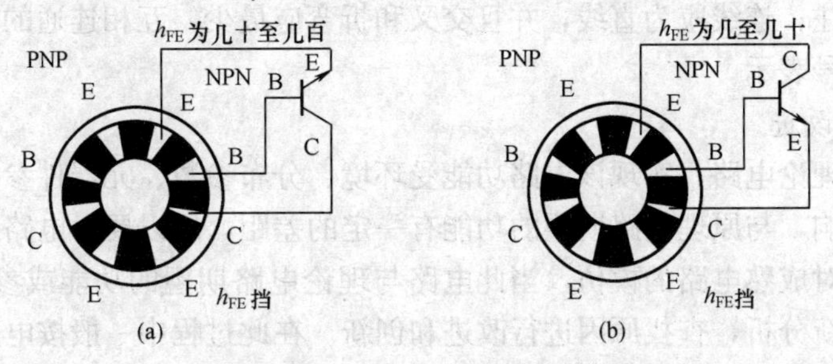


图 7.1.7　用万用表测量 $h_{FE}$（$\beta$）值

（a）正确接法；（b）错误接法

将万用表测量选择挡置 $h_{FE}$ 处，再将三极管插入对应管型、对应管脚中，万用表表头即可显示 $h_{FE}$ 值。

## 7.2 模拟电子电路设计

### 7.2.1 电子电路的设计步骤

电子电路的设计是将具有预想功能的设备用电子电路实现的过程。包括原理图设计、电路实验、印制电路板电路设计、电路装配、调试等过程。

1. 明确设计任务要求

充分了解、分析设计任务的具体要求，如性能指标、内容及要求，明确设计任务。

2. 方案选择

根据掌握的知识和资料，针对设计提出的任务、要求和条件，比较几种方案选择较合理、可靠、经济、可行的设计框架，对其优缺点进行分析，做到心中有数。

3. 根据设计框架进行电路单元设计、参数计算和器件选择

设计时可以模仿成熟的电路进行改进和创新，根据电路工作原理和分析方法，进行参数的估计与计算；器件选择时，元器件的工作电压、频率和功耗等参数应满足电路指标要求，元器件的极限参数必须留有足够的裕量，一般应大于额定值的 1.5 倍，电阻和电容的参数应选择计算值附近的标准系列值。

集成电路具有性能稳定、电路结构简单、易调整等优点，建议尽量使用集成元器件。查找资料时应注意元器件的内部结构、各引脚功能和排列方式及典型使用方法等。

设计过程中可使用如 Mutisim2001、PSpice8、Protel99 等电路仿真软件，进行功能验证、参数调整等快速辅助设计，这些软件内包括电路画图工具、各种仪器仪表、电源、信号源等，能进行直流工作点的分析、直流转移特性分析、传输函数的计算、交流小信号分析、交流小信号的噪声分析、瞬态分析、傅立叶分析、直流灵敏度分析、温度分析、最坏情况分析和蒙特卡罗分析等，同时它还能够对数模混合电路进行仿真及电路原理图的绘制等功能。使用好仿真软件可以提高设计效率。

4. 电路原理图的绘制

电路原理图是组装、焊接、调试和检修的依据，绘制电路图时布局必须合理、排列均匀、清晰、便于看图、有利于读图；信号的流向一般从输入端或信号源画起，由左至右或由上至下按信号的流向依次画出各单元电路，反馈通路的信号流向则与此相反；图形符号应规范，并加适当的标注；连线应为直线，并且交叉和折弯应最少，互相连通的交叉处用圆点表示，地线用接地符号表示。

5. 电路实验与改进

电路原理图是理论电路，实现该电路功能受环境、分布参数、元器件参数间的差异和制作技术等因素的影响，与原理电路期望的功能有一定的差距，所以要对电路进行实验是必要的，这个过程就是对成熟电路的模仿，当此电路与理论电路期望的功能或参数差距较大时，就要对原理电路重新分析，查找原因进行改进和创新。在此过程中一般按电路功能或中心器件分成若干块进行，然后将每个部分连接，最后确定电路最终构成和参数，绘出最终电路图。

6. 印刷电路板的设计与制作

印刷电路板是保持电路原理图各元器件间的电连接关系，是最终电路的安装图。一般用专用软件（如 Protel 等）绘制，由电路板生产厂家生产。

### 7.2.2 电路装配

电路的装配是按照印刷电路板设计规定的元器件的位置、型号进行安装的过程，应按照装配工艺要求装配。电路的调试是对已装配好的电路进行微调整过程，其目的是实现预想功能对电路的技术指标、性能的要求。

1. 电路装配

电路装配是将预先设计的原理电路图纸变成实际电路的过程。通常采用实验板上插接和通用印刷电路板上焊接等方式。

(1) 实验板上插接。如图 7.2.1 所示是常用的实验板插接的电路，常作电路实验研究阶段简单电路的实验。其装配方法可分为元器件放置规划、导线位置规划、导线剥头成形和元器件导线的插接等步骤。

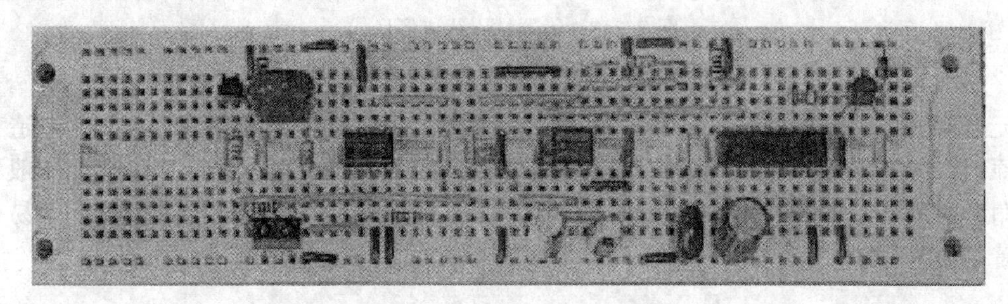

图 7.2.1 实验板插接的电路

(2) 印刷电路板上电路装配。如图 7.2.2 所示是要装配的印刷电路板。

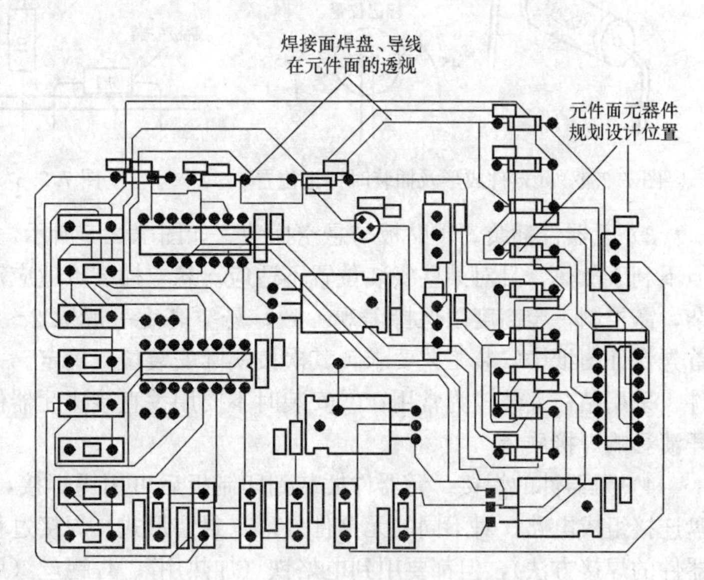


图 7.2.2 印刷电路板插装

印制电路板的装焊在整个电子产品制造中处于核心的地位，可以说一个整机产品的“精华”部分都装在印制板上，其质量对整机产品的影响是不言而喻的。尽管在现代生产中印制板的装焊已经日趋完善，实现了自动化，但在产品研制、维修领域主要还是手工操作。

印刷电路板上装配的步骤一般可分为检查、预成型、插件、焊接、切头等。

1) 印制板和元器件检查。装配前应对印制板和元器件进行检查。印制板检查主要包括印制板的图形、孔位及孔径是否与图纸相符，有无断线、缺孔等，表面处理是否合格，有无污染或变质等。元器件检查主要检查包括元器件的品种、规格及外封装是否与图纸吻合，元器件引线有无氧化，锈蚀等，并予以处理。

对于要求较高的产品，还应注意操作时的条件，如手汗影响锡焊性能，腐蚀印制板，使用的工具如改锥，钳子碰上印制板会划伤铜箔，橡胶板中的硫化物会使金属变质等。

2）元器件引线成型。如图 7.2.3 所示，是印制板上装配元器件的部分实例，其中大部分需在装插前弯曲成形。弯曲成形的要求取决于元器件本身的封装外形和印制板上的安装位置，有时也因整个印制板安装空间限定元件安装位置。

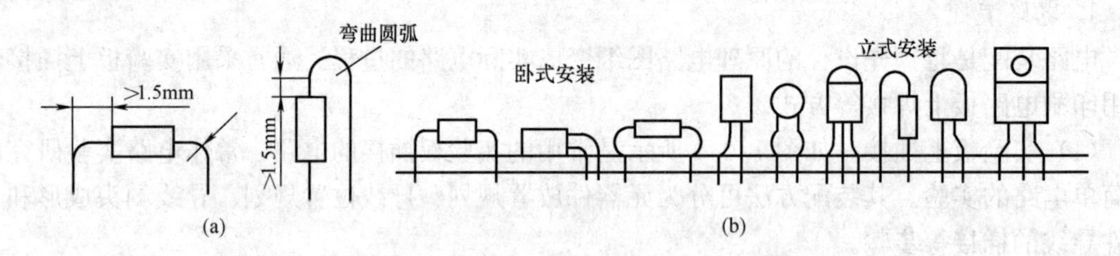


图 7.2.3 元器件引线成形形式
(a) 元器件的引线弯曲成形；(b) 元器件成形后插入印刷板

元器件引线成形要注意以下几点：①所有元器件引线均不得从根部弯曲。因为制造工艺上的原因，根部容易折断。一般应留 1.5mm 左右，如图 7.2.3（a）所示；②弯曲一般不要成死角，圆弧半径应大于引线直径的 1～2 倍；③要尽量将有字符的元器件面置于容易观察的位置，如图 7.2.4 所示。

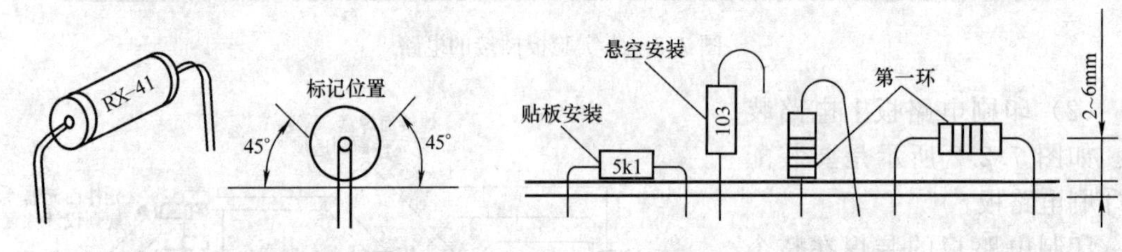


图 7.2.4 元器件成形及插装时标记位置　　图 7.2.5 元器件贴板与悬空插装

3）元器件插装。①贴板与悬空插装。如图 7.2.5 所示，贴板插装稳定性好、插装简单，但不利于散热，且对某些安装位置不适应。悬空插装，适应范围广，有利散热，但插装较复杂，需控制一定高度以保持美观一致，悬空高度一般取 2～6mm 为宜。插装时具体要求应首先保证图纸中安装工艺要求，其次按实际安装位置确定。一般无特殊要求时，只要位置允许，采用贴板安装较为常用；②安装时不要用手直接碰元器件引线和印制板上铜箔，手上的汗渍影响焊接质量。

4）元器件的焊接。元器件插装到印制板后可用锡焊接，将元器件引脚与印制板上的焊盘连接组成电路。对不同的元器件外形（封装形式）焊接过程不尽相同（这里介绍插装式元器件的焊接方法），但都要用到电烙铁（加热用）、焊锡丝（用于将元器件引脚焊接到印制板上）、助焊剂（有利于提高焊点质量如松香等）等。

如图 7.2.6 是电烙铁的结构，其作用是加热焊件、熔化焊锡。一般应选内热式 20～35W 或调温式，烙铁的温度在 250～300℃。烙铁头形状应根据印制板焊盘大小采用凿形或锥形，一般常用小型圆锥烙铁头。图 7.2.7 是电烙铁头的常见外形。电烙铁的握法见图

7.2.8，焊锡的拿法见图 7.2.9。

焊接方法。如图 7.2.10 所示焊接五步法图解，整个过程一般在 2～4s。加热时应尽量使烙铁头同时接触印制板上铜箔和元器件引线。

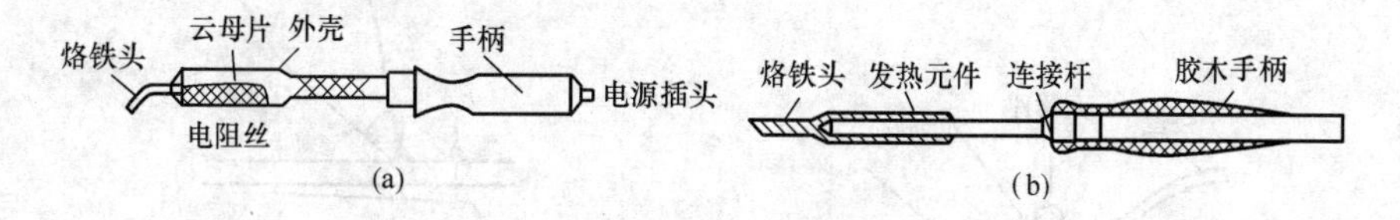


图 7.2.6 电烙铁的结构

(a) 外热式电烙铁；(b) 内热式电烙铁

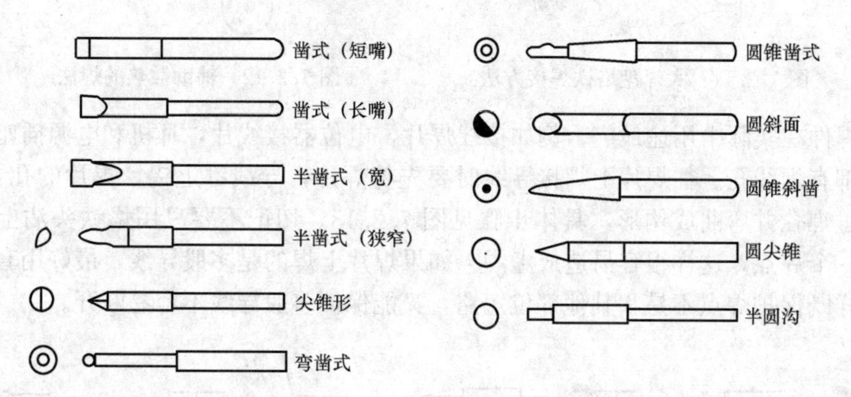


图 7.2.7 电烙铁头的常见外形

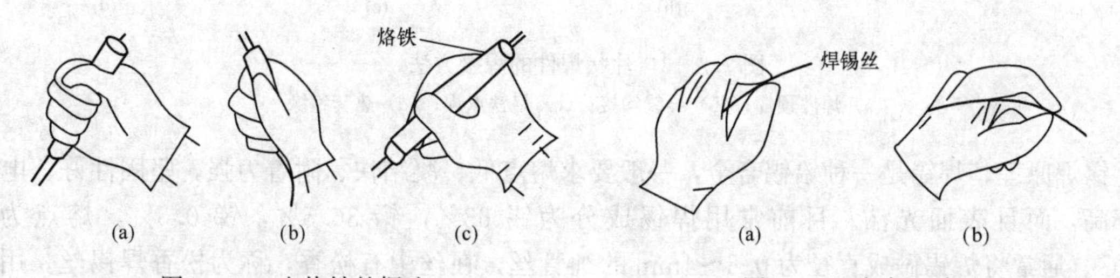


图 7.2.8 电烙铁的握法

(a) 反握法；(b) 正握法；(c) 握笔法

图 7.2.9 焊锡的拿法

(a) 连续焊时焊锡的拿法；(b) 断续焊时焊锡的拿法

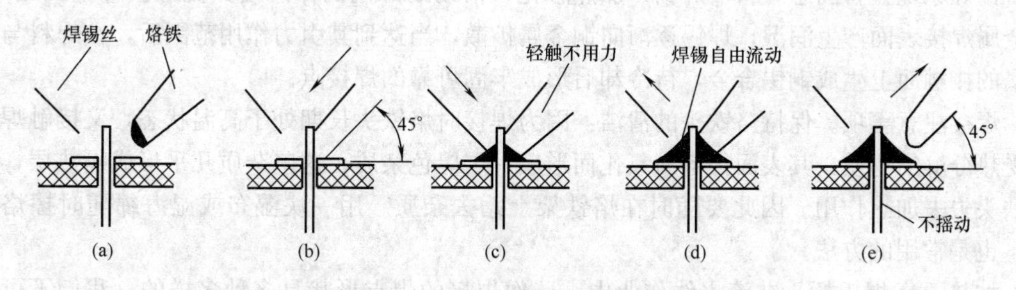


图 7.2.10 焊接五步法图解

(a) 准备；(b) 加热；(c) 加焊锡；(d) 移去焊锡；(e) 移去烙铁

五步法有普遍性，是掌握手工烙铁焊接的基本方法。特别是各步骤之间停留的时间，对保证焊接质量至关重要，只有通过实践才能逐步掌握。对较大的焊盘（直径大于 5mm）焊接时可移动烙铁，即烙铁头绕焊盘转动，如图 7.2.11 所示，以免长时间停留一点导致局部过热。对耐热性差的元器件应使用工具辅助散热如图 7.2.12 所示。

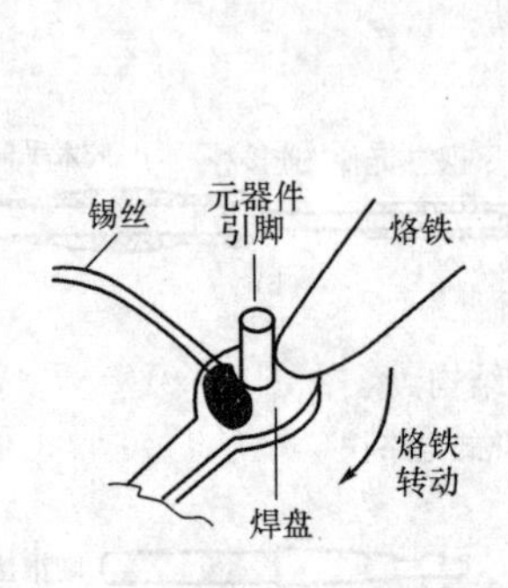


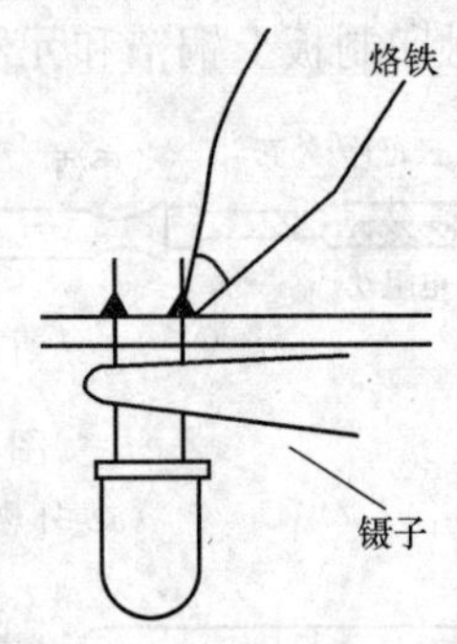


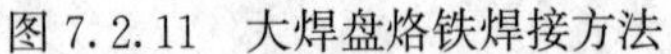
图 7.2.11　大焊盘烙铁焊接方法　　　　图 7.2.12　辅助散热的焊法

片状焊件在实际中用途最广，例如接线焊片，电位器接线片，耳机和电源插座等，这类焊件一般都有焊线孔。往焊片上焊接导线时要先将焊片，导线都上锡，焊片的孔不要堵死，将导线穿过焊孔并弯曲成钩形，具体步骤见图 7.2.13。切记不要只用烙铁头沾上锡，在焊件上堆成一个焊点，这样很容易造成虚焊。如果焊片上焊的是多股导线，最好用套管将焊点套上，这样既保护焊点不易和其他部位短路，又能保护多股导线不容易断开。

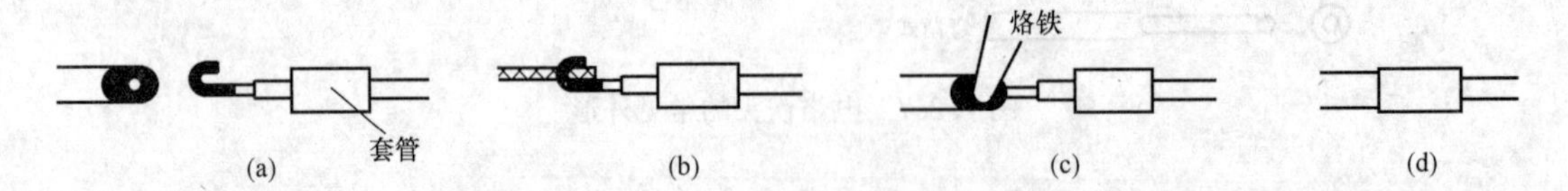


图 7.2.13　片状焊件的焊接方法

(a) 焊件预焊；(b) 导线钩接；(c) 烙铁点焊；(d) 热套绝缘

锡焊原理。焊锡是一种铅锡合金，一般要求熔点低、凝结快、附着力强，坚固性好、电导率高，而且表面光洁。目前常用焊锡成分为锡 63%，铅 36.5%，锑 0.5%，熔点为 190℃。通常将焊锡做成直径为 0.6～4mm 的细管丝，在丝中有松香，称为松香焊锡丝。用它焊接电子线路时，不必再加焊剂，这种焊料依靠与金属附着力将两种金属粘在一起。

锡焊原理：将固态焊料（焊锡）加热融化，借助助焊剂的作用使其流入被焊金属之间，对金属焊接表面产生润湿，焊锡逐渐向铜金属扩散，当达到其引力作用范围后，在焊料与铜金属的接触面上生成铜锡合金，待冷却后形成牢固可靠的焊接点。

焊接注意事项。保持烙铁头的清洁：因为焊接时烙铁头长期处于高温状态，又接触焊剂等受热分解的物质，其表面很容易氧化而形成一层黑色杂质，这些杂质几乎形成隔热层，使烙铁头失去加热作用。因此要随时在烙铁架上蹭去杂质。用一块湿布或湿海绵随时擦烙铁头，也是常用的方法。

加热要靠焊锡桥：非流水线作业中，一次焊接的焊点形状是多种多样的，我们不可能不断换烙铁头。要提高烙铁头加热的效率，需要形成热量传递的焊锡桥。所谓焊锡桥，就是靠烙铁上保留少量焊锡作为加热时烙铁头与焊件之间传热的桥梁。显然由于熔化金属的导热效率远高于空气，而使焊件很快被加热到焊接温度。应注意作为焊锡桥的锡保留量不可过多。

经常调节烙铁的温度，防止“烧死”的现象：烙铁头长时间通电后，烙铁心易过热氧化变黑，传热变差不易沾锡，称为“烧死”，因此在加热一定时间后（约 2～3h）最好切断电源冷却一下，然后再加热继续使用。烙铁在通电使用时，切忌猛力敲打，以免电阻丝或引线震断。

焊件和焊接点的表面要清洁和搪锡：焊接前焊件表面的清洁工作是保证焊接质量的关键，一般金属暴露在空气中，时间稍久就会氧化，而金属氧化物对焊锡的吸附力小，导电性能差。因此，在焊接前一定要将焊件和焊接处表面用砂纸或小刀刮除表面的绝缘层或氧化物，使其呈现金属光泽为好。随即对其进行搪锡后再行焊接。这样既能提高速度，又可缩短焊接时间，不易烫坏元件。已搪过锡的表面，若失去金属光泽，必须重新搪锡。如果不重视这道工序，很容易出观虚焊，即焊点外表虽被锡包住，实质上金属表面未与焊锡粘附，对调试工作带来困难。

MOS 型场效应管的焊接：要求在焊接时，应将烙铁电源断开后再去焊栅极，以免交流电压感应在栅极上产生较强电场，或者电烙铁有可靠接地线，以屏蔽交流电场。

焊接的技能主要靠多实践来摸索、体会，掌握。在保证质量的同时，也要做到焊点和焊件美观、整齐。

焊后处理。剪去多余引线，注意不要对焊点施加剪切力以外的其他力。检查印制板上所有元器件引线焊点，修补缺陷。根据工艺要求选择清洗液清洗印制板。一般情况下使用松香焊剂后印制板不用清洗。

典型焊点的质量。造成焊接缺陷的原因很多，在材料与工具一定的情况下，采用什么方式以及操作者是否有责任心，就是决定性的因素了。图 7.2.14 为正常合格的焊点的外形。表 7.2.1 列出了印制板焊点缺陷的外观、特点、危害及产生原因的分析，可供焊点检查、分析时参考。

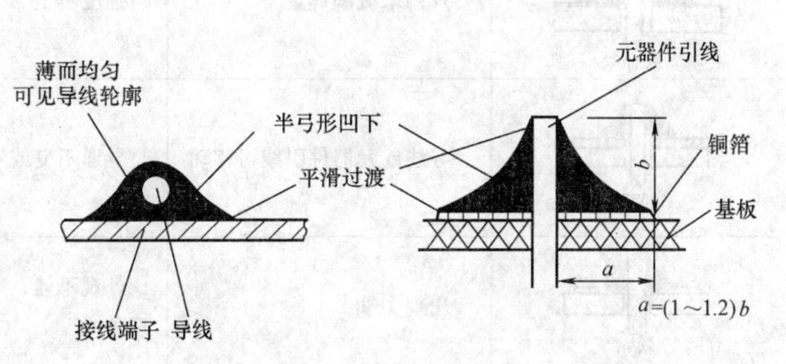


图 7.2.14　典型焊点的外形

**表 7.2.1　常见焊点缺陷的外观、特点、危害及原因分析**

| 焊点缺陷 | 外观、特点 | 危　害 | 原因分析 |
|---|---|---|---|
| 焊料过多 | 焊料面呈凸形 | 浪费焊料，且可能包藏缺陷 | 焊丝撤离过迟 |
| 焊料过少 | 焊料未形成平滑面 | 机械强度不足 | 焊丝撤离过早 |

续表

| 焊点缺陷 | 外观、特点 | 危　害 | 原因分析 |
|---|---|---|---|
| 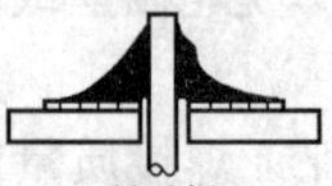 松香焊 | 焊点中夹有松香渣 | 强度不足，导通不良，有可能时通时断 | 1. 加焊剂过多，或已失效<br>2. 焊接时间不足，加热不足<br>3. 表面氧化膜未去除 |
| 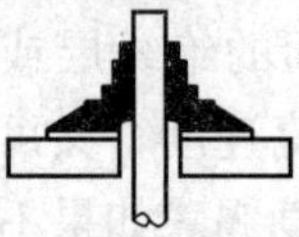 过热 | 焊点发白，无金属光泽，表面较粗糙 | 1. 焊盘容易剥落强度降低<br>2. 造成元器件失效损坏 | 烙铁功率过大<br>加热时间过长 |
| 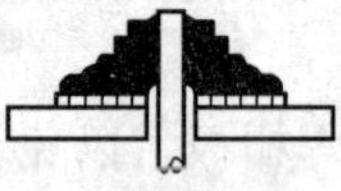 冷焊 | 表面呈豆腐渣状颗粒，有时可有裂纹 | 强度低，导电性不好 | 焊料未凝固时焊件抖动 |
| 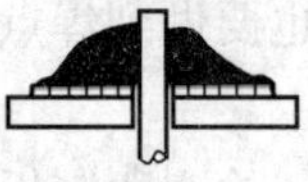 虚焊 | 焊料与焊件交界面接触角过大，不平滑 | 强度低，不通或时通时断 | 1. 焊件清理不干净<br>2. 助焊剂不足或质量差<br>3. 焊件未充分加热 |
| 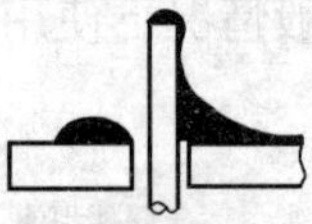 不对称 | 焊锡未流满焊盘 | 强度不足 | 1. 焊料流动性不好<br>2. 助焊剂不足或质量差<br>3. 加热不足 |
| 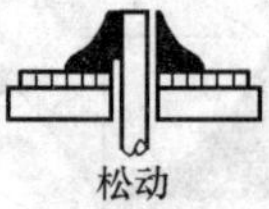 松动 | 导线或元器件引线可移动 | 导通不良或不导通 | 1. 焊锡未凝固前引线移动造成空隙<br>2. 引线未处理好（润湿不良或不润湿） |
| 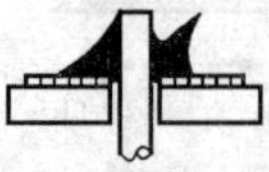 拉尖 | 出现尖端 | 外观不佳，容易造成桥接现象 | 1. 加热不足<br>2. 焊料不合格 |
|  桥接 | 相邻导线搭接 | 电气短路 | 1. 焊锡过多<br>2. 烙铁施焊撤离方向不当 |
| 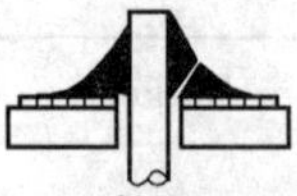 针孔 | 目测或放大镜可见有孔 | 焊点容易腐蚀 | 焊盘孔与引线间隙太大 |
| 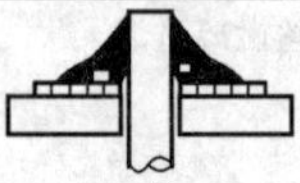 气泡 | 引线根部有时有焊料隆起，内部藏有空洞 | 暂时导通但长时间容易引起导通不良 | 引线与孔间隙过大或引线润湿性不良 |
| 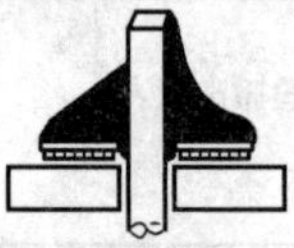 剥离 | 焊点剥落（不是铜箔剥落） | 断路 | 焊盘镀层不良 |

2. 元器件的拆焊

在电路调试和维修中常需要更换一些元器件，如果方法不得当，就会破坏印制电路板，也会使换下而并没失效的元器件无法重新使用。

一般电阻、电容、晶体管等管脚不多，且每个引线可相对活动的元器件可用烙铁直接解焊。如图 7.2.15 所示。印制板竖起来夹住，一边用烙铁加热待拆元件的焊点，一边用镊子或尖嘴钳夹住元器件引线轻轻拉出。

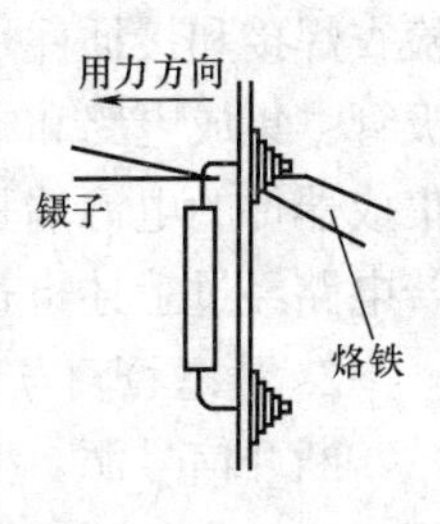


图 7.2.15　一般元件的拆焊

吸锡器吸锡拆卸法：使用吸锡器拆卸集成块，这是一种常用的专业方法，使用工具为普通吸、焊两用电烙铁，功率在 35W 以上。拆卸集成块时，只要将加热后的两用电烙铁头放在要拆卸的集成块引脚上，待焊点锡融化后被吸入细锡器内，全部引脚的焊锡吸完后集成块即可拿掉。

医用空心针头拆卸法：取医用 8～12 号空心针头几个。使用时针头的内径正好套住集成块引脚为宜。拆卸时用烙铁将引脚焊锡熔化，及时用针头套住引脚，然后拿开烙铁并旋转针头，等焊锡凝固后拔出针头。这样该引脚就和印制板完全分开。所有引脚如此做一遍后，集成块就可轻易被拿掉。

电烙铁毛刷配合拆卸法：该方法简单易行，只要有一把电烙铁和一把小毛刷即可。拆卸集成块时先把电烙铁加热，待达到溶锡温度将引脚上的焊锡融化后，趁机用毛刷扫掉熔化的焊锡。这样就可使集成块的引脚与印制板分离。该方法可分脚进行也可分列进行。最后用尖镊子或小“一”字螺丝刀撬下集成块。

增加焊锡融化拆卸法：该方法是一种省事的方法，只要给待拆卸的集成块引脚上再增加一些焊锡，使每列引脚的焊点连接起来，这样以利于传热，便于拆卸。拆卸时用电烙铁每加热一列引脚就用尖镊子或小“一”字螺丝刀撬一撬，两列引脚轮换加热，直到拆下为止。一般情况下，每列引脚加热两次即可拆下。

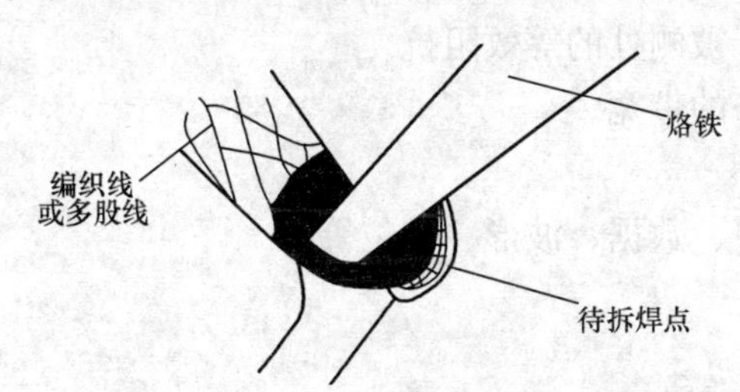


图 7.2.16　多股铜线吸锡拆卸法

多股铜线吸锡拆卸法：如图 7.2.16 所示，利用多股铜芯塑胶线，去除塑胶外皮，使用多股铜芯丝（可利用短线头）。使用前先将多股铜芯丝上松香酒精溶液，待电烙铁烧热后将多股铜芯丝放到集成块引脚上加热，这样引脚上的锡焊就会被铜丝吸附，吸上焊锡的部分可剪去，重复进行几次就可将引脚上的焊锡全部吸走。有条件也可使用屏蔽线内的编织线。只要把焊锡吸完，用镊子或小“一”字螺丝刀轻轻一撬，集成块即可取下。

重新焊接时需先用锥子将焊孔在加热熔化焊锡的情况下扎通，需要指出的是这种方法不宜在一个焊点上多次用，因为印制导线和焊盘经反复加热后很容易脱落，造成印制板损坏。

### 7.2.3　电路调试

电路调试是将装配好的电路检查错误、排除故障、调整参数达到预期的电路功能和技术指标的过程。新设计的电路，一般采用边安装边调试的方法。即按照原理图上的功能将复杂电路分块安装和调试，逐步扩大安装和调试的范围，直至完成整机调试。这种方法可及时发现问题，及时解决。一般调试的主要步骤如下：

1. 调试前不加电源的检查

对照电路图和实际线路检查连线是否正确，包括错接、少接、多接等；用万用表电阻挡检查焊接和接插件是否良好；元器件引脚之间有无短路，连接处有无接触不良，二极管、三极管、集成电路和电解电容的极性是否正确；电源供电包括极性、信号源连线是否正确；各集成器件的电源端是否与电源连接完好、电源端对地是否存在短路（用万用表测量电阻）。若电路经过上述检查，确认无误后，可转入静态检测与调试。

2. 静态检测与调试

断开信号源，把电源接入电路，用万用表电压挡监测电源电压，观察有无异常现象：如冒烟、异常气味、手摸元器件发烫，电源短路等，如发现异常情况，立即切断电源，排除故障；如无异常情况，分别测量各关键点直流电压，如静态工作点、数字电路各输入端和输出端的高、低电平值及逻辑关系、放大电路输入、输出端直流电压等是否在正常工作状态下，如不符，则调整电路元器件参数、更换元器件等，使电路最终工作在合适的工作状态；对于放大电路还要用示波器观察是否有自激、失真现象发生。

3. 动态检测与调试

动态调试是在静态调试的基础上进行的，调试的方法为在电路的输入端加上所需的信号源，并循着信号的传递方向，逐级检测各有关点的波形、参数和性能指标是否满足设计要求，必要时，要对电路参数作进一步调整。发现问题，要设法找出原因，排除故障，继续进行。（详见检查故障的一般方法）

4. 调试注意事项

（1）正确使用测量仪器的接地端，仪器的接地端与电路的接地端要可靠连接。

（2）在信号较弱的输入端，尽可能使用屏蔽线连线，屏蔽线的外屏蔽层要接到公共地线上，在频率较高时要设法隔离连接线分布电容的影响，例如用示波器测量时应该使用示波器探头连接，以减少分布电容的影响。

（3）测量电压所用仪器的输入阻抗必须远大于被测处的等效阻抗。

（4）测量仪器的频带宽度必须大于被测量电路的带宽。

（5）正确选择测量点和测量仪表量程。

（6）认真观察记录实验过程，包括条件、现象、数据、波形、相位等。

（7）出现故障时要认真查找原因。

5. 电子电路故障检查的一般方法

（1）常见的故障原因。对于新设计组装的电路来说，常见的故障原因有：

1）实验电路与设计的原理图不符；元件使用不当或损坏；

2）设计的电路本身就存在某些严重缺陷，不能满足技术要求，连线发生短路和开路；

3）焊点虚焊，接插件接触不良，可变电阻器等接触不良；

4）电源电压不合要求，性能差；

5）仪器作用不当；

6）接地处理不当；

7）相互干扰引起的故障等。

（2）检查故障的一般方法。检查故障的一般方法有：直接观察法、静态检查法、信号寻迹法、对比法、部件替换法、旁路法、短路法、断路法、暴露法等，下面主要介绍以下几种：

1）直接观察法和信号检查法：与前面介绍的调试前的直观检查和静态检查相似，只是更有目标针对性。

2）信号寻迹法：在输入端直接输入一定幅值、频率的信号，用示波器由前级到后级逐级观察波形及幅值，如哪一级异常，则故障就在该级；对于各种复杂的电路，也可将各单元电路前后级断开，分别在各单元输入端加入适当信号，检查输出端的输出是否满足设计要求。

3）对比法：将存在问题的电路参数与工作状态和相同的正常电路中的参数（或理论分析和仿真分析的电流、电压、波形等参数）进行比对，判断故障点，找出原因。

4）部件替换法：用同型号的好器件替换可能存在故障的部件。

5）加速暴露法：有时故障不明显，或时有时无，或要较长时间才能出现，可采用加速暴露法，如敲击元件电路板或检查接触不良、虚焊等，用加热的方法检查热稳定性等。

## 7.3 晶体管放大电路设计

本设计任务是“单级阻容耦合晶体管放大器设计”。已知条件是：$U_{CC}=+12V$，$R_L=3k\Omega$，$U_i=10mV$（有效值）$R_S=600\Omega$。技术指标要求是：$A_u>40$，$R_i>1k\Omega$，$R_o<2k\Omega$，$f_L<100Hz$，$f_H>100kHz$。设计电路应稳定性好。一般电路的设计步骤如下：

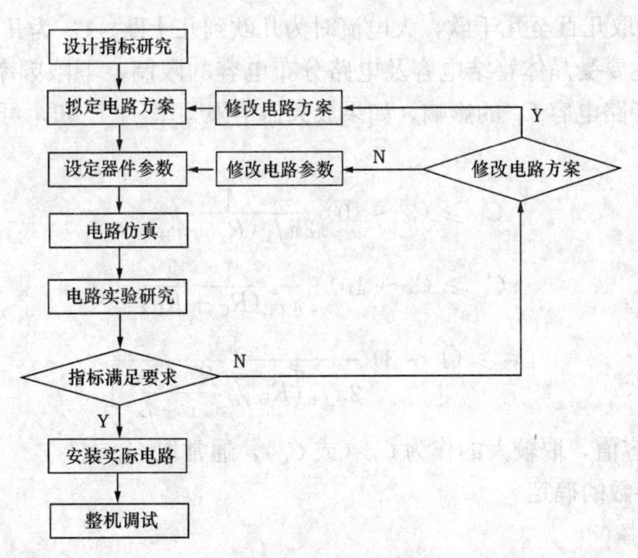


### 7.3.1 方案拟定

1. 选择电路形式

考虑到电压放大倍数的要求，采用分压式射极偏置电路，并可获得稳定的静态工作点。

2. 原理图分析

如图7.3.1所示是欲选择的电路形式。电路的Q点主要由$R_{B1}$、$R_{B2}$、$R_E$、$R_C$、$\beta$及$+U_{CC}$所决定。

该电路工作点稳定的必要条件：$I_1\gg I_{BQ}$，$U_{BQ}\gg U_{BE}$，一般取

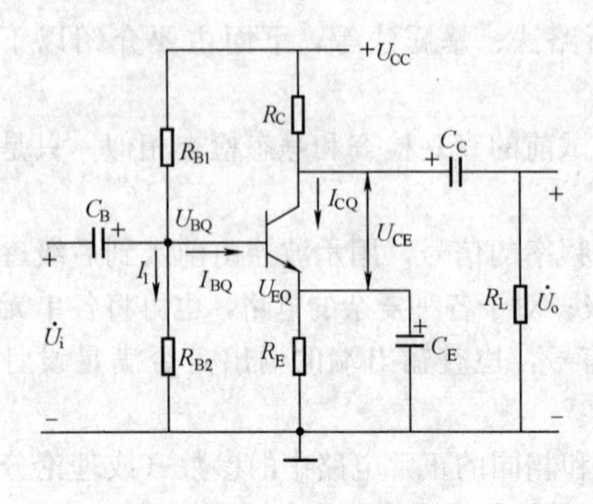


图 7.3.1 设计电路形式

$$I_1 = (5 \sim 10) I_{BQ} \quad（硅管）$$

$$I_1 = (10 \sim 20) I_{BQ} \quad（锗管）$$

$R_E$ 愈大，直流负反馈愈强，电路的稳定性愈好。一般取

$$U_{BQ} = (3 \sim 5)\text{V} \quad（硅管）$$

$$U_{BQ} = (1 \sim 3)\text{V} \quad（锗管）$$

3. 参数的取值范围

设计小信号放大器时，一般取 $I_{CQ} = 0.5 \sim 2\text{mA}$，$U_{EQ} = 0.2 \sim 0.5U_{CC}$

$$R_E = \frac{U_{BQ} - U_{BE}}{I_{CQ}} \approx \frac{U_{EQ}}{I_{CQ}}$$

$$R_{B2} = \frac{U_{BQ}}{I_1} = \frac{U_{BQ}}{(5 \sim 10) I_{BQ}}$$

$$R_{B1} \approx \frac{U_{CC} - U_{BQ}}{U_{BQ}} R_{B2}$$

$R_C$ 由 $R_o$ 或 $A_u$ 确定：$R'_L = R_C /\!/ R_L \approx \frac{A_V r_{be}}{\beta} \rightarrow R_C$，或者取 $R_C \approx R_o$。

从稳定 Q 点看，似乎 $I_1$、$U_B$、$R_E$ 越大越好，但是 $I_1$ 大，则 $R_{B1}$、$R_{B2}$ 太小，将增加损耗，也使 $R_i$ 减小，$u_i$ 减小，从而使 $u_o$ 减小。因此 $R_{B1}$、$R_{B2}$ 一般取几十千欧。

同样 $U_B$ 太大（或 $R_E$ 大），则 $U_E$ 也要增大（$U_E \approx U_B$），因此 $U_{CE}$ 减小，使放大电路动态范围减小。$R_E$ 一般取几百至几千欧，大电流时为几欧到几十欧。$C_E$ 为几十微法。

上限频率 $f_H$ 主要受晶体管结电容及电路分布电容的限制，下限频率 $f_L$ 主要受耦合电容 $C_B$、$C_C$ 及射极旁路电容 $C_E$ 的影响。如果放大器下限频率 $f_L$ 已知，可按下列表达式估算电容 $C_B$、$C_C$ 和 $C_E$

$$C_B \geqslant (3 \sim 10) \frac{1}{2\pi f_L (R_s + r_{be})}$$

$$C_C \geqslant (3 \sim 10) \frac{1}{2\pi f_L (R_C + R_L)}$$

$$C_E \geqslant (1 \sim 3) \frac{1}{2\pi f_L \left( R_E /\!/ \dfrac{R_s + r_{be}}{1 + \beta} \right)}$$

用上面两式算出电容值，取较大的作为 $C_B$（或 $C_C$），通常取 $C_B = C_C$。

### 7.3.2 电路参数的确定

1. 晶体管的选择

因放大器上限频率 $f_H > 100\text{kHz}$，要求较高，故选用高频小功率管 3DG6，其特性参数 $I_{CM} = 20\text{mA}$，$U_{(BR)CEO} \geqslant 20\text{V}$，截止频率 $f_T \geqslant 150\text{MHz}$，通常要求 $\beta$ 的值大于 $A_u$ 的值，故选 $\beta = 60$。

2. 设置 Q 点并计算元件参数

依据指标要求、静态工作点范围、经验值进行计算。要求 $R_i > 1\text{k}\Omega$，而

$$R_i \approx r_{be} \approx 300 + (1 + \beta) \frac{26}{I_{CQ}}$$

$$I_{CQ} < \frac{26\beta}{1000-300} = 2.2(\text{mA})$$

取 $I_{CQ}=1.5\text{mA}$。

若取 $U_{BQ}=3\text{V}$，得 $R_E \approx \frac{U_{BQ}-U_{BE}}{I_{CQ}} = 1.53\ (\text{k}\Omega)$

取系列标称值，$R_E=1.5\text{k}\Omega$。

取 $I_1=5I_{BQ}=5I_{CQ}/\beta$，则

$$R_{B2} = \frac{U_{BQ}}{I_1} = \frac{U_{BQ}}{(5\sim10)I_{CQ}}\beta = 24(\text{k}\Omega)$$

$$R_{B1} \approx \frac{U_{CC}-U_{BQ}}{U_{BQ}}R_{B2} = 72(\text{k}\Omega)$$

在安装实际电路时，由于电阻、三极管参数与设计参数不一定相等，为使静态工作点调整方便，所以 $R_{B1}$ 由 30kΩ 固定电阻与 100kΩ 电位器 $R_P$ 相串联而成。

因 $I_{CQ}=1.5\text{mA}$，得 $r_{be}=300+\beta\frac{26}{I_{CQ}}=1340\ (\Omega)$

要求 $A_u>40$，由 $|A_u|=\frac{\beta R'_L}{r_{be}}$，得 $R'_L \approx \frac{A_u r_{be}}{\beta}=0.89\ (\text{k}\Omega)$

所以 $R_C=\frac{R'_L R_L}{R_L-R'_L}=1.27\ (\text{k}\Omega)$

综合考虑，取系列标称值，$R_C=1.5\ (\text{k}\Omega)$。

3. 计算电容

$$C_B \geqslant (3\sim10)\frac{1}{2\pi f_L(R_s+r_{be})} = 8.2(\mu\text{F})$$

取标称值，$C_C=C_B=10\mu\text{F}$

$$C_E \geqslant (1\sim3)\frac{1}{2\pi f_L\left(R_E\,/\!/\,\frac{R_s+r_{be}}{1+\beta}\right)} = 98.5(\mu\text{F})$$

取标称值，$C_E=100\mu\text{F}$。

### 7.3.3 电路仿真与实验研究

根据上述设计，得到放大器的电路图后，用 Multisim 软件对所设计的电路进行仿真分析，根据题目要求，对电路进行参数研究和调整，如图 7.3.2 所示。

(1) 给放大器送入规定的输入信号，如 $U_i=10\text{mV}$，$f_i=1\text{kHz}$ 的正弦波。

(2) 用示波器观察放大器的输出波形 $u_o$ 有无失真。

(3) 欲得到较大的动态范围时，略增大输入信号，$u_o$ 应无明显失真，或者逐渐增大输入信号时，$u_o$ 顶部和底部差不多同时开始畸变，说明 Q 点设置得比较合适。若不满足题目要求，应对电路进行调整。

(4) 此时移去信号源，分别测量放大器

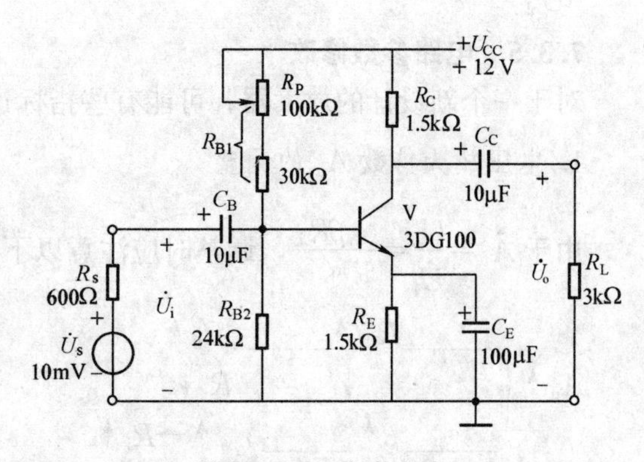


图 7.3.2　仿真电路

的静态工作点 $U_{BQ}$、$U_{EQ}$、$U_{CQ}$，并计算 $U_{CEQ}$、$I_{CQ}$。

### 7.3.4 主要性能指标及其测试方法

晶体管放大器的主要性能指标反映电路设计、制作合理性，晶体管放大器的主要性能指标有电压放大倍数 $A_u$、输入电阻 $R_i$、输出电阻 $R_o$、通频带 BW 等。

1. 电压放大倍数 $A_u$ 与测试

(1) 理论计算。用公式 $\dot{A}_u=\dfrac{\dot{U}_o}{\dot{U}_i}=\dfrac{-\beta R'_L}{r_{be}}$ 计算。

(2) 实验测试。用晶体管毫伏表或示波器测量 $U_i$ 和 $U_o$ 的大小，用公式 $|A_u|=\dfrac{U_o}{U_i}$ 计算出电压放大倍数。

2. 输入电阻 $R_i$ 的理论计算与测试

(1) 理论计算。用公式 $R_i=r_{be}//R_{B1}//R_{B2}\approx r_{be}$ 计算 $R_i$（$r_{be}$ 为晶体管输入电阻）。

(2) 实验测试。在输出波形不失真情况下，用晶体管毫伏表或示波器，分别测量出 $U_i$ 与 $U_s$ 的值，如图 7.3.3 所示。用式 $R_i=\dfrac{U_i}{U_s-U_i}R$ 计算得出（$R$ 为已知标准电阻）。

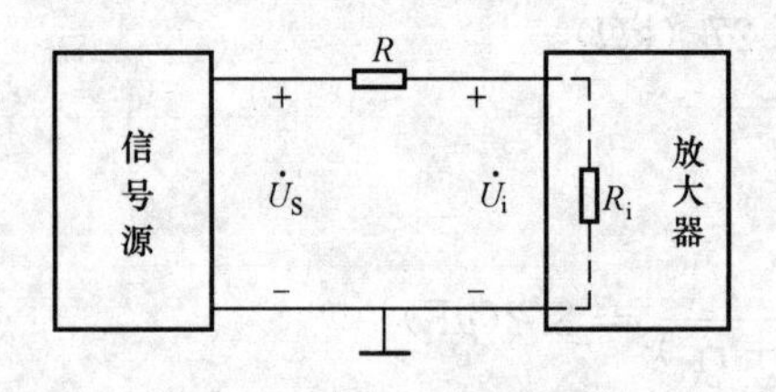


图 7.3.3 $R_i$ 的实测电路

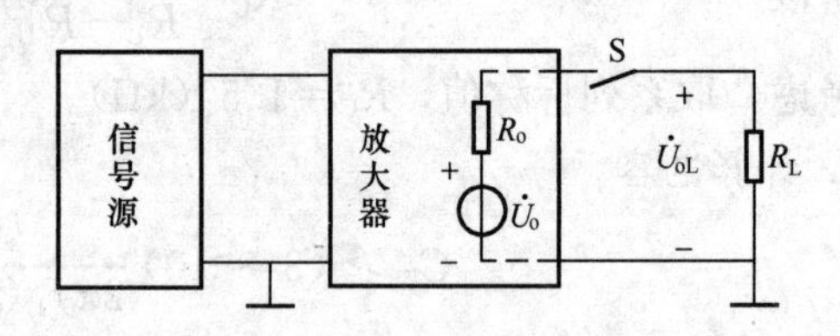


图 7.3.4 $R_o$ 的测试

3. 输出电阻 $R_o$ 的理论计算与测试

(1) 理论计算。用公式 $R_o\approx R_C$ 计算 $R_o$。

(2) 实验测试。在输出波形不失真情况下，用晶体管毫伏表或示波器，测量负载开路时的输出电压的值 $U_o$；接入 $R_L$ 后，测量负载上的电压的值 $U_{oL}$，如图 7.3.4 所示。用公式 $R_o=\left(\dfrac{U_o}{U_{oL}}-1\right)R_L$ 计算 $R_o$。

### 7.3.5 电路参数修改

对于一个新设计的放大器，可能有些指标达不到要求，这时需要调整电路参数。

1. 电压放大倍数 $A_u$ 的调整

由于 $\dot{A}_u=\dfrac{\dot{U}_o}{\dot{U}_i}=\dfrac{-\beta R'_L}{r_{be}}$，调整时应注意以下关系

$$A_u\uparrow\begin{cases}\_\_\_\_\_\_ R'_L\uparrow \_\_\_\_\_\_ R_o\uparrow\\ \_\_\_\_\_\_ r_{be}\downarrow \_\_\_\_\_\_ R_i\downarrow\\ \_\_\_\_\_\_ \beta\uparrow \_\_\_\_\_\_ r_{be}\uparrow\rightarrow R_i\uparrow\end{cases}$$

所以调整时应根据具体情况调整电路参数。

2. 放大器的下限频率 $f_L$ 的调整

若希望降低放大器下限频率 $f_L$，根据电容计算式，也有三种途径，即：

$$f_L \downarrow \begin{cases} \underline{\qquad} C_E \uparrow 、C_B \uparrow 、C_C \uparrow \underline{\qquad} \text{电路的性能价格比} \downarrow \\ \underline{\qquad} r_{be} \uparrow \underline{\qquad} A_u \downarrow \\ \underline{\qquad} R_C \uparrow \underline{\qquad} R_o \uparrow \end{cases}$$

不论何种途径，都会影响放大器的性能指标，只能根据具体指标要求，综合考虑。

所有实验完成后，写出设计性实验报告。

## 7.4　直流稳压电源电路设计

直流稳压电源是当电网电压或负载发生变化时，能保持输出电压不变的电源装置。一般由电源变压器、整流滤波电路及稳压电路所组成，基本框图如图 7.4.1 所示。

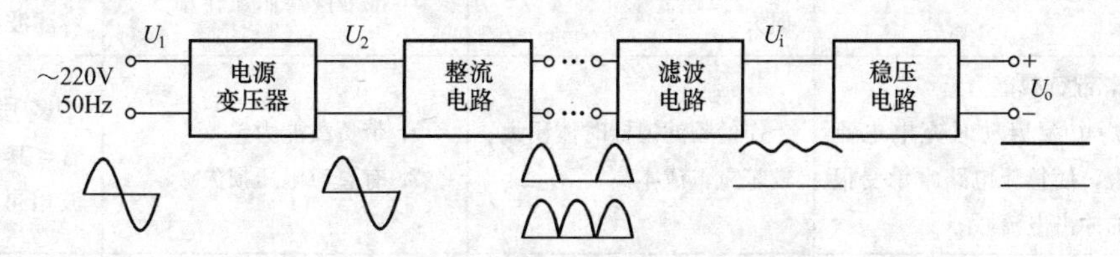


图 7.4.1　直流稳压电源组成框图

在直流稳压电路设计时应根据设计要求考虑选用电源变压器、整流电路、滤波电路、稳压电路的形式和其他辅助电路等。

### 7.4.1　电源变压器选择

电源变压器的选择应根据直流稳压电路要求的输入电压、功率和整流滤波电路的形式来考虑。电源变压器副边电压 $U_2$ 应选 $U_2 \geqslant U_i$（稳压电路要求的输入电压），$U_2$ 不能选的太大，以避免加大稳压电路的功耗。一般使用市场上所售的电源变压器，考虑变压器的输入、输出电压和输出功率就可满足一般要求（选用时应使其有 15%～20%的宽裕量），如图 7.4.2 所示是电源变压器的常见外形。

### 7.4.2　整流、滤波电路选择

整流电路将交流电压变换成单向的脉动直流电压。常见的整流电路有单相半波整流、全波整流、桥式整流和三相桥式电路等，其主要特性见表 7.4.1。

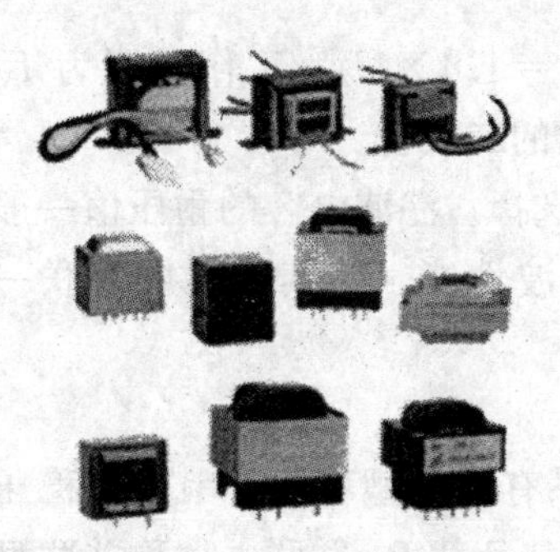

图 7.4.2　电源变压器的常见外形

**表 7.4.1　整流电路特性**

| 参数 / 电路 | 输出电压均值 $U_o$ | 流过二极管电流均值 $I_V$ | 二极管最高反压 $U_{RM}$ |
|---|---|---|---|
| 单相半波整流 | $0.45U_2$ | $I_o$ | $\sqrt{2}U_2$ |
| 单相全波整流 | $0.9U_2$ | $0.5I_o$ | $2\sqrt{2}U_2$ |
| 单相桥式整流 | $0.9U_2$ | $0.5I_o$ | $\sqrt{2}U_2$ |
| 三相桥式整流 | $2.34U_2$ | $1/3I_o$ | $\sqrt{6}U_2$ |

**注**　$U_2$ 为整流输入电压的有效值。

滤波电路实际上是一种低通滤波电路，它能通过直流分量，而抑制交流分量，因此通常由电容和电感元件组成，其电路形式和特点见表 7.4.2，滤波电路以纹波系数 $\gamma$ 来评价其滤波性能的优劣。

整流电路设计时应根据实际题目要求，选择整流电路的形式和整流管。整流二极管的选择可根据设计要求的电压、电流和使用的电源变压器二次侧输出电压有效值 $U_2$ 来确定。

**表 7.4.2 几种滤波电路性能**

| 类型 | 电容滤波 | 电感电容滤波 | 阻容滤波 | 晶体管滤波 |
|---|---|---|---|---|
| 电路 | $C$ $R_L$ | $L$ $C$ $R_L$ | $R$ $C$ $C$ $R_L$ | $R_b$ $C_B$ $C$ $R_L$ |
| 优点 | 1. 输出电压较高<br>2. 在小电流时滤波效能较高 | 1. 滤波效能很高<br>2. 几乎没有直流电压损失 | 1. 滤波效能较高<br>2. 能兼降压限流作用 | 1. 滤波效能很高<br>2. 其他特点与阻容滤波相同 |
| 缺点 | 1. 带负载能力差<br>2. 电源启动时充电电流很大，使整流电路常承受很大的冲击电流 | 作低频滤波器时体积大、较笨重，成本高 | 1. 带负载能力差<br>2. 有直流电压损失 | 多用一个晶体管，其他与阻容滤波相同 |
| 适用场合 | 负载电流较小的场合 | 负载电流较大，要求纹波系数很小的场合 | 负载电阻较大，电流较小及要求纹波系数很小的情况 | 负载电流不太大及要求纹波系数很小的情况 |
| 参数选择 | 全波整流<br>$C=[(1.44\times10^3)/\gamma R_L]$ ($\mu$F)<br>半波整流<br>$C=[(2.88\times10^3)/\gamma R_L]$ ($\mu$F) | 全波整流<br>$LC=1.99/\gamma$<br>取 $L\geqslant(2R_L/942)$ (H)<br>$C$ ($\mu$F) | 全波整流<br>$RC=[(2.3\times10^6)/\gamma R_L]$<br>$R$ 一般取数十至数百欧姆<br>$C$ ($\mu$F) | 其中，$C$ 可按阻容滤波公式计算<br>$R_B$ 取数 kΩ<br>$C_B$ 取几至十几微法 |

**注** $\gamma$ 是输出电压的纹波系数。$\gamma$=输出电压交流分量有效值（V）/输出直流电压（平均值）（V），$\gamma$ 越小滤波性能越好，通常 $\gamma$ 为百分之几至千分之几。采用电感滤波时，应考虑到在电源断开时，电感线圈两端会产生较大的感应电势，所以选用整流二极管的电压等级应留有一定余量，以防击穿。

例如：选择桥式整流、电容滤波电路，则：

(1) 整流、电容滤波后的输出电压 $U_i$ 和变压器副边输出电压有效值 $U_2$ 应按 $U_i=(1.1\sim1.2)U_2$ 的关系取值。

(2) 由于通过每个整流二极管的最大反峰电压为 $U_{RM}=1.4\times U_2$，工作电流为 $I_V=0.5\times I_o$，并考虑市电波动和裕量，查找晶体管手册选择合适的二极管。

(3) 滤波电容的容量一般按 $C\geqslant(3\sim5)T\times I_{max}/2U_{min}$ 选择。滤波电容的耐压值一般按 $(1.5\sim2)\times U_2$ 选取电解电容的系列值，为了提高高频滤波性能，在其两端再并联一只 0.1$\mu$F 的小电容。

### 7.4.3 稳压电路选择

稳压电路的形式较多，通常按调整器件与输入输出关系有并联型稳压、串联型稳压两类。如图 7.4.3 所示。并联型稳压电路结构特点是调整元件与负载 $R_L$ 并联，故称并联型稳压电路如图 7.4.3（a）所示。串联型稳压电路结构特点是调整器件与负载 $R_L$ 串联，故称串联型稳压电路，如图 7.4.3（b）所示。

这种电路的稳压过程是通过调整元件的电压调整作用实现的。电路优点是输出电流较大，输出电压稳定性高，而且可以调节，因此应用比较广泛。

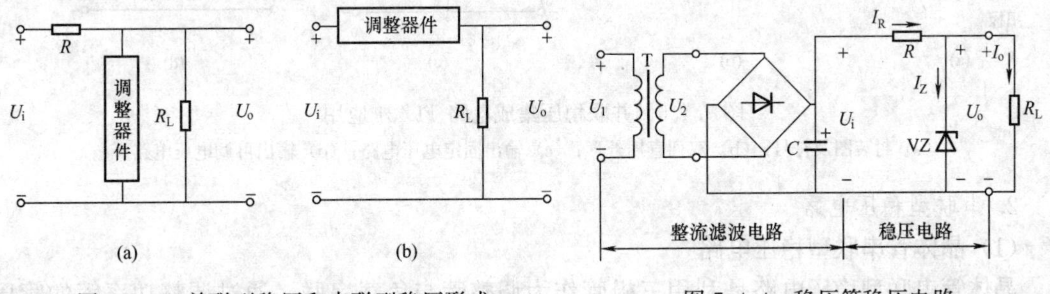


图 7.4.3 并联型稳压和串联型稳压形式
（a）并联型；（b）串联型

图 7.4.4 稳压管稳压电路

1. 并联型稳压电路

（1）稳压二极管稳压电路。稳压二极管稳压电路是利用二极管的反向击穿特性，以通过稳压管的电流急剧变化换来其两端电压的稳定。图 7.4.4 所示为硅稳压管稳压电路，稳压管 VZ 为电流调整元件，$R$ 为限流电阻。

1）选择输入电压 $U_i$。能使电源稳定工作。一般情况下输入电压 $U_i$ 要取得适当大一点，为（2～3）$U_o$。

2）选择稳压管，使其达到所需技术指标。要使 $U_Z=U_o$。在考虑到电压的同时，还要考虑流过负载的电流和稳压管的电流。当 $U_i$ 增加时，$U_o$ 不变，流过管子的电流将增加。因此选择的管子最大稳压电流 $I_{ZM}$ 通常选负载电流 $I_o$ 的 2～3 倍。

3）限流电阻 $R$。由于稳压管的最大工作电流受到其最大功耗 $P_{cm}$ 的限制，应用时还须串一只限流电阻，使流过稳压管的电流 $I_Z$ 限制在允许的最小电流 $I_{Zmin}$ 与最大电流 $I_{Zmax}$ 之间，以保证稳压管正常工作。因此，$R$ 的值应取：

$$(U_{imax}-U_Z)/(I_{Zmax}+I_{omin})<R<(U_{imin}-U_Z)/(I_{Zmin}+I_{omax})$$

平时我们选取流过稳压管的电流 $I_Z$ 要等于或略大于 $I_o$，故 $R$ 的值也可用下式算出

$$R=(U_i-U_o)/(I_o+I_Z)$$

由于流过 $R$ 的电流为 $I_Z+I_o$，所以 $R$ 应选择较大功率的电阻。

（2）并联型集成稳压电路。TL431 是一种并联稳压集成电路。因其性能好、价格低，因此广泛应用在各种电源电路中。其封装形式与塑封三极管 9013 等相同，如图 7.4.5（a）所示。同类产品还有图 7.4.5（b）所示的双列直插外形。TL431 的典型应用电路见图 7.4.5（c）和图 7.4.5（d）。

TL431 的主要参数：最大输入电压为 37V，最大工作电流为 150mA，内基准电压为 2.5V，输出电压范围为 2.5～30V。

TL431 可等效为一只稳压二极管，其基本连接方法如图 7.4.5 所示。图 7.4.5（c）可作 2.5V 基准源，图 7.4.5（d）可作可调基准源，电阻 $R_2$ 和 $R_3$ 与输出电压的关系为 $U_o=2.5(1+R_2/R_3)$。

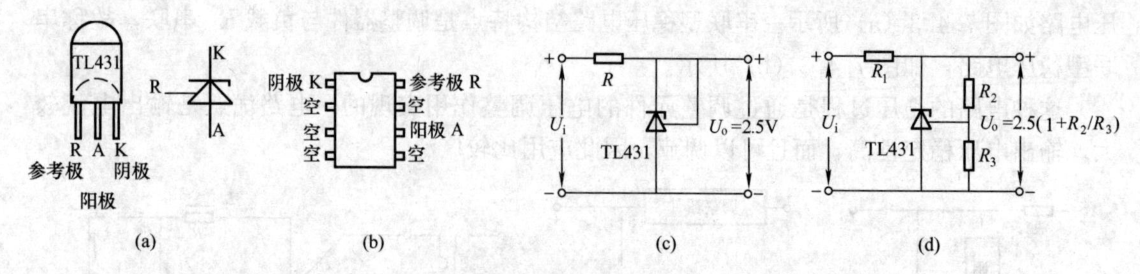


图 7.4.5　并联稳压集成电路 TL431 应用

(a) 封装图及符号；(b) 双列直插外形；(c) 输出固定电压电路；(d) 输出可调电压电路

2. 串联型稳压电路

(1) 晶体管串联型稳压电路。

晶体管串联型稳压电路是利用三极管作为调整管与负载串联，通过调整功率管的管压降，从而调整输出到负载上的输出电压。电路结构如图 7.4.6 所示。一般由采样电路、基准电压、比较放大电路、调整管及保护电路五部分组成。

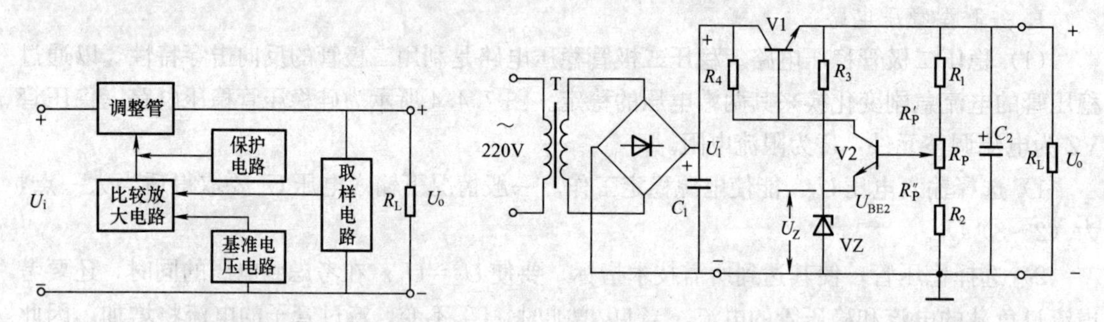


图 7.4.6　串联型稳压电路的方框图　　　　图 7.4.7　带有放大环节的串联稳压电源

图 7.4.7 所示电路为带有放大环节的串联型稳压电路，输出电压为

$$U_o \approx \frac{R_1+R_P+R_2}{R''_P+R_2}(U_{BE2}+U_Z)$$

输出电压调节范围：当 $R_P$ 的滑动臂移到最上端时，$R'_P=0$，$R''_P=R_P$，$U_o$ 达到最小值。即

$$U_{omin} \approx \frac{R_1+R_P+R_2}{R_P+R_2}(U_{BE2}+U_Z)$$

当 $R_P$ 的滑动臂移到最下端时，$R'_P=R_P$，$R''_P=0$，$U_o$ 达到最大值。即

$$U_{omax} \approx \frac{R_1+R_P+R_2}{R_2}(U_{BE2}+U_Z)$$

则输出电压 $U_o$ 的调节范围为：$U_{omin}$～$U_{omax}$。

以上各式中的 $U_{BE2}$ 约为 0.6～0.8V。

图 7.4.7 中，若稳压管选 2CW14，$U_Z=7V$。采样电阻 $R_1=1k\Omega$，$R_P=200\Omega$，$R_2=680\Omega$，则电路的输出电压的最小值和最大值可得出

$$U_{omin} \approx \frac{R_1+R_P+R_2}{R_P+R_2}(U_{BE2}+U_Z)=\frac{1+0.2+0.68}{0.2+0.68}\times(0.7+7)\approx 16.5(V)$$

$$U_{omax} \approx \frac{R_1+R_P+R_2}{R_2}(U_{BE2}+U_Z)=\frac{1+0.2+0.68}{0.68}\times(0.7+7)\approx 21.3(V)$$

故输出电压的调节范围是16.5～21.3V。

图7.4.8是串型直流稳压的参考电路。此电路是在图7.4.7电路的基础上，为提高调整的灵敏性加入了三极管3DG12。

(2) 串联型集成稳压电路。

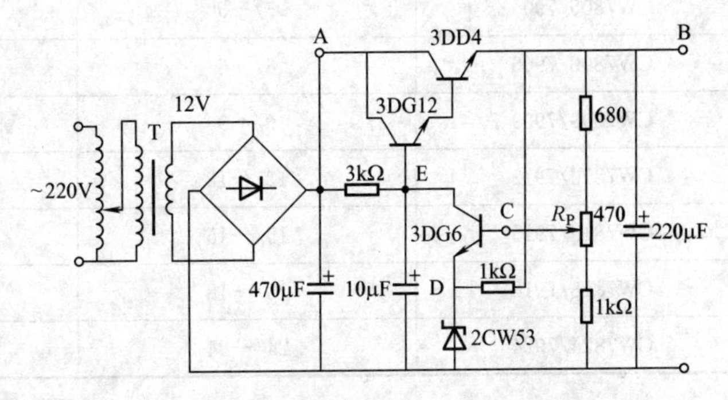


图7.4.8 串型直流稳压的参考电路

用集成电路的形式制造的稳压电路称为集成稳压器。优点是性能稳定可靠，使用方便、价格低廉。集成稳压器种类有多端式和三端式，输出电压有固定式和可调式，正压、负压输出稳压器等。这里介绍常用的三端式集成稳压器。这类产品的封装形式有金属壳封装和塑料壳封装，如图7.4.9所示。它们都有三个管脚，分别是输入端、输出端和公共端，因此称为三端式稳压器。

1) 三端固定式集成稳压器。如图7.4.9所示，是常用的三端固定式集成稳压器。CW7800系列是三端固定正压输出的集成稳压器，其输出电压有5、6、9、12、15、18V和24V等挡次。如图7.4.9 (a) 所示。CW7900系列是三端固定负压输出的集成稳压器，其输出电压挡次、电流挡次等方面与78系列相同。管脚如图7.4.9 (b) 所示。

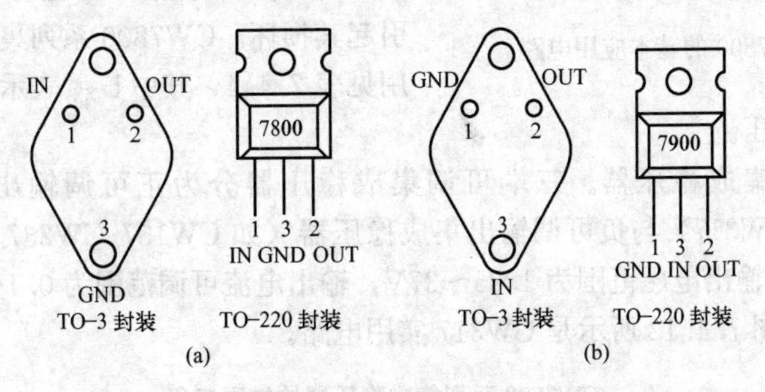


图7.4.9 三端固定输出稳压器的外形和引脚图

(a) 7800外引脚图；(b) 7900外引脚图

三端式固定稳压器的最小输入电压与输出电压差一般选4～6V。常用三端式固定稳压器的特性见表7.4.3。

同类产品：CW78L00系列 (0.1A)；CW78M00系列 (0.5A)；CW7800系列 (1.5A)；CW78T00系列 (3A) 和CW78H00系列 (5A)。

为保证稳压器在电网电压最低时仍处于稳压状态，要求输入电压不小于最大稳压输出电压$U_o$与稳压器最小输入输出电压差 (典型值为3V) 之和。按一般电源指标的要求，当输入交流电压220V变化10%时，电源应稳压，所以稳压电路的最低输入电压应为$U_1=1.1(U_o+3)$；另外，为保证稳压器安全工作，要求输入直流电压$U_1$小于稳压器允许的最大输入输出电压差 (典型值为35V) 与稳压电路的最小输出电压 (3V) 之和即38V。

表 7.4.3 常用三端式固定稳压器的特性

| 型　号 | 输出电压（V） | 最大输入电压（V） | 最小输入电压（V） |
|---|---|---|---|
| CW7805/7905 | 5/−5 | 35 | 7 |
| CW7806/7906 | 6/−6 | 35 | 8 |
| CW7809/7909 | 9/−9 | 35 | 11 |
| CW7812/7912 | 12/−12 | 35 | 14 |
| CW7815/7915 | 15/−15 | 35 | 18 |
| CW7818/7918 | 18/−18 | 35 | 21 |
| CW7824/7924 | 24/−24 | 40 | 27 |

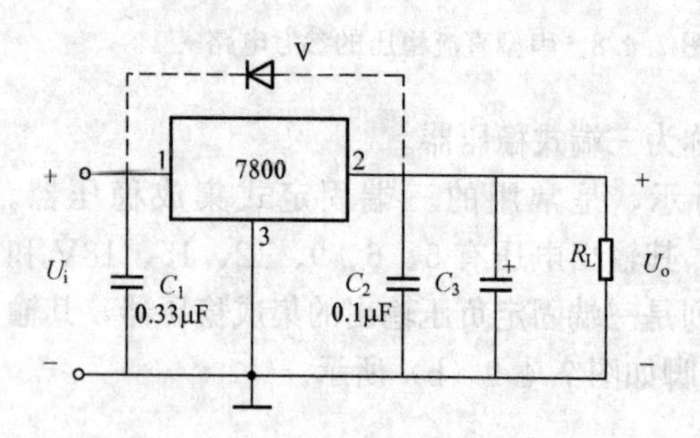


图 7.4.10　7800 的基本应用电路

三端式固定稳压器使用方法：图 7.4.10 中 $U_i$ 为经整流后的脉动直流电压，电容 $C_1$ 抑制高频干扰，$C_2$ 用来改善暂态响应，并具有消振作用，装配时应尽量靠近稳压块效果更好。二极管 V 在这里起保护稳压块（V 有钳位作用）的作用，当有意外情况使得 1 脚电压比 2 脚电压还低的时候，防止从 $C_3$ 上有电流倒灌入 W7800 引起其损坏。CW7800 系列集成稳压器的扩展应用见表 7.4.4，其中 $U_{XX}$ 表示集成稳压块输出端 2 脚与 3 脚间的电压。

2）三端可调集成稳压器。三端可调集成稳压器分为正可调输出集成稳压器（如 CW117/CW217/CW317）与负可调输出集成稳压器（如 CW137/CW237/CW337），正输出可调集成稳压器的输出电压范围为 1.25～37V，输出电流可调范围为 0.1～1.5A。其外形如图 7.4.11 所示。图 7.4.12 所示是 CW317 实用电路。

表 7.4.4 CW7800 系列集成稳压器的扩展应用

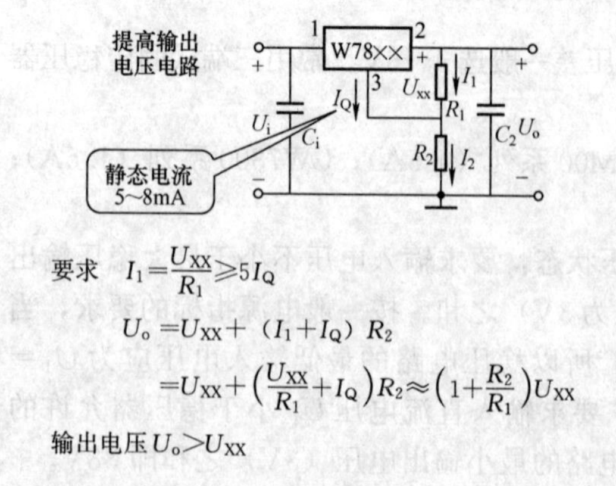


要求　$I_1=\frac{U_{XX}}{R_1}\geqslant 5I_Q$

$U_o=U_{XX}+(I_1+I_Q)R_2$

$=U_{XX}+\left(\frac{U_{XX}}{R_1}+I_Q\right)R_2\approx\left(1+\frac{R_2}{R_1}\right)U_{XX}$

输出电压 $U_o>U_{XX}$

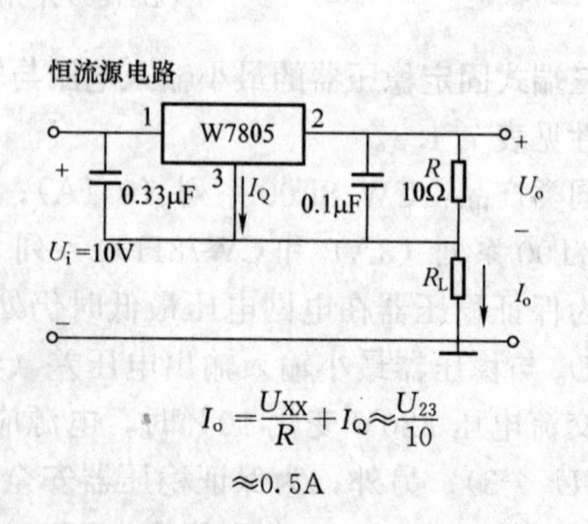


$I_o=\frac{U_{XX}}{R}+I_Q\approx\frac{U_{23}}{10}$

$\approx 0.5A$

续表

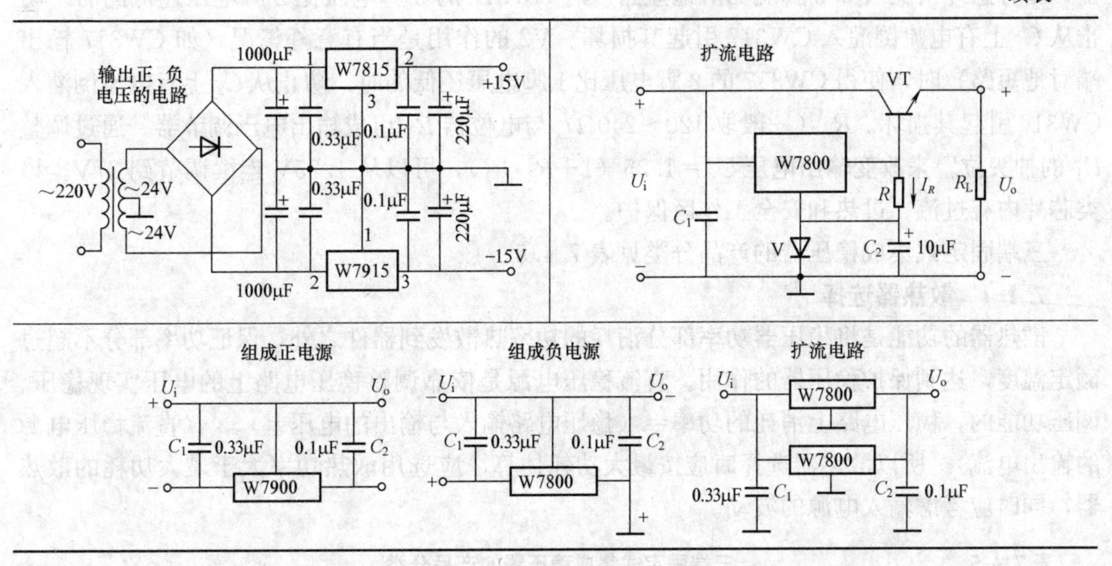


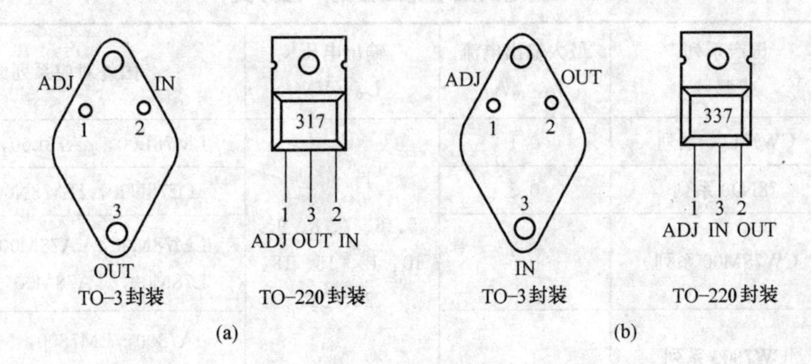


图 7.4.11　317、337 的封装形式及引脚功能

(a) 正可调 317 外引脚图；(b) 负可调 337 外引脚图

在图 7.4.12 电路中，CW317 的 1 和 2 脚的电压 $U_{12}=U_{REF}=1.25V$，$I_{REF}\approx 50\mu A$ 使 $U_{REF}$ 很稳定，稳压电路的输出电压为

$$U_o=\frac{U_{REF}}{R_1}(R_1+R_2)+I_{REF}R_2\approx 1.25\left(1+\frac{R_2}{R_1}\right)$$

$R_1$、$R_2$ 选择时由于静态电流 $I_Q$（约 10mA）从输出端流出，$R_L$ 开路时流过 $R_1$，所以 $R_1=U_{REF}/I_Q=125\Omega$，$R_2=0\sim 1.2k\Omega$。

$C_1$、$C_3$ 是防自激电容。如果集成稳压器离滤波电容较远，应在 W317 靠近输入端处接上一只 0.33μF 的旁路电容。接在调整端和地之间的电容 $C_2$ 是用来旁路电位器两端的纹波电压，以提高输出电压的质量。当它的容量为 10μF 时，纹波电压减到原来的 1/10，纹波抑制比可提高 20dB。

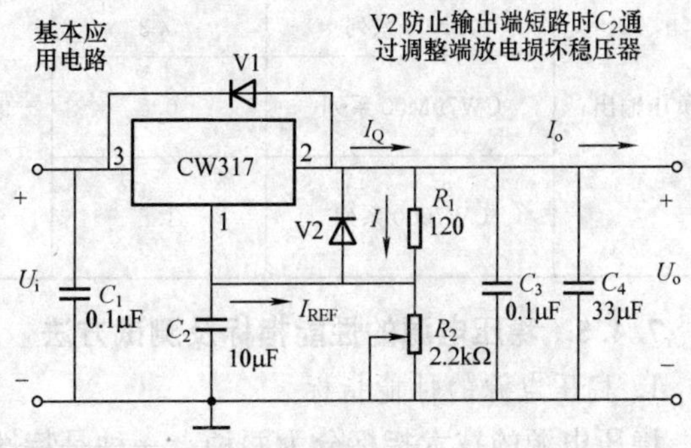


图 7.4.12　CW317 典型实用电路

V1 的作用是对 CW317 的 3、2 脚钳

位，当有意外情况（如 3 脚支路对地短路）时 CW317 的 3 脚电压比 2 脚电压还低的时，防止从 $C_3$ 上有电流倒灌入 CW317 引起其损坏。V2 的作用是当有意外情况（如 CW317 输出端对地短路）时，使得 CW317 的 2 脚电压比 1 脚电压还低的时，防止从 $C_2$ 上有电流倒灌入 CW317 引起其损坏。$R_2$（一般取 120～240Ω）与电位器 $R_1$ 组成输出电压调节器。通过调整 $R_1$ 的抽头位置来改变输出电压 $U_o=1.25(1+R_2/R_1)$，可以从 1.25V 连续调节到 37V。该类芯片内有过流、过热和安全工作区保护。

三端固定式集成稳压器的产品分类见表 7.4.5。

### 7.4.4 散热器选择

散热器的功能是将稳压器功率部分消耗的功率热散发到器件之外，保证功率部分不超过额定温度，达到保护稳压器的作用。直流稳压电源是依靠调整稳压电路上的电压实现稳压、调压功能的，稳压电路上消耗的功率＝（稳压电路输入与输出的电压差）×（直流稳压电源的输出电流）。所以散热器选择时应按最大功耗估算，应选用散热功率大于最大功耗的散热器，同时应考虑输入电源的波动。

**表 7.4.5 三端固定式集成稳压器的产品分类**

| 特点 | 国产系列或型号 | 最大输出电流 $I_{OM}$（A） | 输出电压 $U_o$（V） | 国外对应系列或型号 |
|---|---|---|---|---|
| 正压输出 | CW78L00 系列 | 0.1 | 5、6、7、8、9、10、12、15、18、20、24 | LM78L00，μA78L00，MC78L00 |
| | 78N00 系列 | 0.3 | | μPC78N00，HA78N00 |
| | CW78M00 系列 | 0.5 | | LM78M00，μA78M00，MC78M00 L78M00，TA78M00 |
| | CW7800 系列 | 1.5 | | μA7800，LM7800，MC7800，L7800 TA7800，μPC7800，HA17800 |
| | 78DL00 系列 | 0.25 | 5、6、8、9、10、12、15 | TA78DL00 |
| | CW78T00 系列 | 3 | 5、12、18、24 | MC78T00 |
| | CW78H00 系列 | 5 | 5、12、24 | μA78H00 |
| | 78P05 系列 | 10 | 5 | μA78P05，LM396 |
| 负压输出 | CW79L00 系列 | 0.1 | −5、−6、−8、−9、−12、−15、−18、−24 | LM79L00，μA79L00，MC79L00 |
| | 79N00 系列 | 0.3 | | μPC79N00 |
| | CW79M00 系列 | 0.5 | | LM79M00，μA79M00，MC79M00，TA79M00 |
| | CW7900 系列 | 1.5 | | μA7900，LM7900，MC7900，L7900 TA7900，μPC7900，HA17900 |

### 7.4.5 稳压电源的性能指标及测试方法

1. 稳压电源的性能指标

稳压电源的技术指标分为两种：一种是特性指标，包括允许输入电压、输出电压、输出电流及输出电压调节范围等；另一种是质量指标，用来衡量输出直流电压的稳定程度，包括稳压系数（或电压调整率）、输出电阻（或电流调整率）、纹波电压（纹波系数）及温度系数。测试电路如图 7.4.13 所示。

（1）纹波电压：叠加在输出电压上的交流电压分量。用示波器观测其峰—峰值一般为毫伏量级。也可用交流毫伏表测量其有效值，但因纹波不是正弦波，所以有一定的误差。

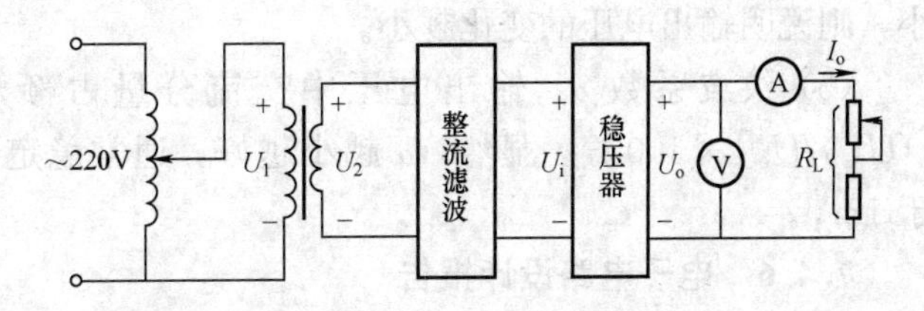


图 7.4.13　稳压电源性能指标测试电路

（2）稳压系数：在负载电流、环境温度不变的情况下，输入电压的相对变化引起输出电压的相对变化。

（3）电压调整率：输入电压相对变化为 220V±10%时的输出电压相对变化量，稳压系数和电压调整率均说明输入电压变化对输出电压的影响，因此只需测试其中之一即可。

（4）输出电阻及电流调整率：输出电阻与放大器的输出电阻相同，其值为当输入电压不变时，输出电压变化量与输出电流变化量之比的绝对值。

电流调整率：输出电流从 0 变到最大值时所产生的输出电压相对变化值。

输出电阻和电流调整率均说明负载电流变化对输出电压的影响，因此也只需测试其中之一即可。

2. 性能指标测量

（1）纹波电压：将电网电压调整为 220V，调节稳压电路使输出电压为最大值 $U_{omax}$，改变负载使输出电流也为最大值，用示波器交流输入观察输出端与地之间的交流分量，测量其峰—峰值 $u_{p-p}$。

（2）稳压系数：将输出电压调节为预定输出电压，分别测量当电网电压为 198V 和 242V 时的输出电压，代入公式 $S=\left.\dfrac{\Delta U_o/U_o}{\Delta U_i/U_i}\right|_{\substack{\Delta I_L=0\\ \Delta T=0}}$ 即可计算出稳压系数，式中 $U_o$ 为市电 220V 时稳压电路的输出电压，$U_i$ 为市电 220V 时稳压电路的输入电压。

（3）输出电阻：保持输入电压不变，分别测量输出电流为 0 和最大负载电流时的输出电压，那么输出电压的变化量与最大电流的比值就是稳压电源的输出电阻。

（4）注意与提示：直流稳压电源的一般设计思路为：由输出电压、电流确定稳压电路形式，通过计算极限参数（电压、电流和功耗）选择器件；由稳压电路所要求的直流电压、直流电流输出确定整流滤波电路形式，选择整流二极管及滤波电容并确定变压器的副边电压的有效值、电流及变压器功率。最后由电路的最大功耗工作条件确定稳压器的散热措施。

3. 稳压电源的技术指标

直流稳压电源的技术指标如下。

（1）最大输出直流电流 $I_{omax}$：表明该稳压电源的负荷能力，与整流管和调整管的最大允许电流 $I_{CM}$ 有关。

（2）额定输出稳压直流电压 $U_o$：分定压式和调压式两种。

（3）稳压系数 $S$：表示在负载电流与环境温度保持不变的情况下，由于输出电压 $U_o$ 的变化而引起的输出电压的相对变化量与输入电压 $U_i$ 的相对变化量的比值，即：$S=(\Delta U_o/U_o)/(\Delta U_i/U_i)$，$S$ 越小，电源的稳定性越好，通常 $S$ 约为 $10^{-2}\sim10^{-4}$。

(4) 输出阻抗 $R_o$：表示当输入电压和环境温度保持不变时，由于负载电流 $I_o$ 的变化而引起的输出电压的变化量与负载电流的变化量的比值，即 $R_o = \Delta U_o / \Delta I_o$。可见，如果 $R_o$ 越小，则说明输出电压的变化越小。

(5) 纹波系数 $\alpha$：输出电压中交流分量占额定输出直流电压的百分比，即 $\alpha = [(U_{\sim})/U_o] \times 100\%$，显然，$\alpha$ 越小越好，通常稳定电源的纹波电压只有几毫伏，甚至小于 1mV。

### 7.4.6 电子电路设计报告

电子电路设计性实验报告主要包括以下几点：

(1) 课题名称；

(2) 内容摘要；

(3) 设计内容及要求；

(4) 比较和选择的设计方案；

(5) 单元电路设计、参数计算和器件选择；

(6) 画出完整的电路图，并说明电路的工作原理；

(7) 组装调试的内容，如使用的主要仪器和仪表，调试电路的方法和技巧，测试的数据和波形 $i$ 与计算结果进行比较分析，调试中出现的故障、原因及排除方法也是其中的内容；

(8) 总结设计电路的特点和方案的优缺点，指出课题的核心、电路的性能指标、实用价值等，提出改进意见和展望；

(9) 列出元器件清单；

(10) 列出参考文献；

(11) 总结收获、体会。

实际撰写时可根据具体情况作适当调整。

# 参 考 文 献

[1] 李忠波，韩晓明. 电子技术. 北京：机械工业出版社，1998.
[2] 谭中华. 模拟电子线路. 北京：电子工业出版社，2004.
[3] 孙肖子，张企民. 模拟电子技术基础. 西安：西安电子科技大学出版社，2001.
[4] 周筱龙. 电子技术基础. 北京：电子工业出版社，2003.
[5] 杨毅德. 模拟电路. 重庆：重庆大学出版社，2004.
[6] 张万奎. 模拟电子技术. 长沙：湖南大学出版社，2004.
[7] 赵世平. 模拟电子技术，2 版. 北京：中国电力出版社，2009.
[8] 华容茂. 电路与模拟电子技术教程. 北京：电子工业出版社，2005.
[9] 张涛. 电力电子技术. 北京：电子工业出版社，2003.
[10] 苏玉刚，陈渝光. 电力电子技术. 重庆：重庆大学出版社，2003.
[11] 王兆安，黄俊. 电力电子技术. 北京：机械工业出版社，2003.
[12] 汪红. 电子技术. 北京：电子工业出版社，2003.
[13] 秦曾煌. 电工学. 北京：高等教育出版社，2004.
[14] 刘守义，钟苏. 数字电子技术基础，2 版. 西安：西安电子科技大学出版社，2007.
[15] 郭培源. 电子电路及电子器件. 北京：高等教育出版社，2004.
[16] 阎石. 数字电子技术基础，5 版. 北京：高等教育出版社，2006.
[17] 谢自美. 电子线路设计，2 版. 武汉：华中科技大学出版社，2005.
[18] 韩振振，唐志宏. 数字电路逻辑设计. 大连：大连理工大学出版社，1997.
[19] 万嘉若，林康运. 电子线路基础. 北京：高等教育出版社，1986.
[20] 任为民. 电子技术基础课程设计. 北京：中央广播电视大学出版社，1997.